Berichte des German Chapter
of the ACM   34

J. Friedrich / K.-H. Rödiger (Hrsg.)
Computergestützte Gruppenarbeit (CSCW)

Berichte des German Chapter of the ACM

Im Auftrag des German Chapter
of the ACM herausgegeben durch den Vorstand

Chairman
Hans-Joachim Habermann, Neuer Wall 32, 2000 Hamburg 36

Vice Chairman
Prof. Dr. Gerhard Barth, Erwin-Schrödinger-Straße 57, 6750 Kaiserslautern

Treasurer
Eckhard Jaus, Gemsenweg 12, 7250 Leonberg

Secretary
Prof. Dr. Peter Gorny, Ammerländer Heerstraße 114–118, 2900 Oldenburg

Band 34

Die Reihe dient der schnellen und weiten Verbreitung neuer, für die Praxis relevanter Entwicklungen in der Informatik. Hierbei sollen alle Gebiete der Informatik sowie ihre Anwendungen angemessen berücksichtigt werden.

Bevorzugt werden in dieser Reihe die Tagungsberichte der vom German Chapter allein oder gemeinsam mit anderen Gesellschaften veranstalteten Tagungen veröffentlicht. Darüber hinaus sollen wichtige Forschungs- und Übersichtsberichte in dieser Reihe aufgenommen werden.

Aktualität und Qualität sind entscheidend für die Veröffentlichung. Die Herausgeber nehmen Manuskripte in deutscher und englischer Sprache entgegen.

Computergestützte Gruppenarbeit (CSCW)

1. Fachtagung, 30. September bis 2. Oktober 1991, Bremen

Herausgegeben von

Prof. Dr. Jürgen Friedrich und Dr. Karl-Heinz Rödiger
Fachbereich Mathematik/Informatik, Universität Bremen

B. G. Teubner Stuttgart 1991

Die Deutsche Bibliothek - CIP-Einheitsaufnahme

Computergestützte Gruppenarbeit (CSCW): ... 1. Fachtagung ...
Stuttgart : Teubner, 1991
30. September bis 2. Oktober 1991, Bremen.
  (Berichte des German Chapter of the ACM ; Bd. 34)
  ISBN 3-519-02675-9
  ISSN 0724 9764
NE: Association for Computing Machinery / German Chapter :
  Berichte des German ...

Das Werk einschließlich aller seiner Teile ist urheberrechtlich geschützt. Jede Verwertung außerhalb der engen Grenzen des Urheberrechtsgesetztes ist ohne Zustimmung des Verlages unzulässig und strafbar. Das gilt insbesondere für Vervielfältigungen, Übersetzungen, Mikroverfilmungen und Einspeicherung und Verarbeitung in elektronischen Systemen.

© B. G. Teubner Stuttgart 1991

Printed in Germany
Gesamtherstellung: Präzis-Druck GmbH, Karlsruhe
Einband: P.P.K,S - Konzepte, Tabea Koch, Ostfildern/Stgt.

Programmkomitee

Dipl.-Päd. Elisabeth Becker-Töpfer
Berufsförderungswerk, Erkrath

Prof. Dr. Jürgen Friedrich
Universität Bremen

Prof. Dr. Peter Gorny
Universität Oldenburg

Dr. Thomas Kreifelts
Gesellschaft für Mathematik und
Datenverarbeitung, St. Augustin

Dr. Dirk Mahling
Deutsches Forschungszentrum
für Künstliche Intelligenz, Kaiserslautern

Prof. Dr. Horst Oberquelle
Universität Hamburg

HDoz. Dr. Karl-Heinz Rödiger
Universität Bremen

Prof. Dr. Eberhard Ulich
ETH Zürich

Inhaltsverzeichnis

Jürgen Friedrich, Karl-Heinz Rödiger
Computergestützte Gruppenarbeit –
Einleitende Bemerkungen zur ersten deutschen CSCW-Tagung 11

Eingeladene Vorträge

Anatol W. Holt
Coordination Problem Analysis From the Coordination Mechanics
Perspective 17

Eberhard Ulich
Gruppenarbeit – arbeitspsychologische Konzepte und Beispiele 57

Angenommene Vorträge

Ulrich Piepenburg
Ein Konzept von Kooperation und die technische Unterstützung
kooperativer Prozesse in Bürobereichen 79

Cordula Pleiss, Ulla Kreutner
Zur Bedeutung psychologischer Arbeitsanalyse für die Gestaltung
computerunterstützter kooperativer Arbeit 95

Jürgen Dittrich
Koordinationsmodelle für Computerunterstützte Gruppenarbeit 107

Ulla-Britt Voigt, Jon May, Sybille Hermann, Paul Byerley
    Enabling States Analysis –
    Gestaltung benutzbarer Gruppenarbeitssysteme 119

Michael Paetau
    Kooperative Konfiguration –
    Ein Konzept zur Systemanpassung an die Dynamik kooperativer Arbeit   137

Gro Bjerknes, Karlheinz Kautz
    Overview –
    A Key Concept in Computer Support for Cooperative Work 153

Henrik Lewe, Helmut Krcmar
    Die CATeam Raum Umgebung als Mensch-Computer Schnittstelle 171

Otto Petrovic
    Standardsoftware als Basis eines Integrierten Electronic Meeting System   183

Petra Nietzer
    Telekonferenzsystem mit graphischer Dialogsteuerung 197

Bernhard Karbe, Norbert Ramsperger
    Wirklichkeitsgerechte Koordinierung kooperativer Bürovorgänge 207

Gudela Grote
    Effekte der Nutzung eines Bürokommunikationssystems auf
    Arbeitsprozesse und -strukturen 221

Inhalt

*Thomas Kreifelts, Elke Hinrichs, Karl-Heinz Klein,
Peter Seuffert, Gerd Woetzel*

    Erfahrungen mit dem Bürovorgangssystem DOMINO 235

*Bernd Freisleben, Bruno Rüttinger, Andreas Sourisseaux,
Simone Schramme*

    Auswirkungen computermediierter Kommunikation auf
    Gruppenentscheidungen 251

*Roman M. Jansen-Winkeln, Jürgen Allgayer, Markus Bolz,
Gerd Herzog, Clemens Huwig*

    Kooperatives Arbeiten am multifunktionalen
    Bewegtbild-Arbeitsplatz mfBApl 259

Andreas Lux, Jean Schweitzer

    MALIBU: Interaktives kooperatives Arbeiten in verteilter
    Multimedia-Umgebung 269

*Dirk Mahling, Thilo Horstmann, Astrid Scheller-Houy,
Andreas Lux, Donald Steiner, Hans Haugeneder*

    Wissensbasierte Unterstützung von Gruppenarbeit oder:
    Die Emanzipation der maschinellen Agenten 279

Johannes Gärtner, Thomas Grechenig

    Computergestützte, arbeitnehmerorientierte Arbeitszeitgestaltung –
    Möglichkeiten, Anforderungen, Grenzen 295

Computergestützte Gruppenarbeit

Einleitende Bemerkungen zur ersten deutschen CSCW-Tagung

Jürgen Friedrich und Karl-Heinz Rödiger
Universität Bremen

Während seit längerem der computergestützte Einzelarbeitsplatz im Zentrum des Interesses von Informatikern und Arbeitswissenschaftlern stand, scheint sich seit kurzem der Blickwinkel in Richtung auf die informationstechnische Unterstützung von Gruppenarbeit zu erweitern. Was im angelsächsischen Raum als "Computer supported cooperative work (CSCW)" bezeichnet wird und seit 1986 bereits Gegenstand mehrerer internationaler Konferenzen war (vgl. [1] - [5]), erlebt in diesem Jahr mit vier weiteren Konferenzen (vgl. [6] - [8]) - einschließlich der hier dokumentierten - einen regelrechten Boom. Diese Thematik ist in der Bundesrepublik Deutschland inzwischen auch von etlichen Forschungsgruppen aufgegriffen und in eigene Konzepte und Systeme umgesetzt worden. Das German Chapter of the ACM hat daher die Initiative ergriffen und Forscher sowie betriebliche Praktiker zu einer 1. Fachtagung über "Computergestützte Gruppenarbeit" eingeladen, um die wissenschaftliche Tragweite wie auch die praktische Relevanz dieses Themas zu diskutieren.

Betrachtet man die Beiträge zu den genannten Tagungen, so scheint die Thematik eine interdisziplinäre Bearbeitung zu erfordern. Neben Informatikern und Arbeitswissenschaftlern beteiligen sich ebenso Ökonomen, Soziologen und Vertreter der KI-Forschung an der Diskussion um CSCW. Die stärkere Beschäftigung von Forschungsgruppen wie auch von praktisch orientierten Systementwicklern in Softwarehäusern und bei Anwendern mit Problemen kooperativer Arbeit scheint mehrere Ursachen zu haben. Einige seien im folgenden angedeutet.

1. *Komplexität der Arbeitsaufgaben:* Die Vielfalt, der Umfang und die wechselseitige Verflechtung der Arbeitsaufgaben hat in vielen Fällen derart zugenommen, daß sie häufig nur noch in Arbeitsgruppen gelöst werden können. Im Bürobereich gilt dies wahrscheinlich vor allem für Industrieverwaltungen und weniger für Auf-

gaben im Dienstleistungsbereich, jedenfalls soweit im letzteren ein Trend zu immer weitergehenderer Produktstandardisierung und zu einer Vereinheitlichung der Vorgangsbearbeitung feststellbar ist. In den Bereichen der Produktion, in denen eine auftragsgebundene Fertigung domimiert und in denen schneller und flexibler auf Kundenerfordernisse reagiert werden muß, ist ebenfalls ein Trend zur Gruppenarbeit feststellbar. CSCW-Systeme können die kooperative Erledigung komplexer Arbeitsaufgaben unterstützen.

2. *Verteilte Arbeitssysteme:* Produktions-, Verwaltungs- und Dienstleistungsprozesse werden zunehmend im Rahmen verteilter Arbeitssysteme abgewickelt. Arbeitsprozesse vollziehen sich nicht mehr notwendig in räumlich und zeitlich zusammenhängenden Strukturen. Aufgrund der zunehmenden Globalisierung der Wirtschaftsprozesse müssen räumlich verteilte und zeitlich versetzte Planungs- und Entwicklungsprozesse koordiniert werden. Diese zunächst rein ökonomische Notwendigkeit hat ihre Entsprechung in kooperativen Arbeitsprozessen. Der CAD-Entwickler im Zulieferbetrieb in A muß seinen Entwurf mit dem Fertigungsingenieur der Fabrik in B abstimmen, die Produktionsplaner in diesem Werk wiederum müssen das Produktionsprogramm zusammen mit den Verkaufsleitern in den dezentralen Werksvertretungen festlegen usw. CSCW-Systeme können beim Informationsaustausch zwischen Arbeitenden in verteilten Arbeitssystemen behilflich sein.

3. *Rückverlagerung von Planungsfunktionen:* Es scheint sich die Einsicht durchzusetzen, daß das Paradigma der "wissenschaftlichen Betriebsführung" (TAYLOR), soweit es die Auslagerung von Planungsfunktionen aus dem unmittelbaren Arbeitsprozeß in die Arbeitsvorbereitung betrifft, für die komplexen computergestützten Arbeitssysteme der Gegenwart zunehmend unbrauchbar wird. Einerseits vermehrt dieses Prinzip das Heer der indirekt Produktiven und vermindert die Produktivität (vgl. den Beitrag von ULICH). Andererseits schränkt es die Möglichkeiten ein, Arbeitssysteme flexibel an die zunehmend komplizierter werdenden Störsituationen anzupassen und vermehrt damit die Stillstandszeiten der Systeme. Die deshalb verstärkt zu beobachtende Rückverlagerung von Planungsfunktionen in den unmittelbaren Arbeitsprozeß verlangt eine Kooperation und eigenverantwortliche Koordination der Beschäftigten z.B. in einer Fertigungsinsel. CSCW-Systeme sollen - so die Hoffnung - diesen kooperativen Planungsprozeß arbeitsplatznah unterstützen.

4. *Humanisierung qualifizierter Arbeit:* Die Computerisierung der Arbeit, die in den zurückliegenden Jahren durch die Einführung interaktiver Systeme vor allem auch in qualifizierten Sachbearbeitungsfunktionen einzelplatzorientiert vorangetrieben wurde, hat unter arbeitswissenschaftlichen Gesichtspunkten häufig zu einer Isolierung der Beschäftigten am Computerarbeitsplatz geführt. Die klassische software-ergonomische Diskussion hat insoweit zu kurz gegriffen, als sie bei allen Bemühungen um benutzungsfreundliche Oberflächen und aufgabenangemessene Dialogabläufe weit-

gehend übersehen hat, daß computerisierte Arbeitssysteme in soziale Kooperations- und Kommunikationsstrukturen eingebettet sind und dementsprechend auch gestaltet werden müssen. Die Beschäftigten selbst wie auch ihre Vertretungen (Betriebsräte, Gewerkschaften) haben daher ein verstärktes Interesse an der Frage, wie die Aspekte der Kommunikation und Kooperation bei computerisierter Arbeit im Sinne einer sozialverträglichen Technikgestaltung berücksichtigt werden können. Kommunikation und Kooperation sind als grundlegende Konzepte Gegenstand der CSCW-Forschung; sie kann damit einen Beitrag zur Humanisierung der Arbeit leisten

Gegenstand der Diskussion um computergestützte Gruppenarbeit sind sehr unterschiedliche Anwendungsfelder: Informationsaustausch zwischen Gruppenmitgliedern, gemeinsames Erstellen von Dokumenten, Entscheidungsfindung in Gruppen und Koordination komplexer Gruppenarbeitsprozesse sind nur einige Beispiele für die vielfältigen Anwendungen, für die zur Zeit computerunterstützte Systeme entwickelt werden. In formaler Hinsicht wird häufig versucht, eine Klassifikation von CSCW-Systemen nach räumlichen und zeitlichen Dimensionen der Gruppenarbeit vorzunehmen: Das Kriterium "räumlicher Zusammenhang" bzw. "räumliche Trennung" und das Kriterium "zeitgleich arbeitende Gruppe" bzw. "zeitversetzt arbeitende Gruppe" ergeben in ihrer Kombination vier Klassen von CSCW-Systemen, die durch die folgenden Beispiele illustriert werden können: Meeting Support-Systeme (räumlich zusammenhängend, zeitgleich), Videokonferenzsysteme (räumlich getrennt, zeitgleich), "elektronisches schwarzes Brett" (räumlich zusammenhängend, zeitversetzt), e-mail-Systeme (räumlich getrennt, zeitversetzt).

Unter dem Stichwort Groupware wurden diese Ansätze bereits vielfach in Software umgesetzt. Allerdings scheinen Zweifel angebracht zu sein, ob diese Implementierungen die vorhandenen arbeitswissenschaftlichen Erkenntnisse zur Gruppenarbeit hinreichend berücksichtigen. Ähnlich wie für die Software-Ergonomie gilt in noch stärkerem Maße für das neue Feld CSCW, daß Informatiker, Arbeitssoziologen und Arbeitspsychologen fachübergreifend zusammenarbeiten müssen, wenn die Sackgasse der technikzentrierten Systementwicklung vermieden werden soll.

Mit dem im Call for Papers zu dieser Tagung vorgestellten Themenrahmen sollte einem derart einseitigen technikzentrierten Verständnis von computergestützter Gruppenarbeit entgegengewirkt werden: Ausgangspunkt sollte der Versuch sein, die theoretischen Grundlagen von computergestützter sozialer Interaktion zu bestimmen, wie sie z.B. in der Arbeitspsychologie, in der Kommunikationssoziologie, in der Systemtheorie und in der Ökonomie entwickelt werden. Erst in einem zweiten Schritt sollten konkrete Anwendungsbereiche, Modelle und Systeme vorgestellt, analysiert und bewertet werden. Drittens sollte die Tatsache betont werden, daß die neuen gruppenorientierten Ansätze nicht mit den alten Methoden des Software Engineering allein hinreichend zu bearbeiten sind. Es sollte herausgearbeitet werden, welche Methoden zur Analyse, Gestaltung und Bewertung von Kooperations- und Kommunikationsprozessen in der Arbeit neu entwickelt werden müssen. Schließlich sollte auch über praktische Erfahrungen mit computergestützter Gruppenarbeit berichtet werden.

Von einer ersten Fachtagung zu computergestützter Gruppenarbeit im deutschsprachigen Raum war nicht zu erwarten, daß alle diese Aspekte in gleicher Weise abgedeckt werden könnten. Die eingereichten Beiträge lassen aber deutlich erkennen, mit welchen Themenbereichen sich die CSCW-Diskussion hierzulande gegenwärtig im wesentlichen beschäftigt:

- Konzeptualisierung grundlegender Aspekte von Gruppenarbeit: Kommunikation, Kooperation, Koordination
- Analyse und Gestaltung von Gruppenarbeit: Methoden, Werkzeuge und empirische Ergebnisse
- Multimediale Unterstützung von Gruppenarbeit: Sitzungs-, Konferenz- und Vorgangskoordinierungssysteme.

Die meisten Beiträge zu dieser Tagung kommen aus dem Themenbereich multimediale Unterstützung von Gruppenarbeit; an zweiter Stelle folgt Analyse und Gestaltung. Die Diskussion um grundlegende Konzepte von Gruppenarbeit ist leider unterrepräsentiert; leider, weil arbeitsorganisatorische und technische Gestaltung klare Konzepte voraussetzt. Wer aber kann heute präzise definieren, was Gruppenarbeit ausmacht?

Die Auffassungen zu den grundlegenden Aspekten von Gruppenarbeit gehen bisher auseinander: Wo in der Organisation arbeitsteiliger Abläufe die notwendige Koordination endet und die wirkliche Zusammenarbeit beginnt, dazu haben die Autoren durchaus unterschiedliche Meinungen. Alle betonen jedoch, daß für eine angemessene und menschengerechte Gestaltung von Gruppenarbeit diese Konzepte erst geklärt werden müssen. Des weiteren sind die Autoren sich mehrheitlich einig, daß zunächst Gruppenarbeit und dann erst die dazu angemessene Form der Technikunterstützung zu gestalten ist. Diese Erkenntnis gehört inzwischen in der softwareergonomischen Diskussion zu den allseits akzeptierten Tatsachen, auch wenn ihre Umsetzung in die alltägliche Entwicklungspraxis noch auf erhebliche Schwierigkeiten stößt.

Ein weiteres offenes Problem stellt die Frage dar, was die wesentlichen Merkmale von Gruppenarbeit sind: Sind es Zielidentität und Plankompatibilität, ist es der Anteil gemeinsamer Planung, oder ist es das gemeinsame, aber arbeitsteilig erstellte Produkt und die Koordination der Arbeitsschritte? Hier gehen die Auffassungen in den Beiträgen noch weit auseinander.

Der zweite Fokus ist auf die bislang nur unzureichenden Analyse- und Gestaltungshilfsmittel für Kommunikation, Kooperation und Koordinierung in Gruppen gerichtet. Bisherige Methoden und Werkzeuge sind für den Einzelarbeitsplatz entwickelt und für Gruppenarbeit nur beschränkt bis gar nicht tauglich. Die verteilte Allokation von Büro- und Produktionsprozessen, die Interdependenzen zwischen verschiedenen Herstellern bei der Entwicklung komplexer Produkte verlangen neuartige Hilfsmittel zu deren Analyse und Beschreibung. Bislang erkennbare Ansätze sind kritisch zu betrachten: Sie benutzen entweder - möglicherweise aus Gründen der Problemreduktion - die unzulässige Gleichsetzung menschlicher mit maschineller Informationsverarbeitung; oder sie stoßen, wegen des erheblichen Aufwands bei ihrem praktischen Einsatz, schnell an die Grenzen vertretbarer Verfahrensökonomie.

In mehreren Beiträgen nimmt vor allem ein gegenüber der bisherigen software-ergonomischen Diskussion erweitertes Verständnis der Mensch-Rechner-Schnittstelle breiten Raum ein. Diese Auffassung reicht von der Gestaltung der Arbeitsplätze und deren Umgebung in Sitzungsräumen über die Integration unterschiedlicher Medien an einem Multifunktionsterminal bis hin zur Anpassung der Software an veränderliche kooperative Arbeitsbeziehungen. Gerade durch die Anforderung, zur Sitzungsunterstützung gleichzeitig Text, Graphik, Bewegtbilder und Ton übertragen zu wollen, werden Leistungsmerkmale von Übertragungswegen gefordert, die bisher nur schwierig zu realisieren sind.

Durch die beiden eingeladenen Vorträge hat das Programmkomitee versucht, dem interdisziplinären Charakter der neuen Thematik gerecht zu werden. Mit Eberhard ULICH kommt die Arbeitspsychologie zu Fragen der Gestaltung von Gruppenarbeit zu Wort; mit Anatol W. HOLT sollen die formalen Aspekte der Analyse und Beschreibung von Koordination behandelt werden. Heute stehen sich die sozialwissenschaftlichen und die strukturwissenschaftlichen Beiträge zur CSCW-Debatte noch relativ unvermittelt gegenüber. Aufgabe der Zukunft wird es sein, diese für eine fruchtbare Weiterentwicklung der Diskussion um computergestützte Gruppenarbeit unverzichtbaren disziplinären Ansätze aufeinander zuzuentwickeln, so daß die praktischen Entwicklungsarbeiten im Groupware-Bereich auf einer solideren theoretischen und methodischen Basis aufbauen können, als dies bisher der Fall ist.

Während der Tagung "Multi-User Interfaces and Applications" [5] im September 1990 in Heraklion wurde eine Panel-Diskussion zu folgendem Thema durchgeführt: Ist Groupware eine vorübergehende Laune ("Is groupware a passing fad?")? Wir meinen, daß die augenblicklich verstärkte Auseinandersetzung mit kooperativer Arbeit und deren Computerunterstützung so viele manifeste ökonomische, organisatorische und technische Gründe hat, daß es sich hierbei nicht um ein Modethema von Forschern handelt. Wie eingangs ausgeführt, verlangen zunehmende Komplexität der Arbeitsaufgaben, Verteilung der Arbeitssysteme, Flexibilisierung der Arbeitszeiten, Rückverlagerung von Planungsfunktionen und Humanisierungsaspekte nach einer grundlegenderen Auseinandersetzung mit Gruppenarbeitsprozessen und deren angemessener Technikunterstützung. In diesem Sinne hoffen wir, daß die Tagung einen Einstieg in eine solche Auseinandersetzung bietet.

—

Den Kolleginnen und Kollegen im Programmkomitee danken wir für die Unterstützung bei der Strukturierung des Fachgebiets für die Tagungsankündigung und bei der Auswahl der Beiträge. Für die Hilfe bei der Vorbereitung der Tagung und beim hier vorliegenden Tagungsband bedanken wir uns sehr herzlich bei Renate Rhode, Peter Jadasch und Udo Szczepanek.

Literatur

[1] CSCW '86 - Proceedings of the Conference on Computer-Supported Cooperative Work, Austin, TX, December 1986

[2] Greif, I. (ed.): Computer-Supported Cooperative Work. A Book of Readings. San Mateo, CA 1988

[3] CSCW '88 - Proceedings of the Conference on Computer-Supported Cooperative Work, Portland, OR, September 26-29, 1988

[4] EC-CSCW '89 - Proceedings of the First European Conference on Computer Supported Cooperative Work, London, UK, September 13-15, 1989

[5] Gibbs, S.; Verrijn-Stuart, A.A. (eds.): Multi-User Interfaces and Applications. Proceedings of the IFIP WG 8.4 Conference, Heraklion, Greece, September 24-26, 1990. Amsterdam 1990

[6] COMICS '91 - Second International Workshop on Computer Based Interactive Cooperative Systems for Group Contribution, Château de Bonas, France, June 10-13, 1991

[7] COSCIS '91 - Collaborative Work, Social Communications and Information Systems, Working Conference, Helsinki, Finland, August 27-29, 1991

[8] ECCSCW '91 - Second European Conference on Computer-Supported Cooperative Work, Amsterdam, The Netherlands, September 25-27, 1991

Jürgen Friedrich und Karl-Heinz Rödiger
Universität Bremen
Fachbereich Mathematik/Informatik
Postfach 33 04 40
2800 Bremen 33

Coordination Problem Analysis
From the Coordination Mechanics Perspective

Anatol W. Holt
University of Milan

Foreword

Coordination mechanics falls within the broad domain of systems theory, or cybernetics.

It is a scientific approach to a certain aspect of organized human activity — namely *the achievement of coordination between a multitude of operations carried out by a multitude of persons*, in no matter what field of activity. Coordination in this sense is always required if a multitude of operations is to compose a functionally meaningful whole. The achievement of coordination depends upon the existence of appropriate *causal connections* between operations, connections which, in their turn, depend upon the physical arrangements and the persons involved.

Much interest in coordination mechanics relates to improving the understanding of how to employ computers and computer networks in the context of particular human enterprises. (For other, older forms of physical arrangement supporting organized activity, tradition and experience can often take the place of systematic knowledge.)

1 Introduction

Coordination problems are problems of organization. The object of attention is always a structured domain of human activity, structured in space, time, content, purpose, task distribution, and assignment. Problems will take the form 'design such a domain to meet a set of requirements' or 'specify changes to such an existing domain to meet a set of requirements'.

There are many types of requirements that come into play, not necessarily subject to objective tests of fulfilment: the activity must be housed in a particular building; it must make use of pre-given machinery, or personnel; certain costs, response times, error rates, should not exceed certain bounds; it should be adequately adaptable to changes in regulatory, labor, market, technology conditions; it should "feel good" to the participants, physically, socially, politically, etc.

A small example of such a problem arose at the Goldman School of Dentistry of Boston University. Every dental school requires a stream of real dental patients on which the students can practice. Therefore every dental school, though principally organized to produce dentists, must also organize to deliver dental services. This entails, among other things, the capacity to make appointments with new candidate patients. At the Goldman School of Dentistry the making of these first appointments and managing the related follow-through had become dramatically dysfunctional. Here are some examples.

- Candidate patients experienced excessive and uncomfortable waiting times when trying to make an appointment. It was believed that this fact was causally related to the drop in candidate patients to dangerously low levels.
- The clerical staff found themselves working frantically and with high levels of irritation. It was believed that this caused unacceptable rates of attrition among these staff member.
- There were unacceptable rates of missed appointments and wrong appointments (for the wrong facility or department, too long, too short, too late, too soon, etc.). It was believed that these failures resulted in significant inefficiencies in dental school operation.
- The appointment making process was not adequately coupled to the process of collecting payments (checking on the ability to pay before delivering services, keeping track of services delivered and informing the payments office etc.). It was believed that this resulted in significant financial losses.

The problem was to eliminate the above malfunctions within the following constraints.

- The same clerical personnel was to be employed (3 young women with minimal education, experience, and commitment to the job).
- No more money was to be spent on the process.
- Physical restructuring was allowed, but without disturbing other existing functions in the building.

Given the constraints it turned out impractical to propose a solution involving computers. The solution which was proposed did require:

- New task (or role) definitions
- New furniture
- New forms, labels, desktop equipment
- Changes in the internal telephone exchange
- Minor changes in the performance of tasks lying outside of the appointment making domain

We will return to the "appointment making problem" throughout these notes for illustrative purposes.

Reconstructing the appointment making system as just described illustrates one of the most important aspects common to all coordination problems as understood in the context of coordination mechanics. These problems involve dealing with indissoluble mixtures of physical organization and logical organization. Here 'logical organization' refers to the definition of tasks (or roles) and their interdependence relations; 'physical organization' refers to the rooms, furniture, machines, other supplies, and their physical/organizational interrelationships. In other words, the physical organization covers the organized physical working environment within which the coordinated activities take place. If computers and their networks are used then these count as part of the physical organization.

This indissoluble mixture of the physical and the logical is, perhaps, the single most distinguishing aspect of the coordination mechanical perspective. Coordination between activities depends on causal linkages between them. Such linkages, in their turn, depend on *physical linkages interpreted by task performers in the light of their understandings of how to communicate with one another.*

2 Coordination problem generalities

Coordination problems call for intervention, analogous to medical and legal problems. In all such cases there is a client. For coordination problems, this client is usually organizationally defined. In the case of the appointment making example the client was the dean of the dental school.

In the notes following we will speak of two roles: the *client* and the *intervenor*. The intervenor is engaged by the client to achieve an organizational effect. This holds true whether or not money changes hands. The subdivision into these two roles applies even if both roles reside in a single person, as is the case when someone with a coordination problem decides to solve it himself. These notes are mainly addressed to the intervenor.

Solving coordination problems begins with becoming clear about who the client is, what effect he wants to achieve, and what his organizational powers are. Whether the solution to a coordination problem modifies a set of existing organizational relationships (physical and logical), or brings new ones into existence, it will always affect many role players, not the client alone. Therefore very often, implementing the solution will involve "selling" it to the affected parties. In the case of appointment making, the affected parties included the three young women whose work was to be redefined, the administrative department for whom they worked, the accounting department, and the many teaching departments which require a flow of new patients in order to carry out their function.

Solving coordination problems will often involve investigating existing organizational arrangements, and describing what one finds, but always in a manner that is conditioned by the interventive intent. The reality to be captured is not *objective reality* in the sense of classical science. Rather *it is the reality of someone who faces a problem:* the problem determines what is important to include and what is important to leave out; the problem determines the relevant level of detail; the problem determines the over-all scope of the description.

Furthermore it happens often that one simply transforms one's findings directly into a proposal for a modified organization, without first producing a description of the existing one. Such solution specifications reflect the existing organization, while specifying the proposed changes. In that sense they turn out to be part "photography" and part "design".

This is in fact what happened in the case of the appointment making problem. Only one set of organizational "pictures" were ever produced, those which described the new proposal. In this context there were specified three roles: *information giver, appointment specifier,* and *appointment maker*. This set of roles reflected an anterior fact. The three young women who handled appointment making in fact performed all of the functions covered by the three specified roles. However these functions had never previously been separately identified. They simply constituted a totality for which all three employees were responsible; any one of them might define and make an appointment or give information. Without functional differentiation the three employees tried to satisfy the incoming stream of demands. Correspondingly they were all housed in a common area. However in the new design it was planned that the three available persons become specialized in their function as per the above named roles. (Correspondingly they were to be housed in three distinct places.) This proposal fit with the problem constraint — cited in the previous section — that the redesigned system employ the same clerical personnel as before.

There is another aspect of fact finding which plays an important role here. All fact finding, whether bound to a particular interventive intent or not, is nevertheless bound to a point of view. A chemist describing an experiment does not bother to mention the fly that landed on his nose during the experiment, nor the time of day when the experiment was performed. Facts they may be, but from the viewpoint appropriate to chemistry, they are seen as irrelevant.

New disciplines bring with them new "fact filters". Coordination mechanics applied to the solution of coordination problems introduces a fact filter of its own. The little that has been said above already makes this evident: we are concerned with *implemented* organizational relationships, that is to say with a mixture of physical/ mechanical facts and task organizational facts. *Thus the specifically coordination mechanical point of view plays a crucial role from the very beginning,* when the facts related to a problem are first considered, as well as later when possible solutions are constructed and evaluated.

In summary: two influences play a critical role in the definition and subsequent solution of coordination problems: the client's situation, and coordination mechanics. The former is problem specific; the latter is general. When above we said "the *problem* determines what is important to include and what is important to leave out" we expressed a half truth. More accurately we should have said: within the framework of relevance established by coordination mechanics, the problem determines etc. This "framework of relevance" will be introduced in the next section and then used for the expression and solution of coordination problems in the sections following.

3 Coordination graphs - concepts and notations for plans, I

We shall now build up a set of technical terms, concepts and graphical notations for the description of organized human activity. This amounts to a condensed introduction to coordination mechanics with coordination problem solving in mind.

We shall call all descriptions of organized human activity *plans*. They are *plans* regardless of whether they are specifications of organized activity to be realized in the future, specifications of such activities which took place in the past, specifications of activities which took place in the past and are also expected in the future, or possibly specifications which were never, and will never be realized.

In any case, an important aspect of *plans* as we understand them is that they can be *repeatedly executed*. Therefore plans make no references to places and times that are historically unique. Consider for example the birth of the Goldman School of Dentistry (the school where later a new appointment system was put in place). It happened in the 1960's in Boston Massachusetts. Any description/specification of this event tied to the specific historical situation, whether produced before or after the actual occurrence, whether with much or little detail, is not a plan by our definition; instead, it is the description of a *plan execution*. Insofar as the Goldman

School was built according to plan, the plan — like a program — is in principle re-executable.

The rest of this section is structured as a list of numbered items. Most of these items introduce terms in the manner of dictionary entries. In some cases the term is associated with a graphical notation, presented at the beginning of the corresponding item. Occasional the flow of new terms is interrupted by general notes. Finally, for reference purposes, we will also provide an alphabetical index of the terms, a compact list of notations, and a chart which exhibits the logical connections between concepts compactly. All of the terms, concepts, and notations have to do with plans and plan executions.

3.1 **Person** - A human being potentially capable of carrying responsibilities in an organizational setting (equivalent to carrying responsibilities in the execution of a plan). Persons are commonly identified by finger prints, voice prints, name plus address plus birth date, etc. These identifications enter into the description or specification of a plan execution, but are never part of the plan itself.
A person judged to be capable of carrying some responsibility in an organizational setting is a *qualified* person. Judging persons as qualified is a function performed in every human organization — for instance judging someone as *qualified* to be a witness, juror, citizen, driver, state employee, etc.

3.2 **Actor** - A qualified person who carries responsibilities in an organized setting. The persons who are employees, elected officials, meeting chairpersons, board members, etc. are actors.

3.3 **Effort** - The responsibility of an actor consists in contributing *effort* to carrying out of operations. Although not cleanly separated in practice, we tend to distinguish between *muscular* effort, *mental* effort, and sometimes the effort of just *paying attention* — as when watching for something to happen. Of course focused attention is part of every effort.
In our context, effort is always human effort. Efforts always take time and always takes the time of one or more persons.

3.4 Operation - Each operation is graphically symbolized thus:

□

An operation is a repeatable unit of effort, perhaps divided among several actors. Within a given plan many different operations may be called for. Within a single execution of a given plan some of its operations may be repeatedly performed (e.g. appointment defining at the Dental School). Even operations which are only performed once per execution are repeatable units of effort because every plan is repeatedly executable (see third paragraph of this section). In any event *every execution of an operation extends continuously in space and time.*

Plan executions are historically unique, and therefore so are operation executions. If a plan has never been executed then no executions of any of its operations exist.

An operation may be heavily automated, but nevertheless actors (at least one) are always involved as responsibility carriers. Therefore effort — with or without machine augmentation — is always involved. Actors carry out their responsibilities by participating in the performance of operations. Since operations are units of *effort,* they necessarily take time — time which will be accounted to the work of the actors involved.

What is viewed as a single operation at one level of representation may well be "exploded" into many operations at a more detailed level. Whether such an explosion is appropriate depends on the problem context (see Section 2). At the grossest level, any organized human activity, no matter how micro or how macro, can be described by a plan with just one operation which covers the entire effort.

Everything that takes time that a plan calls for is covered by its operations. (This includes storage time, waiting time, etc.)

3.5 Body - Each body is graphically symbolized thus:

○

Organized human activity always entails an organized physical environment in which it takes place. A *body* is a physical unit within this environment, in some state appropriate to involvement in the performance of operations.

Bodies constitute packages of resource required for the execution of operations, actors included. Everything that takes space that a plan calls for — the actors, material, equipment, designated places within the work environment — is contained in *bodies*. In the context of a plan execution, *every instance of a body extends continuously in space and time*.

Plan executions are historically unique, and therefore so are body instances. If a plan has never been executed then no instances of any of its bodies exist.

Every body contains at least one actor who contributes effort to the execution of operations in which the body is involved. In this sense every body is analogous to an electric battery. If body **B** contains actor **A**, we also say: **A** *occupies* **B**. From this point forward *we will assume that each body is occupied by exactly one actor, unless explicitly stated otherwise*.

What is viewed as a single body at one level of representation may well be "exploded" into many bodies at a more detailed level. Whether such an explosion is appropriate depends on the problem context (see Section 2). At the grossest level, any organized human activity, no matter how micro or how macro, can be described by a plan with just one body which covers its entire physical extent.

3.6 **Involvement** - the basic relation between *bodies* and *operations*.

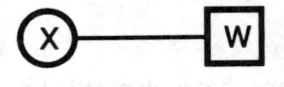

X ——— W

X is *involved in* W

Body X is part of the physical domain over which W operates. It is a specified part of the physical domain which affects the execution of W, and is affected by that execution.

Example: appointment making. This operation involves (a) the appointment maker on duty at the appointment desk with appointment calendar and other necessaries, and (b) the requestor in position at the appointment desk. This description goes with the graphical representation:

$$\text{(r)}\!-\!\boxed{\text{am}}\!-\!\text{(m)}$$

am	the appointment making operation
m	the appointment maker on duty at his desk
r	the requestor before the appointment maker

The conditions governing the operation **am** and all the effects which this operation may have are confined to the bodies **r** and **m**. These effects express themselves as state changes of **r** and **m**.

A state of **m** — or of **r** — is partly the state of an actor (a human being) and partly the state of the area which the actor occupies. For example, at the successful conclusion of the operation, the appointment calendar on the appointment desk has a new entry, and the appointment maker knows that the operation is concluded. Similarly, the requestor has a written record of the appointment and knows that the operation is concluded.

Bodies may be created and destroyed by operations in which they are involved. Examples of this will follow.

3.7 **Plan elements** - Actors, bodies, and operations are the *plan elements* we have introduced so far. Others will follow.

Since plans can be repeatedly executed, it must be possible to produce repeated instances of all plan elements. Therefore there must be associated with each plan element a *specification* which the instance of that element satisfy. The specifications either call for properties, or attributes with a permitted range of values.

Two relations between plan elements have been declared above: *involvement,* between bodies and operations; *occupation,* between actors and bodies. Other relations will follow.

3.8 **Involvement graph** - A bipartite graph representing the involvement relation. Therefore the two vertex types correspond to bodies and operations.

Item 3.6 above contains two examples of involvement graphs. The first figure in 3.6 is the smallest involvement graph possible. As we see, an involvement graph is a particular type of graph together with a mode of interpretation related to plans.

Associated with every plan there is an involvement graph. All organized human activity can be viewed as constituted of bodies and operations bound to one another by involvement. As we will see below, they are also bound together by other relations, but an involvement structure provides an ever-present background.

The greater the number of elements in the involvement graph of a plan the more fine-grained the *causal structure* that is specified. Causal connections between bodies and/or operations appear in the involvement graph as chains (or *paths*) in which bodies and operations alternate — longer chains in the graph corresponding to longer causal chains.

3.9 **Theater, life** - In an involvement graph G, the set of all bodies involved in an operation X called the *theater* of operation X; the set of all operation which involve a body Y is called the *life* of body Y. In the context of a plan with involvement graph G, the *theater* of X represents the entire physical domain which affects each execution of X, and is affected by it; the *life* of Y represents the entire time of existence of any instance of Y: more exactly, as long as an instance of Y exists, at least one of the operations involving Y is in progress. It therefore represents all of the effort made by actors who occupy Y (see 3.5, next to last paragraph, for definition).

Since every operation requires a theater, and every body requires a life, there can never exist a body involved in *no* operations, or an operation involving *no* bodies. Therefore, an involvement graph can never contain any *isolated* elements.

This graph represents, at a crude level, the receptionist function as it was practiced at the Dental School before appointment making was reorganized. The graph shows us a body with "customers" for reception services, and a body with receptionist persons, involved together in four operations. In addition, the customer body is involved in the operation E. The stub on the operation symbol for E signifies that entrance and exit involves other bodies not shown in this graph.

3.10 Involvement graph, example 1

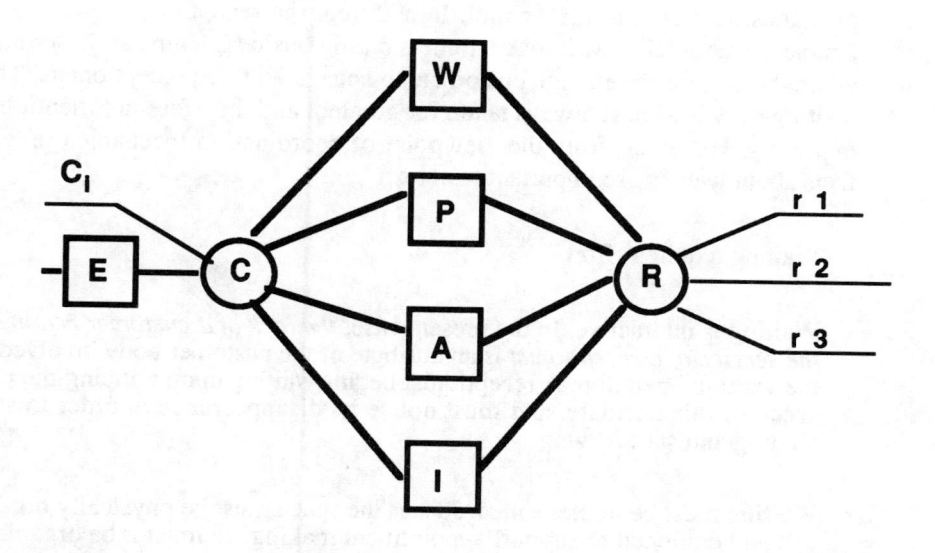

```
                      W
                      
        C_I           P
    ┌──┐         ┌──┐           r 1
   ─┤E ├──( C )──┤  ├──( R )──── r 2
    └──┘         └──┘           r 3
                      A
                      
                      I
```

	BODIES		OPERATIONS		ACTORS
C	Customer	I	Information giving	C_i	Customer persons
R	Receptionist	A	Appointment making	r_1	Receptionist person
		P	Package reception	r_2	Receptionist person
		W	Waiting	r_3	Receptionist person
		E	Entrance/exit of customers		

The receptionists at the Dental School occupied a special room connected to a hallway by a large glass window with a counter; the hallway, in turn, connected the front door of the School to its interior. The customers for reception services occupied this hallway. Therefore the hallway during business hours, usually occupied by a mob of angry service seekers, was body C, and body R was the special room, occupied by three harrassed young ladies.

The connection via the window and counter enabled interactions between these two bodies, interactions covered by the operations shown in the graph. It is a general fact that, if two bodies with spatially separate extents interact, they must be physically connected. (This follows from the statement in 3.4 that all operation executions extend continuously in space and time.)

All three receptionists were responsible for contributing effort to: (a) giving directions or other information, (b) making appointments, and (c) receiving packages delivered to the School. In addition, the receptionists were — of course — required to *wait* for customers during business hours, at those times when there were not enough customers to engage all three receptionists. This waiting duty is almost always taken for granted, and therefore not mentioned explicitly. However, from the viewpoint of coordination mechanics several facts about waiting are important to note:

- Waiting requires effort

- Waiting is interactive. In the present case, *the lack of a customer requiring the service of a receptionist* is an attribute of the customer body involved in the waiting operation. A receptionist begins waiting upon noticing the presence of this attribute, and must notice its disappearance in order to stop waiting and start serving.

- Waiting must be implemented. Just as the space must be physically organized and equipped to support appointment making, so must it be organized and equipped to enable waiting. (The Dental School arrangements were particularly unfriendly to waiting, for customer waiting as well as receptionist waiting.

Waiting is explicitly mentioned in the graph because it was an important element in the interventive intent — and this is very often the case. Solving a coordination problem often means doing something about bad coordination; bad coordination very often experienced, in part, as excessive waitng. And even when it is not experienced in this way, an important aspect of any plan of action is how much waiting is required, and of whom.

In the scheme of operation pictured, a receptionist could not tell what a customer wanted without beginning a conversation. The simplest thing to do organizationally was to treat all persons approaching the window alike, and all receptionists alike: any receptionist ready to help any customer with any problem. This resulted in especially stressful and inefficient appointment making, with all three receptionists sometimes fighting over the one and only appointment book. (The logic of appointment making requires the appointment book to be single.)

It is reasonable to suppose that the properties of interest of the four operations, I, A, P, and W, are only influenced by the properties of the two bodies involved. We now ask: is the converse true — that is, are the properties of interest of these two bodies only influenced by these four operations? In the case of the customer body this is not true. The population of service seekers in the customer body which obviously has a critical influence on the four operations is also influenced by new customer entrances and old customer exits. That is why the operation E is included in the graph.

Of course the receptionist body is also subject to other relevant influences — for example contacts between the receptionists and dental school personnel, informing the receptionists of changes in facility and staff availabilities, or changes in dental school rules. No corresponding operations appear because the effects were considered second order.

We close with some remarks about what the graph does, and what the graph does not, formally communicate.

- Without knowing that C and R contain two different actor populations one cannot tell from the graph alone that these two bodies are spatially disjoint.

- One cannot tell from the graph alone whether the operations I, A, P, and W are concurrent or alternative. As it happens, they are alternative for each individual receptionist, but concurrent when considered as involving all three receptionists. The same issue arises concerning the relationship between these four operations and the operation E. In the case at hand all five operations are concurrent.

- One can tell from the graph that the two bodies must be "adjacent" to one another. In the Dental School this adjacency was realized by the connection between hall and receptionist room via the window and counter. However the adjacency read out of the involvement graph is *operational*. The window and counter as physical facts alone are insufficient: it is their operational use in connecting receptionists to customers which is critical.

Operational adjacency takes other forms. For instance a customer at home, connected to a receptionist via a phone line is *adjacent* to the receptionist, in the context of operations that are implemented by means of verbal exchanges. With respect to other classes of operation they may be regarded as far apart, or, in with respect to yet other operations, as in one and the same place.

Other types of body adjacency will be illustrated in connection with later examples.

3.11 Involvement graph, example 2

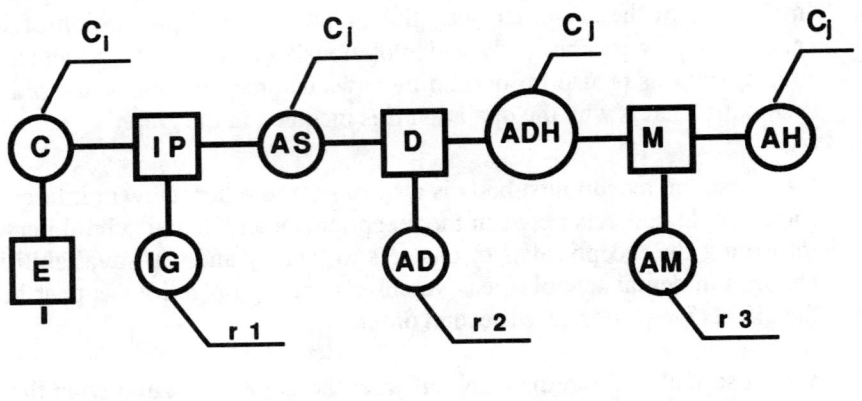

```
      C_I             C_j              C_j              C_j
       \               \                \                \
      (C) — [IP] — (AS) — [D] — (ADH) — [M] — (AH)
       |     |            |             |
      [E]  (IG)          (AD)          (AM)
            |             |             |
            r1            r2            r3
```

	BODIES		OPERATIONS		ACTORS
C	Customers for reception service	IP	Information giving and package reception	C_i	The persons seeking reception services
AS	Appointment seekers	D	Appointment defining	C_j	The persons seeking appointments – a subset a C_i
ADH	Appointment definition holders	M	Appointment making		
AH	Appointment holders	E	Entrance/exit	r_1	Reception person
IG	Information giver			r_2	Reception person
AD	Appointment definer			r_3	Reception person
AM	Appointment maker				

This graph shows us, in gross terms, how appointment making was reorganized in the context of the overall reception function.

In the new arrangement all customers for reception services approached a single receptionist person at an *information desk*. There, information and directions were provided, and packages received. Customers seeking appointments were directed on to an *appointment definition desk*, where a second receptionist determined the nature of the appointment that was required — whether it was an emergency, whether X-rays were needed, whether Spanish or English would be spoken, whether the first encounter would be with a specialist or a generalist, etc. The *appointment seeker*, now converted into an *appointment definition holder* (actually with a formatted appointment definition in hand), then moved on to an *appointment making desk* where the general calendar resided, where a date was confirmed, and payment arrangements were set up.

In this way the functions of the three receptionist persons became specialized (among other things, taking better advantage of their diverse natural talents and temperaments). However, to make this possible required the replacing the receptionists' room, in which all three receptionists moved about, seemingly at random, by three separate stations — or "desks" — each station occupied by one receptionist. These desks, occupied by receptionists on duty are represented in the graph by the three bodies IG, AD, and AM. The space before the information desk, occupied by a variable number of customers is the body C; before the appointment definer's desk is body AS, through which those customers pass who are seeking an appointment — a subset of the persons who occupy body C. Finally, before the the appointment maker's desk is body ADH. Body AH is occupied by persons who have their appointment.

The graph makes it appear as if the three desks are *near* to one another — "near" in the sense that the effort a person makes to move from one desk to the next desk is too small and too quick to deserve being explicitly represented by an operation. This is not how it was finally implemented at the Dental School. While the information giver and the appointment definer remained on the first floor, the appointment maker was moved to the second floor, in close proximity to the office responsible for collecting payments. More details about the example appear later in these notes.

3.12 Heterogeneous and homogeneous relations - *Heterogeneous* relations connect plan elements of distinct type to one another; *homogeneous* relations do the opposite. For instance, the involvement relation is *heterogeneous;* the relation 'body X is contained in body Y' (a relation which we have not yet formally introduced) is *homogeneous*.

In what follows we will introduce new heterogeneous relations — all of them implying *involvement* — and then a variety of homogeneous relations, many of which also have logical relations to *involvement* .

3.13 Coordination graph - Graphs representing the relations of interest in these notes are called *coordination graphs*. Involvement graphs are examples. As we saw above, involvement graphs, though universally applicable, are poor in expressive power. We want a graphical language much better able to capture causal relations induced by plans. Coordination graphs representing a variety of heterogeneous and homogeneous relations between bodies and operations provide (a) a standardized way to communicate important plan related meanings, and (b) a basis for causal reasoning in the context of plans.

Item 3.21 below presents the first example of a coordination graph with more than the generalized involvement relation. Also, all example giving for the concepts in 3.14 - 3.20 is postponed until then.

3.14 **Total involvement** - A body **X** is *totally involved* in an operation **Y** if the following is true: an instance of **X** involved in an execution of **Y** is not involved in the execution of any other operation at the same time.

3.15 **Production/consumption**

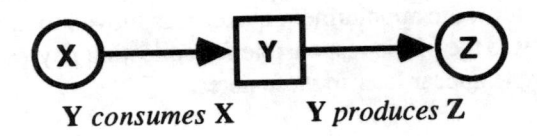

$$X \longrightarrow Y \longrightarrow Z$$

Y *consumes* X   Y *produces* Z

Production and consumption are special cases of involvement with the following distinguishing features. (a) When operation **Y** begins to execute an instance of **X** must exist; when operation **Y** ends, the instance of **X** no longer exists — and analgously for production. (b) All productions and consumptions are totally involving (see 3.14).

3.16 **Input/output** - Referring to 3.14, body **X** is called an *input* of operation **Y**, and body **Z** is called an *output*.

3.17 **Self-limiting** - An operation is called *self-limiting* if, **by its very definition**, each of its executions has a beginning and an ending. Making an appointment is a self limiting operation; maintaining the appointment desk in good operating condition is not. If an operation has inputs or outputs it must be self-limiting.

Coordination Problem Analysis From the Coordination Mechanics Perspective 33

3.18 Use -

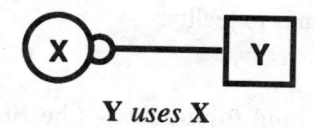

Y uses X

Use is also a special case of involvement, with the following special features: every execution of **Y** requires an instance of **X**, but **Y** does not consume **X**; If, while **Y** executes, **X** is destroyed, **Y** ceases to execute. Uses may or may not be totally involving. A use which is totally involving is graphically represented thus:

From hereon we will assume that uses graphically represented without the black dot are not totally involving.

3.19 Use and consumption - The following "principle of precedence" governs the relationship between the possible uses of a body and its possible consumptions: *the consumption of a body terminates its uses*. We illustrate the application of this principle with the following example:

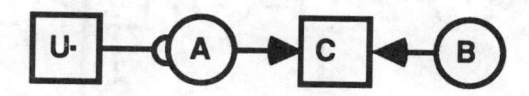

Situations may arise in which operations **U** and **C** compete for the resource **A**. For instance, **A** and **B** are both in an appropriate state to permit **C** to execute while **U** is already executing. Then the **C** will begin executing and **U** will cease executing.

In a more formal treatment of the subject, the "principle of precedence" — *consumption takes precedence over use* — would be introduced as an axiom. This axiom forces the following modeling discipline: if a resource is used by an operation, and one wishes to insure that executions of the operation are not interrupted by removal of the resource, such removals must somehow be causally tied to the *non-execution* of the operation. This discipline is welcome because it corresponds to reality.

3.20 **Containment, defined for bodies** - (the first homogeneous relation)

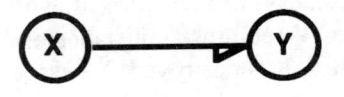

$$X \longrightarrow Y$$

X is contained in Y

Every instance of **X** is contained in an instance of **Y**. Therefore, if an instance of **Y** containing an instance of **X** is destroyed, an instance of **X** is also destroyed. The relation of *containment* is transitive.

3.21 **Coordination graph, example 3** - The coordination graph following describes the planned behavior of a patient candidate, Joe, given the mode of operation described in 3.11 above.

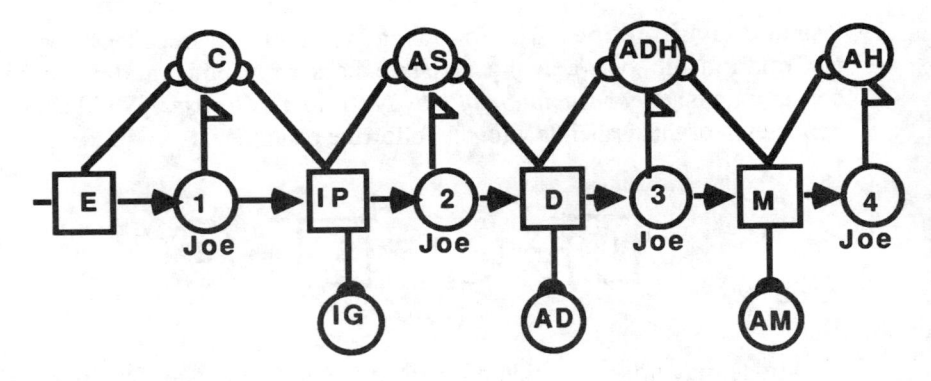

All the elements in this graph, except for the bodies which represent Joe in various states, correspond one-to-one with the elements of the graph in 3.11. The correspondence is indicated by label identity — e.g. the element labeled **M** in this graph corresponds to the element labeled **M** in 3.11. Comparing the two graphs to one another, one can see how the present one can be transformed into the earlier one.

All the body labels that appear in both graphs have the same meaning in both graphs. The meanings of the operation labels, however, are not identical in both graphs, though systematically related. For instance **E, D,** and **M** in this graph still mean entering, appointment defining, and appointment making — however here, for a single appointment seeker (Joe), while in 3.11, for the stream of customers that enter the Dental School. In this graph these operations are self-limiting (see 3.17), but not in 3.11. In this graph **IP** only means information giving, and not package reception, because it is assumed that Joe is an appointment seeker, and not someone bringing a package.

The bodies labeled **1, 2, 3,** and **4** represent Joe in various states. The operation **D** for examaple *consumes* Joe in one state and *produces* Joe in a new state (see 3.15 for the relevant definitions). One aspect of this state change is a change in location: the input to **D** is contained in **AS**, while the output is contained in **ADH** (see 3.16 for the definitions of input/output; see 3.11 for the meanings of **AS** and **ADH**).

Note that the reception desks are *totally involved* (see 3.14) in their respective operations. This means that, at each desk, only one customer can be handled at a time. The locations through which Joe passes on the other hand are only *partially involved* in the operations shown. Within the operational context depicted by the graph, the difference between partial and total involvement is without effect; no two of the operations shown can ever take place concurrently, and therefore no multiple concurrent demands on any given resource can occur.

Note that the plan of operation as described by the graph implies no waiting on Joe's part for any of the three services he requires. When Joe is ready for appointment definition, so must the appointment definer be. We will return to *waiting* below.

3.22 Case, defined for bodies

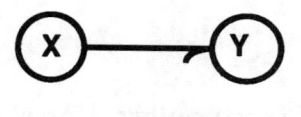

X is a *case of* Y

This means: **Every instance of X is an instance of Y**. Like containment, this relation is also transitive.

We will assume: for any two distinct bodies **X** and **Y** in a coordination graph: *Either one of them is a case of the other, or they have no instances in common.*

We further assume: *if X and Z are distinct cases of Y, then no instance of Y is an instance of X as well as an instance of Z.*

3.23 An example of *case*

The white elements in this graph are copies of the corresponding elements in 3.21. The shaded elements are new. The bodies *plus* and *minus* are cases of Joe in the state of just having completed participating in an appointment definition. By introducing these two cases, we model the possibility that the attempt to define an appointment may fail: in the *plus* case there is success, and Joe goes on to make an appointment as before; in the *minus* case goes on to talk (operation **T**) about his problem with some higher authority (body **HA**).

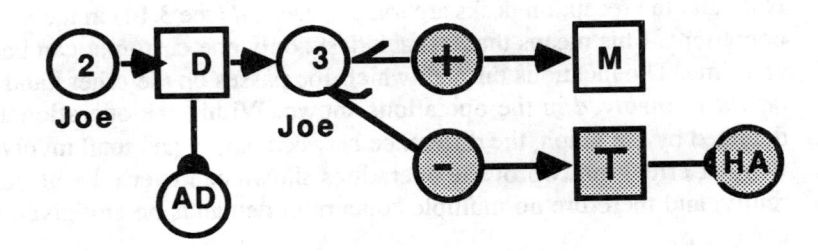

Thus we see: different executions of operation **D** may result in an ouptut with different properties relevant to the plan. However differences in output can only result from differences in input. Therefore different instances of the inputs must also have different plan-relevant properties. In the present case, different instances of **Joe** seeking an appointment will carry with them different *information* pertinent to appointment making, and the same is true of different instances of the appointment definer, **AD**. The notion *information* in the context of coordination mechanics is discussed more systematically in 3.25 below.

3.24 Entity and state specifications - As already stated in 3.7, with each body **X** in a coordination graph there is a *specification* **sp(X)** — a set of properties which every instance of **X** must meet.

A body **X** can generally be regarded as representing some *entity* in some *state*. Examples taken from 3.21: body **1** is **Joe** (the *entity*) before the information giver, ready to ask (the *state*); body **IG** is the information giver (the *entity*) on duty (the *state*). This means that that **sp(X)** can be divided into two parts — **e(X)**, specification of the entity, and **s(X)**, specification of its state. In 3.21, **e(1)**, **e(2)**, **e(3)**, and **e(4)** are all the same, namely the specification of **Joe**. The specifications of the states are all different.

Since plans are — by our definition — repeatedly executable, so must it be possible to create repeated instances of **X**, having all of the properties required by **sp(X)**. This is the basis on which we say: ***sp(X) only calls for repeatable properties.***

3.25 Information specification, *control* and *content* - (*Information* was already introduced in 3.23)

A plan often specifies repeatable properties of a body **X** that can vary from instance to instance — and thus cannot be part of **sp(X)**. We have a good example in 3.23, body **3**. Some of the instances of **Joe** in that state are *plus*, others are *minus*, and every instance is either *plus* or *minus*. (Depending on case, **Joe** goes on to make an appointment, or to speak to higher authority.) Thus **sp(3)** calls for property **c(3)**: that every instance is either *plus* or *minus*, but not both. With property **c(3)** as part of **sp(3)** it becomes true that ***body 3 carries plan-defined information***. The *effect of the information* is to determine the choice between two courses of action.

Continuing with example 3.23 we can ask: what is the source of the information specified by **c(3)**? The only possible sources are bodies **2** and **AD** — that is to say, the *information* which **Joe** and the appointment definer bring with them to the appointment defining operation. The possibilities in this regard are described in 3.23. Bodies **2** and **AD** show us: ***a body can carry plan-relevant information even if it has no cases.***

Can we specify this information in the case of bodies **1** and **AD**? In the case of body **1** it is the information which **Joe** brings with him relevant to the desired appointment; in the case of **AD**, it is the appointment definer's information relevant to the making of appointments generally. (Note: this information will, in general, be partly stored in written form on the appointment maker's desk, and partly in the appointment maker's head; ***both are covered by body AD***.)

With respect to these two informational totalities, we can specify components: for example the current content of the appointment calendar — carried in **AD** — is relevant: if the appointment definer sees **Joe**'s case as an emergency and all of the relevant facilities are booked, **Joe** may be sent to talk to higher authority (case *minus*). On **Joe**'s side his description of his problem is relevant; so is his past involvement with the Dental School, his knowledge of english, etc. However it is out of the question that we can break these two informational totalities down into a complete set of well specified component parts which could serve as arguments of a well specified *function* that maps the possible combination of argument values onto the *plus* and *minus* cases of body **3**.

Regardless of whether this is possible or not, the following definition of plan-relevant information carried in a body applies.

>**Definition** - A body **X** carries information if (and only if) **sp(X)** specifies attributes that have values variable from instance to instance (e.g. c(3) above). Attributes with values that are *cases* specify *control information* (e.g. c(3) above); all other such attributes specify *content information*.

Bodies **1** and **AD** carry *content information,* but no *control information*. The operation **D** has, as part of its effect, ***the transformation of content into control information.***

Content information is only specified for the following reasons: (a) somewhere within the plan it is transformed into *control information* ; (b) it is a required product of the planned activity, exported to somewhere beyond the domain covered by the plan. One, the other, or both reasons may apply to any given case.

3.26 **Residual body properties** - Instances of a body **X** always have properties not covered by **sp(X)**, either as fixed properties, or as attributes with variable values. In one instance of **AD** the appointment definer may be blond, in another instance black; the desk may be of wood or, in another instance, of metal, antique now, modern then. In any case, instances always have unique properties bound to their historical context. This is another way of saying that ***body instances are, by definition, not repeatable, just as bodies are, by definition repeatable.***

3.27 The absence of information - By our definition, bodies can exist which carry no (plan-relative) information. There follows an example.

The new appointment system design for the Dental School called for the use of a form as part of the appointment defining process, the so-called *appointment definition card*. In case of a successful appointment definition, the appointment definer took a blank appointment definition card, filled it out partially, and handed it to the appointment seeker for completion. Treating the blank appointment definition card as a body contained in **AD**, we claim that it does not carry information, in our sense: its preprinted features are part of its *entity* definition; its blankness is its state definition; it has no *specified* attributes with values that are variable from instance to instance (but of course each instance has residual properties, some of which may be repeatable). On the other hand, it is clear that the card, once in the hands of the appointment definition holder, does carry information. (The preprinted features of the card *could* be information, but in the context of a different plan.)

Further examples will be discussed below.

3.28 Body identity - For a body **X**, **sp(X)** establishes the *identity of X* — by defintion.
   It is not necessarily easy to distinguish the *identity* of two bodies **X** and **Y**. Suppose, for instance that **X** is *a particular person in some state*. To insure that it is *that* person, one might have to add that person's fingerprint to **sp(X)**.

We stated in 3.24 that **sp(X)** generally divides into an entity specification **e(X)** and a state specification **s(X)**. Therefore we also say that **e(X)** establishes the identity of the entity, and **s(X)** the identity of the state. These definitions give meaning to such ideas as that *two distinct entities might be in the same state*.

We also speak of the *identity of an instance of X*, which is established by its residual properties alone. In any case we know that every instance of **X** will satisfy **sp(X)**, as well as the specification that the variable attributes (if any) take on a definite set of values (see 3.24 and 3.25).

3.29 Identity propagation - Much of the interest in causal relations in the context of plans has to do with how the *identity* of something-or-the-other influences the identity of something else. The exertion of such influence is what we call the *propagation of influence*.

Coordination graphs express causal connections. The properties of body **X** can in no way influence the properties of body **Y** if there does not exist in the coordination graph a *path* from **X** to **Y** — of the form

$$\text{X} \to \square \to \bigcirc \to \square \to \bigcirc \to \square \to \cdots \to \bigcirc \to \square \to \text{Y}$$

or

$$\text{X} - \square - \bigcirc - \square - \bigcirc - \square - \cdots - \square - \text{Y}$$

or a mixture of the two. Therefore, in considering the propagation of influence from body **X** to body **Y** it is sufficient to restrict our attention to pairs of bodies separated by just one operation — input-to-output, use-to-use, use-to-output, input-to-use. In the next following series of points we will further restrict our attention to input-to-output relations.

3.30 **Entity preservation** - Consider bodies **1, 2, 3,** and **4** in 3.21. All of these represent **Joe** in four different states. From input to output in each of the three pairs of this sequence, the identity **Joe** is preserved as the state is changed. In 3.21 we see that this is so by (a) understanding that the label **Joe** attached to a body refers to its entity identity, and (b) noticing that the same entity label applies to input and output in every case. We see that this is important structural information from the following representation of the appointment definition operation:

Without the entity labels we could not tell which of the two outputs continues **Joe** and which one continues **AD**.

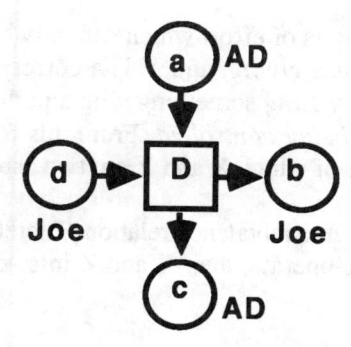

Coordination Problem Analysis From the Coordination Mechanics Perspective   41

The next figure shows us the same relations in a slightly modified form, and adds the *appointment definition card* which was discussed in 3.27 above. The dotted lines connect body pairs that carry the same entity identity. We will not make such dotted lines part of the language of coordination graphs. Note that, as per the description in 3.29, the effect of operation **D** on the **card** is (a) to give it content information, and (b) to change its location. The fact that it gains information is not represented in the figure.

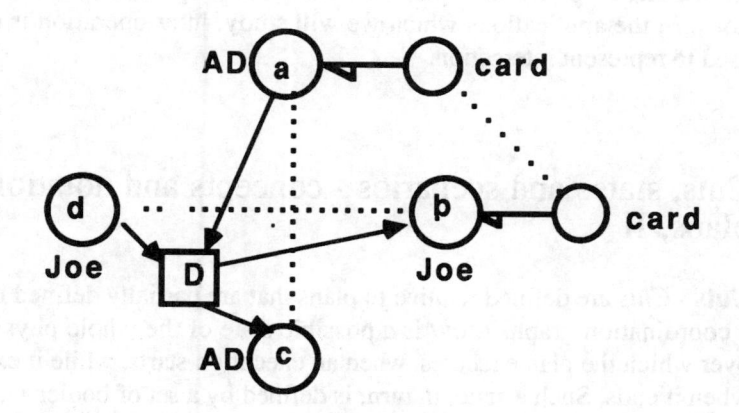

3.31 Inter-operation

X and Y inter-operate

X and **Y** are two units of effort which can only be executed together. Typical examples are: **X** is a *giving*, and **Y** is a corresponding *receiving;* **X** and **Y** both represent *discussing* something with a partner; **X** represents *controlling* and **Y** represents *being controlled*. From this follows: there always exists a single operation **Z** of which **X** and **Y** are two aspects.

Inter-operation is an equivalence relation. Therefore if **X** and **Y** inter-operate, and **Y** and **Z** inter-operate, then **X** and **Z** inter-operate. Therefore, when we write

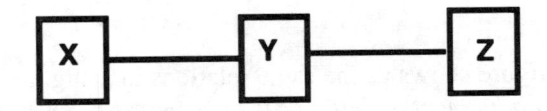

$$\boxed{X} - \boxed{Y} - \boxed{Z}$$

we usually omit the implied relation sign connecting **X** to **Z**.

3.32 **Action and interaction** - If the whole theater of an operation contains one and the same actor **a**, then the operation is called an *action* of **a**. An equivalence set of at least two actions which inter-operate is called an *interaction*. Notice that all of the examples we gave of inter-operation in 3.31 are interactions. In the applications which we will study, inter-operation is exclusively used to represent interaction.

4 Cuts, states and scenarios - concepts and notations for plans, II

4.1 **Cuts** - *Cuts* are defined relative to plans that are partially defined by means of a coordination graph. A *cut* is a possible state of the whole physical domain over which the plan executes, when an execution starts, while it executes, and when it ends. Such a state, in turn, is defined by a set of bodies with specified properties which (a) cover the whole domain, and (b) coexist in that state.

4.2 **Plan beginnings, endings** - A *plan ending* is a cut with which some plan executions end. A *plan beginning* is a *cut* with which some plan executions begin. We will also refer to these *cuts* simply as *beginnings* and *endings* when context leaves no doubt as to what is meant.
If, in specifying a plan, a coordination graph is used, then it must be augmented by a specification (implicit or explicit) of (a) the set of *beginnings*, and the set of *endings*. The coordination graph alone specifies a **mechanism,**

without specifying the conditions under which its uses start or end. If the mechanism, once started, is expected to stop by itself, then the *endings* do not require explicit specification. Similarly, if it requires a set of external inputs in order to begin operating, its *beginnings* may also not need to be specified explicitly.

4.3 **Scenarios** - From a given plan **X** which has various distinct ways of being executed, one can always derive specialized versions of **X** which have only one way of being executed. Such special versions are called *scenarios* of **X**. We will now add precision to this explanation, partly through examples.

As earlier explained, while plans are, by definition, repeatably executable, plan executions are, by definition, not repeatable. (They are distinguished from one another, at the very least, by the historical circumstances under which they take place.) However plan executions may be sorted into equivalence classes according to the following criterion: *two plan executions are equivalent if they are indistinguishable with respect to all properties that play a role in the definition of the given plan.*

There exist plans such that all of their executions form a single equivalence class. Of such plans we can say: *they specify set of equivalent executions.* This is true of most recipes. From execution to execution, the actor may differ, the dishes used may differ, the quantities and times may differ — to within the level of significance which the recipe specifies — etc. But what the recipe calls for is invariable, and is fulfilled in each of its executions.

On the other hand, *there exist plans which specify inequivalent executions.* As example, consider the plan: a clerk is to divide an incoming stream of forms into two piles according to the color of the form. *Executions corresponding to distinct form sequences — distinct in number, or color sequence — are inequivalent.*

Given a plan **X** with inequivalent executions, one can always "derive" more specialized versions of the plan **X** which restrict the set of executions to a single equivalence class. For instance, given the plan cited above for the clerk with the forms, one need only fix the input sequence of forms to obtain such a specialization. The result is a plan which works like a recipe. More generally, by fixing the values of all *significant variable attributes* in X, one obtains a derivative plan, as just described. *Every such derivative plan is called a scenario of X.* If all of the executions of a plan belong to single equivalence class, then the plan is its own (one and only) *scenario*.

4.4 **Cuts, scenarios, states** - Associated with every *scenario* there exists a family of *cuts* which includes one designated *beginning* and one *ending*.
In any given execution of a *scenario,* the *cuts* may or may not be realized as *states* of the physical domain over which the plan executes. An example will make this clear. The figure following represents such an example. The coordination graph is that of a scenario, *but the figure as a whole represents a particular execution of that scenario.*

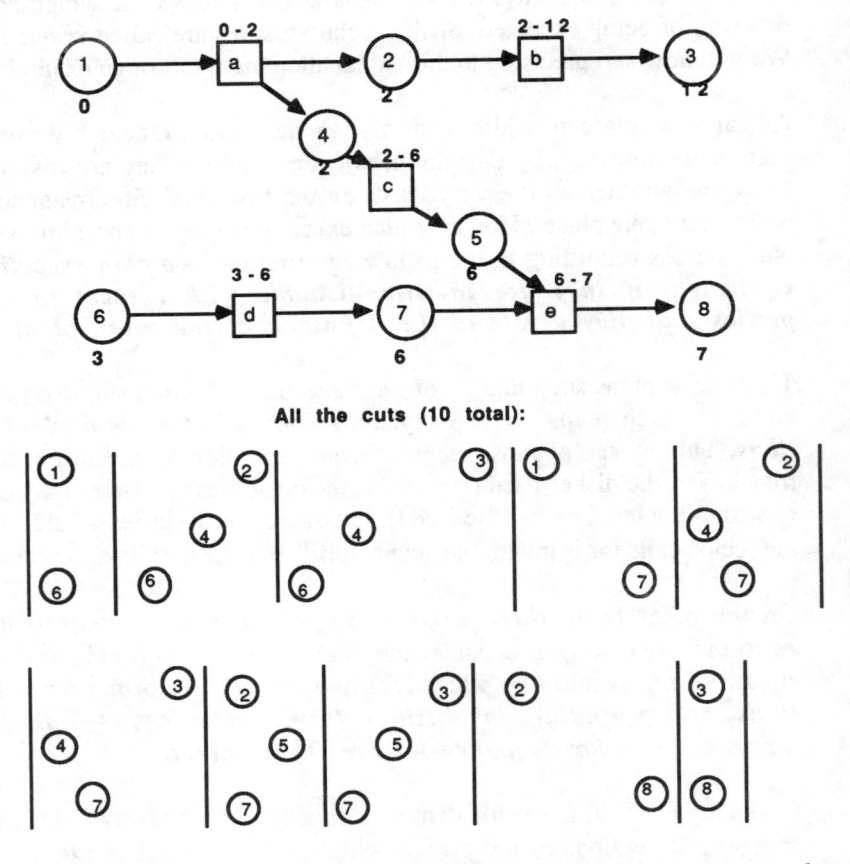

All the cuts (10 total):

The integer pair **n-m** above an operation symbol represents an assumed start time and end time for the execution of that operation *in the context of the given execution* — (and thus the difference between these two integers represents the assumed duration of the operation on the given occasion). According to our assumption, the real-time durations of the operations are left unspecified in the plan, or at any rate sufficiently weakly constrained to admit quite a range of variation. As to their relative start times, the plan fixes them only as far as the intended causal relations make necessary. Thus, it is per plan *causally necessary* that operation **e** begins after operation **c** ends, since **c** has an output which **e** has as input; the plan does not require that operation **d** starts after operation **a**, although, in the particular execution pictured this is the case. Thus they are left to vary from execution to execution of the *scenario*. The differences introduced by the variable values of the integer pairs **n-m** are treated as no more significant than the differences in the dishes used from one execution to the next of a given recipe.

The integer beneath each of the bodies indicates the clocktime at which, in the execution, its production ends and/or its consumption begins. (For bodies that are both produced and consumed within the plan, no significant difference between production end and consumption start can exist since all durations must be accounted for by operations.) These clocktimes associated with the bodies are strictly determined by the integer pairs **n-m** associated with the operations. *We now observe that, in the execution shown, not one of the ten cuts is ever realized as a state of the domain over which the plan executes: there are no clocktimes at which an appropriate ensemble of body instances coexist.* There follows a list of true observations about the scenario shown in the figure:

- For any of the ten *cuts*: there exist executions such that that *cut* is realized as a state of the whole domain at some time.
- Imagine that a manager who controls the execuion of this plan can stop any body from being consumed once it has been produced, and, if he wishes, release it again for consumption. In course of any execution such a manager can cause execution interruptions at points which correspond to *cuts*. While the execution is interrupted, the domain over which the plan operates will be in a state corresponding to a *cut*.
- A plan may be specifically designed and implemented so as to allow global checkpoints. Such checkpoints will correspond to *cuts*.
- Plan executions can abort. If the abortion has the property that it does not interrupt individual operations, then the terminal state will be a *cut* — (though not a *plan ending*). It is desirable to implement plans in a way which minimizes the probability that an abortion will interrupt individual plan operations.

4.5 **Subcut** - A subset of a cut

4.6 **Forced, unforced** - *Endings* and *beginnings* can be *forced* or *unforced*. An *ending* is *unforced* if there are plan executions with that ending that go to conclusion without being externally stopped; it is *forced* otherwise. The same distinctions apply to *beginnings*. We might say that a plan, all of whose *beginnings* and *endings* are *unforced*, is *self limiting* (analogous to the definition for operations).

Examples: recipes and most game rules are *self-limiting;* so are all construction plans; the example under item (3) above is *self-limiting*. The rules of use or maintenance of a facility, such as a library or a bank account are not *self-limiting*. In the case of a bank account there will also exist a plan for its establishment as a new account. That plan is certainly *self-limiting*.

4.7 **Plan input, output** - A *plan input* is a body which is an input to at least one operation within the plan, but is not an output of any operations within the plan; a *plan output* is a body which is an output of at least one operation within the plan, but is not an input to any such operations.

There certainly exist plans that have no inputs or outputs in the sense defined above. We will assume that every *unforced ending* of a plan includes at least one *output* and every *unforced beginning* includes at least one *input*. Therefore plans with no inputs and no outputs only have *forced beginnings* and *forced endings*.

Coordination Mechanics Small Exercises

Exercise I: The Bread Shop

We shall consider the operation of a bread shop which has a *front room* where customers buy loaves of bread, and a *back room* where the bread is baked. Bread is baked throughout the selling day. Thus augmenting the bread supply through new production and diminishing the bread supply through selling are concurrent. We want a model of the shop adapted to studying the effect of various operational parameters on the expected cost and income.
Key properties of the bread shop which our model assumes are: (1) only one type of bread is produced; (2) there is only one storage for ready loaves of bread, namely a bread rack in the front room; (3) there is only one sales person who helps one customer at a time.

Coordination Problem Analysis From the Coordination Mechanics Perspective

The coordination graph:

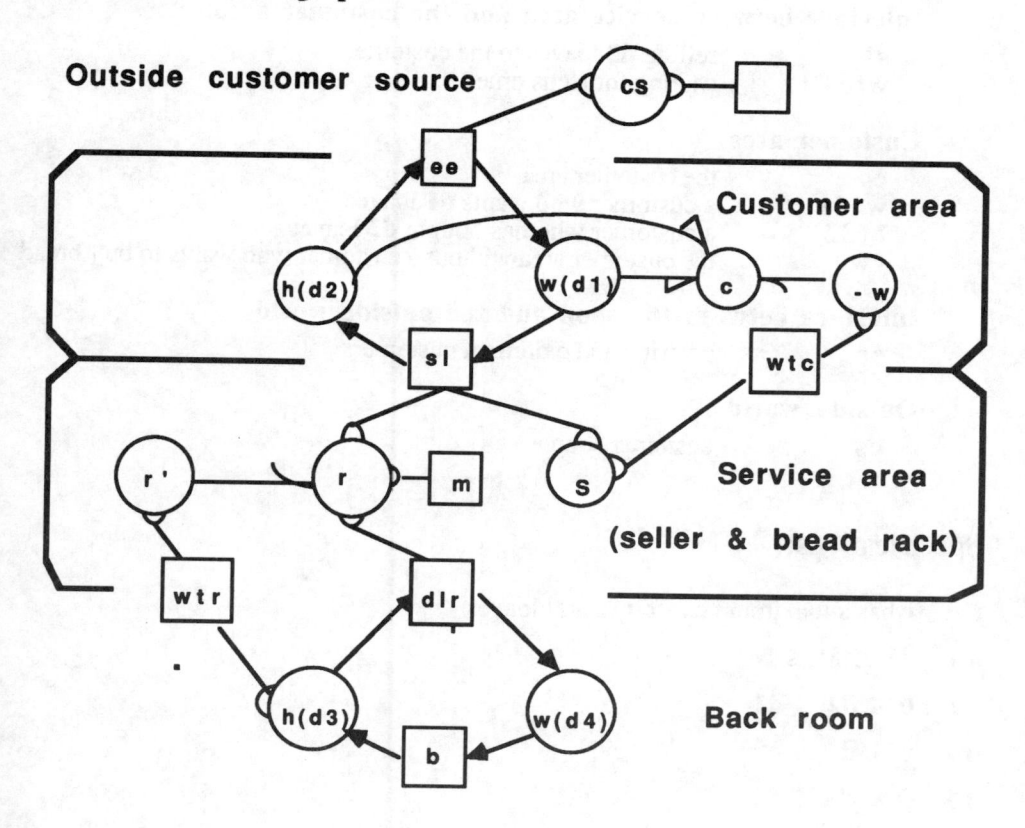

LEGEND:

Back room
- **b**   baking a batch of **d3** loaves of bread
- **w(d4)**   the baker wanting to make at most **d4** loaves
- **h(d3)**   the baker having **d3** loaves to deliver to the front room

Interface between backroom and service area
- **dlr**   the baker delivering **d3** loaves onto the rack **r**
- **wtr**   the baker waiting to deliver onto the rack **r**

Service are
- **r**   the bread rack
- **S**   the seller
- **r'**   the bread rack with room for at least **d3** loaves
- **m**   maintaining the bread rack regardless of other involvements

Interface between service area and the customer area
- **sl**   selling **d2** loaves to the customer
- **wtc**   waiting for a customer

Customer area
- **c**   the customer area
- **w(d1)**   a customer who wants **d1** loaves
- **h(d2)**   a customer who has bought **d2** loaves
- **-w**   the customer area without a customer who wants to buy bread

Interface between the shop and the outside world
- **ee**   entering and exiting of customers

Outside world
- **cs**   customer source

Specifications:

- **r**   **r** has a maximum capacity for **N** loaves
- **d1** $d1 \leq M \leq N$
- **d2** $0 \leq d2 \leq d1$
- **d4** $0 < d4 \leq N$
- **d3** $0 < d3 \leq d4$
- **dlr**   A pre-condition for the operation is that there must be at most **N-d3** loaves in **r**. The operation has two effects: (1) **d3** loaves are transferred onto **r** from **br**; (2) between **r** and **br** a new desired number of loaves, **d4**, for the next delivery is determined.
- **sl**   The effect of the operation is to determine **d2** based on **d1** and the currently available number of loaves in **r**, and to transfer **d2** loaves from **r** to the customer.
- **wtr**   This wait terminates only when the number of loaves in **r** sinks below **d3** as a result of selling.
- **wtc**   This wait terminates only when a customer who wants bread enters.
- **m**   Rack maintenance. Guarantees (among other things) that the bread supply on the rack is maintained unchanged during intervals when neither **dlr** nor **sl** are executing.

Coordination Problem Analysis From the Coordination Mechanics Perspective

Comments:

1. We will now consider the "mechanics" involved in the two wait operations **wtc** and **wtr**. To start with, note that wait operations generally involve a *waiting agent,* and a *blocking agent*. In the general case, a waiting operation can terminate in one of two ways: the blocking condition (presented by the blocking agent) can disappear, thus forcing a termination; the waiting agent may terminate the wait as a function of his own state — as when someone decides to wait for at most 10 minutes for something. If waiting terminates because the blocking condition disappears, then an operation which was waited for commences. As we see from the specifications for **wtc** and **wtr**, the model does not provide for wait terminations forced by the waiting agent.

    In the case of **wtc**, the blocking condition is the absence of a customer wanting bread. It is relieved through the completion of an execution of **ee**. Once the customer wanting bread is present, selling *must* begin because the customer is not prepared to wait. (However zero loaves may be sold.) One result of a execution of the selling operation is the restoration of the blocking condition, which enables the seller to return to waiting. Since the seller is only involved in selling and in waiting, one of these two operations *must* execute all the time.

    In the case of **wtr**, the blocking condition is lack of space for **d3** loaves on the bread rack. This condition can be relieved as a result of selling. The blocking condition may or may not be recreated through a delivery. That depends on how many loaves the rack can accomodate when a delivery begins, and on the selling which takes place concurrently.

2. In this model makes no use is made the function of time n(t), the number of loaves on the rack. Since selling and delivery can take place concurrently, loaves may be removed from the rack while loaves are also being added. A mathematical model in which it is assumed that, at any idealized instant of execution time, there is a definite number of loaves on the rack (a) does not correspond to practical reality, and (b) forces distinctions between executions which are irrelevant to the effects under study. *Fortunately, none of the conditions which govern the operations in this model depend on n(t).* For instance, to know that delivery can take place it is only necessary to know that *there are fewer than N-d3 loaves on the rack.* In reality — and in this model — that is determinable even though n(t) is not.

Using the model

The model offers us a variety of parameters to control in searching for desirable operating characteristics of the bread shop. Here are some examples of desirable operating characteristics: (a) it is desirable to make the rate at which bread is sold large; (b) the smaller the performance demands on the back room (baking equipment and baker) the better — performance demands such as faster production of loaves, more variability in number from batch to batch, greater maximum capacity. Another desirable characteristic is this: to make waiting times predictable. The more predictable they are the better one can let a waiting person do something else while waiting. We will now apply the model to understanding the factors which influence the selling rate. Some of these factors can be estimated but not controlled; others can be controlled. Given adequate computer support, the next step would be to use the model and the analysis in order to *calculate* the effect of parameter settings representing the significant factors on the selling rate — as an ordinary, or as a statistical variable. (We are including simulation among the methods of calculating.)

X depends on	$Y_1, \ldots Y_n$, as we see from the model
1. Selling rate **R1**	durations of **ee** and **sl**, and **d2**
2. Duration of **ee** and **d1**	the customer source **cs**, and possibly on **h(d2)**. In the usual case the customer source predominates. Its effect on the duration of **ee** and **d1** might be described by an assumed statistical distribution.
3. Duration of **sl** and **d2**	**r**, **S**, and **w(d1)** - i.e., characteristics of the wanting customer, the seller, and the rack. In some cases the duration of **sl** might be assumed constant, and in others not to matter; **d2** will certainly depend on **d1** and on the available supply on **r**. (in particular, if the supply is 0, then **d2** will be 0)
4. The supply on **r**	the durations of **sl**, **m**, **dlr**, and **d2** and **d3**. (Although **r** is also involved in **wtr**, it doesn't matter because it has no effect on the supply on **r**; **m** matters because it maintains the supply constant over some period.) Since we want to maximize the selling rate, our concern is to influence the supply through **dlr** *so that the supply will exercise the smallest possible influence on* **d2**. This means maximizing the probability that the supply is greater than **M** (See the specifications above).
etc.	

Coordination Problem Analysis From the Coordination Mechanics Perspective 51

Exercise II: The Pulsar

The *Pulsar* is a small generic work system of wide utility, particularly well implemented on a computer network. Two generic roles are defined: a **manager** role, and a **performer** role. In a pulsar there is one **manager** and **n performers**. The **manager** and the **performers** are connected in two ways: (a) by general messaging, and (b) by a stimulus/response cycle which operates as follows. The **manager** prepares **n** stimulus texts, usually in a format specific to the pulsar. The **n** stimuli may all be identical or all different. Once all **n** are produced, the **manager** distributes one each to each of **n performers** (the appropriate one to the appropriate **performer**, if they are different from one another). Within a pre-defined period, each of the **performers** generates a response text to his stimulus (also normally in a format) and returns it to the **manager**. Once all **n** responses have been received, the **manager** uses the body of all **n** responses to produce the next instance of **n** stimuli.

Coordination graph:

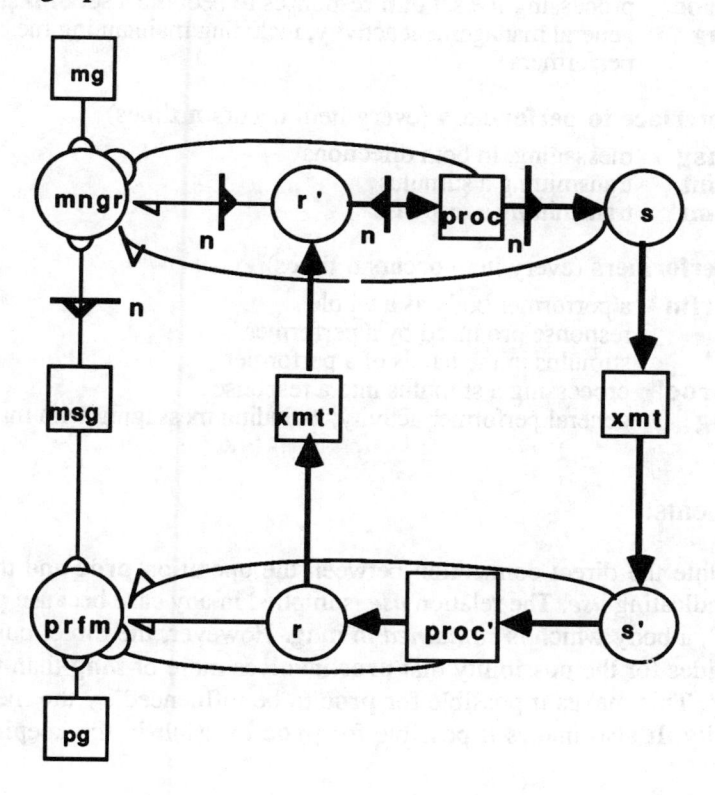

EXPLANATION OF NEW NOTATION:

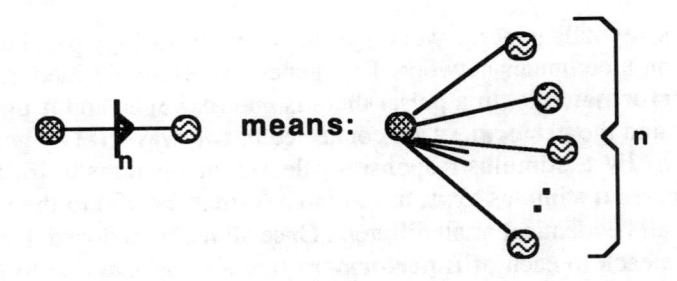

LEGEND:

Manager

- **mng**   the manager body as a whole
- **r'**   response from a performer in the hands of the manager (there are **n** of these)
- **s**   a stimulus produced by the manager (there are **n** of these)
- **proc**   processing the set of **n** responses to become a set of **n** stimuli
- **mg**   general management activity, including maintaining message contact with performers

Interface to performers (every item occurs **n** times)

- **msg**   messaging, in both directions
- **xmt**   transmitting a stimulus
- **xmt'**   transmitting a response

Performers (every item occurs **n** times)

- **prfm**   a performer body as a whole
- **r**   response produced by a performer
- **s'**   stimulus in the hands of a performer
- **proc'**   processing a stimulus into a response
- **pg**   general performer activity, including messaging with manager

Comments:

1. Note the direct connection between the operation **proc** and the body **mng** indicating *use*. The relation *use* is implied in any case because **proc** involves **r'**, a body which is *contained* in **mng**. However, the direct connection provides for the possibility that **proc** involves more of **mng** than the responses **r'**. This makes it possible for **proc** to be influenced by the messaging activity. It also makes it possible for **proc** to result in the keeping of backup

copies of responses and stimuli for backup purposes. The same remarks apply to **proc'**.

2. Note that the messaging covered by **msg** *is specific to the roles; it is not messaging between communicators with personal names.* This has two consequences: first, that the messages covered are presumed to be specifically driven by the interests of the manager-qua-manager, and the performers-qua-performers; secondly the messages reside in the *bodies* of the manager and the performers. This allows them to exert an influence on the operations in which the manager-qua-manager is involved (and the same for the performers-qua-performers), and prevents them from exercising an influence on other operations.

The pulsar has diverse interpretations. There follow some suggestive examples.

3. **Joint decision making by n equally influential conributors** - The pulsar is to be used to conduct a complex social interaction among **n** participants with equal power in order to achieve a joint decision about something. Such interactions are usually managed in the form of a meeting, in which order prevails by etiquette alone, or with the help of a chairperson. In the pulsar, the **n performers** are the **n** participants, and the **manager** is a kind of chairperson.

The **manager** can be set up to exercise no substantive influence on the final decision, or set up to exercise a small influence, or to exercise a very large influence. The case of *no substantive influence* is realized in the following way. In every stimulus wave, every **performer** gets a copy of the same text. The first stimulus wave provides a start signal, a textual version of the issues, and general instructions. The first response wave contains each **performer's** first expression of views. ("No comment" is always allowed as a response.) All subsequent stimulus waves carry to each **performer** the result of mechanically integrating the texts of the **n** previous responses.

The whole aparatus of making motions, seconding, calling for a vote etc. can be copied into the "pulsar meeting". However, in the pulsar meeting several motions could be processed concurrently without creating disorder.

The **manager** for the the case just described can be fully automated (to within dealing with breakdowns). But the **manager** could be set up to exercise strong influences. For example, instead of passing back the full texts of the last responses — which can be done mechanically — the **manager**, using his judgement, summarizes, edits, and adds formulations or opinions of his own.

For such a pulsar meeting time intervals can be set up as part of the rules, for example: a new stimulus will be sent out every hour on the hour during the working day; all responses are expected back by the half hour.

4. **Trouble reports and suggestions from experimental users** - Assume a software package under beta test. Someone is designated to collect trouble reports and suggestions from the user community and to distribute these to the appropriate developers and documenters. This someone is made **manager** in a pulsar; every user is a **performer**. The trouble reports and suggestions are contained in pulsar responses. The stimulus/response cycles have a regular timed period. A user with nothing to report or suggest during a given cycle simply fails to produce a response within time.

Use of the pulsar has the following important advantages when compared to mail. First, the stimulus can feed back to the community the experience of others. *This will tend to produce a natural clustering in time of mutually relevant user experiences,* which should be very helpful to the developers. Also, the stimuli can be used to focus the community's attention on issues that are currently of particular interest to the developers independent of user reports. Finally, the cycle time simplifies the **manager**'s report processing task while making it more effective and more efficient. It also provides a framework within which agreements can be made with users about when they can expect feedback to a report, if this should happen to be in order. The messaging which the pulsar provides in addition to the stimulus/response cycle is particularly helpful in this application.

5. **Project reporting** - The project leader is **manager**; the project members are **performers**. The normal pulsar cycle time is the normal reporting period, but intermediate cycles may be introduced when special reporting needs arise. The project leader can use the stimuli to provide over-all status information, ask special questions, or introduce changes in reporting format.

6. **An auction** - The Auctioneer is the **manager**; the bidders are the **performers**.

Acknowledgements

This paper was made possible by the support and encouragement I received as Visiting Professor at the Dipartimento di Scienze dell'Informazione of the University of Milano during the academic season '90/91. I am particularly grateful to Prof. Gianni Degli Antoni for disagreeing with me about everything in such a challenging and useful way, while giving me the opportunity to teach Coordination Mechanics to his students. Finally, my thanks to Bull Italia for their part in my support during the past year.

Anatol W. Holt
Department of Computer Science, University of Milan
Via Moretto da Brescia, 9 – 20133 Milano – Italy

Gruppenarbeit - arbeitspsychologische Konzepte und Beispiele

Eberhard Ulich
ETH Zürich

1   Gruppenarbeit - nur ein neues Mittel im Wettbewerb?

Eine rasch zunehmende Anzahl von Unternehmen beschäftigt sich derzeit mit Fragen der Einführung von Gruppenarbeit. Besonders augenfällig ist dies in der europäischen, vor allem auch in der deutschen Autoindustrie. Namhafte Fahrzeughersteller, die noch vor kurzem in erster Linie auf hoch arbeitsteilige Produktion und den Einsatz neuer Technologien setzten, bekunden nun ihre Absicht, 'flächendeckend' Gruppenarbeit einzuführen. Was ist geschehen?

Anlass für diese Neuorientierung ist nicht zuletzt das Ergebnis einer vom MIT durchgeführten Studie, demzufolge bei den europäischen Volumenproduzenten für die Endmontage eines Autos mehr als doppelt so viel Zeit benötigt wird wie bei japanischen Volumenproduzenten (vgl. Tab. 1).

Auch der quantitative Vergleich der Lagerzeit und der Qualitätsmängel fiel zuungunsten der europäischen Hersteller aus; zudem ist hier der Anteil der Reparaturfläche an der gesamten Werksfläche ca. dreieinhalb mal so hoch wie in Japan.

Auf der Suche nach Erklärungen für diese Unterschiede, die insbesondere in bezug auf den Europäischen Markt 1993 als bedrohlich wahrgenommen wurden, konnte man schliesslich nicht übersehen, dass nach den Angaben der MIT-Studie der Anteil der 'im Team Beschäftigten' in japanischen Autofabriken mehr als hundertmal höher liegt als in europäischen Autofabriken. Daraus wurde der Schluss gezogen, dass Gruppenarbeit als eine entscheidende Determinante des Erfolgs der japanischen Autoindustrie anzusehen sei. Entsprechende Massnahmen wurden angekündigt und manchenorts in die Wege geleitet.

Autoindustrie der Welt im Vergleich
(Montagewerke der Volumenproduzenten, 1989)*

	Japaner in Japan	Japaner in Nordamerika	Amerikaner in Nordamerika	Europa (gesamt)
Produktivität (Mannstunden je Fahrzeug)	16,8	21,2	25,1	36,2
Qualität (Montagefehler je 100 Fahrzeuge)	60,0	65,0	82,3	97,0
%-Anteil Reparaturstätten (an gesamter Werksfläche)	4,1	4,9	12,9	14,4
Lagerzeit (in Tagen für 8 ausgewählte Komponenten)	0,2	1,6	2,9	2,0
%-Anteil der im Team Beschäftigten	69,3	71,3	17,3	0,6
Anzahl Stellenkategorien	11,9	8,7	67,1	14,8
Ausbildung neuer Arbeitskräfte (in Stunden)	380,3	370,0	46,4	173,3

* Durchschnittswerte; Volumenproduzenten schliessen ein : GM, Ford, Chrysler, Fiat, PSA, Renault, Volkswagen sowie alle japanischen Firmen. Nicht berücksichtigt sind "Luxus"-Marken bzw. -Firmen wie etwa Daimler-Benz, BMW, Rover, Jaguar oder Cadillac, Lincoln und Honda Legend.

Tab. 1: Autoindustrie im Vergleich (nach Angaben von WOMACK, JONES & ROSS 1990)

Tatsächlich steht zu befürchten, dass Gruppenarbeit in vielen Fällen lediglich als Erfolgsdeterminante (miss-) verstanden wird, deren Berücksichtigung eine rasche Verbesserung der Wettbewerbsposition sichert. So deuten etwa die in einem Unternehmen gleichzeitig mit der Ankündigung einer 'flächendeckenden' Einführung von Gruppenarbeit angestellten Überlegungen - und praktischen Versuche - zur Halbierung der Kontrollspanne der Meister darauf hin, dass hier noch kaum verstanden wurde, dass moderne Konzepte der Gruppenarbeit darauf abzielen, Arbeit wirklich anders zu organisieren. Dabei gilt es die in Tab 2 aufgeführten Prinzipien zu beachten.

Organisationsebene	Strukturprinzip
Unternehmen	Dezentralisierung
Organisationseinheit	funktionale Integration
Gruppe	Selbstregulation
Individuum	Autonomie

Tab. 2: Strukturprinzipien für verschiedene Ebenen der Organisation

Nun ist einerseits deutlich erkennbar, dass neuere Entwicklungen - z.B. im Bereich von Produktionsplanungs- und Steuerungssystemen - hervorragend geeignet sind, solche Strukturprinzipien systematisch zu unterstützen. Andererseits wird aber noch immer der Versuch unternommen, Computer der vierten und fünften Generation in "second generation"-Organisationen einzuführen (SAVAGE und APPLETON 1988, 1). Tatsächlich erfordert indes die 'flächendeckende' Etablierung von Gruppenarbeit - insbesondere bei raschen technologischen Veränderungen und hoher Umweltkomplexität - eine Überwindung der bislang vorherrschenden mechanistisch-bürokratischen Konzepte durch Konzepte, die durch ein hohes Mass an Flexibilität und Selbstorganisation gekennzeichnet sind. Das bedeutet in der Konsequenz, dass wir lernen müssen, Arbeitssysteme als soziotechnische Systeme zu verstehen und Arbeitsgestaltung anstatt Technikgestaltung zu betreiben.

2 Arbeitssyteme als soziotechnische Systeme

Menschliche Arbeitstätigkeit findet mehrheitlich in Arbeitssystemen statt. Arbeitssysteme dienen der Erfüllung von Arbeitsaufgaben. Die Wechselwirkungen zwischen den sozialen und den technischen Komponenten von Arbeitssystemen finden im Konzept des soziotechnischen Systems besondere Berücksichtigung. Dieses Konzept wurde zunächst für primäre Arbeitssysteme und Betriebe bzw. Unternehmen ausformuliert (vgl. EMERY 1959), später auch auf Makrosysteme ('domains' im Sinne von TRIST 1981) übertragen.

Primäre Arbeitssysteme sind identifizierbare und abgrenzbare operative Subsysteme einer Organisation, etwa eine Fertigungsabteilung. Sie können aus einer Gruppe oder einer Anzahl von Gruppen bestehen, deren erkennbarer gemeinsamer Zweck die Beschäftigten und ihre Aktivitäten miteinander verbindet. Primäre Arbeitssysteme bestehen aus einem sozialen und einem technischen Teilsystem. Die Verknüpfung der beiden Teilsysteme erfolgt über die Arbeitsrollen der Beschäftigten. Sie findet ihren Niederschlag u.a. in unterschiedlichen Ausprägungen der Mensch-Maschine-Funktionsteilung und -Interaktion.

Analyseeinheit ist das Arbeitssystem insgesamt, unter besonderer Berücksichtigung der beiden Teilsysteme. Gestaltungsziel ist deren gemeinsame Optimierung im Sinne des "best match". Gestaltungsansatz ist die Primäraufgabe des Subsystems, das ist die Aufgabe, zu deren Bewältigung das entsprechende System bzw. Subsystem geschaffen wurde.

Ein nach soziotechnischen Konzepten entwickeltes primäres Arbeitssystem sollte durch folgende Merkmale gekennzeichnet sein:

(1) **Relativ unabhängige Organisationseinheiten,**
denen als Mehrpersonen-Stellen ganzheitliche Aufgaben übertragen werden und die in der Lage sind, Schwankungen und Störungen weitgehend selbst zu regulieren.

(2) **Aufgabenzsammenhang innerhalb der Organisationseinheit,**
so dass über eine inhaltliche Verknüpfung der verschiedenen Teilaufgaben arbeisbezogene Kommunikation erforderlich und gegenseitige Unterstützung - z.B. bei der Regulation von Schwankungen und Störungen - möglich wird.

(3) **Einheit von Produkt und Organisation,**
damit die Zurechnung von Arbeitsergebnissen zu Organisationseinheiten und die Identifizierung mit dem 'eigenen' Produkt ermöglicht wird.

Der Bildung relativ unabhängiger Organisationseinheiten kommt für die Gestaltung der primären Arbeitssysteme übergeordnete Bedeutung zu.

Ein eindrückliches Beispiel für soziotechnische Systemgestaltung findet sich in der 1989 eröffneten Volvo-Fabrik in Uddevalla. Diese Fabrik für die Endmontage von Personenwagen besteht aus sechs voneinander unabhängigen Produktionseinheiten, in denen in je acht Gruppen jeweils vier Autos pro Tag komplett montiert werden. Jedes Fahrzeug ist in sieben Arbeitsabschnitte eingeteilt: nach einer Lern- und

Einarbeitungszeit von 16 Monaten (!) sollen die Beschäftigten zwei bis drei solcher Arbeitsabschnitte beherrschen, d.h. für einen Arbeitsinhalt von zwei bis drei Stunden qualifiziert sein. Der Grad der erreichten Qualifikation findet seinen Niederschlag in einem Polyvalenzlohnsystem. Eine Reihe von Arbeitern ist bereits in der Lage, ganze Autos allein zusammenzubauen.

Gemäß der Einsicht, dass mit zunehmendem Umfang der Arbeitsaufgabe auch die Möglichkeiten der Einflussnahme auf die Arbeit zunehmen müssen, sind die Hierarchien flach und die Möglichkeiten bzw. die Anforderungen der Selbstregulation innerhalb der Arbeitsgruppen hoch. Die Führungsfunktionen werden von monatlich wechselnden Teammitgliedern wahrgenommen. Allerdings findet die Rotation nur zwischen solchen Teammitgliedern statt, die sich für die Wahrnehmung dieser Aufgabe interessieren und vom Leiter der Produktionswerkstatt dafür geeignet gehalten werden.

Bei der Zusammensetzung der Gesamtbelegschaft, und nach Möglichkeit auch der einzelnen Gruppen, wird auf eine Widerspiegelung bestimmter demographischer Merkmale in der Bevölkerung geachtet: mindestens 25 Prozent der Beschäftigten sollen älter als 45 Jahre sein, höchstens 25 Prozent jünger als 25 Jahre, der Frauenanteil soll etwa 40 Prozent betragen. Die bisher vorliegenden Erfahrungen scheinen zu bestätigen, daß auf diese Weise eine Art 'Unterstützungskultur' entsteht, deren Auswirkungen sich nicht nur auf das Wohlbefinden, sondern auch auf Produktivitätsvariable erstrecken.

3 Konzepte für den Einsatz neuer Technologien

In seiner konstruktiv kritischen Auseinandersetzung mit dem soziotechnischen Ansatz der Arbeits- und Organisationsgestaltung kam SYDOW (1985, 106) zu dem Schluss, "dass die gegenwärtige technologische Entwicklung das soziotechnische Konzept der gemeinsamen Optimierung von technischen und sozialen Systemen in seiner betrieblichen Realisierbarkeit eher fördert". Das heisst, dass die technologische Entwicklung für die Strukturierung primärer Arbeitssysteme ebenso wie für die Gestaltung konkreter Arbeitsaufgaben weitere Spielräume eröffnet.

"Technik nicht als Sachzwang, sondern als Gestaltungsaufgabe zu begreifen, eröffnet die Chance, qualifizierte lebendige Arbeit und automatisierte Arbeit nicht als unversöhnliche Gegensätze, sondern als einander ergänzende Produktivkräfte zu sehen" (MARTIN, ULICH und WARNECKE 1988, 121).

Ähnliche Überlegungen werden seit einiger Zeit in verschiedenen Industrieländern, aber auch im Rahmen der Europäischen Gemeinschaft angestellt. So publizierte im März 1989 die Generaldirektion 'Science, Research and Development' der Kommission der Europäischen Gemeinschaften einen Bericht über 'Science, Technology and Societies - European Priorities' (CEC 1989). Dieser Bericht enthält die Resultate und Empfehlungen aus dem FAST II-Programm.[1]

Unter den drei Hauptresultaten steht an erster Stelle: "Human resources are at the core of future growth and Europe's innovation capability" (CEC 1989, 2). Als Konsequenz dieser Ergebnisse wird auf die Notwendigkeit der Entwicklung 'anthroprozentrischer' Produktions- und Dienstleistungssysteme hingewiesen. Dabei handelt es sich um Arbeitssysteme, in denen die Priorität bei der Entwicklung und Nutzung der Humanressourcen liegt und die neuen Technologien in erster Linie dazu benutzt werden, die menschlichen Fähigkeiten und Kompetenzen angemessen zu unterstützen. Hier findet sich der Ansatz von BRÖDNER (1985) wieder, der schon früher zwischen einem 'technozentrischen' und einem 'anthropozentrischen' Entwicklungspfad unterschieden hatte.

Im folgenden werden diese Gestaltungskonzepte als 'technikorientiert' bzw. 'arbeitsorientiert' bezeichnet (ULICH 1989a, 1991). Technikorientierte Konzepte zielen in erster Linie darauf ab, den Einsatz von Technik zu gestalten. Die Strukturierung von Aufbau- und Ablauforganisation ist hier ebenso wie der Einsatz der personalen Ressourcen dem Primat der Technik nachgeordnet. Arbeitsorientierte Gestaltungskonzepte zielen demgegenüber darauf ab, Arbeitssysteme zu gestalten, d.h. - der soziotechnischen Tradition folgend - die Entwicklung und den Einsatz von Technologie, Organisation und Qualifikation gemeinsam zu optimieren. Mögliche Konsequenzen der Realisierung dieser Konzepte sind - in Anlehnung an CORBETT (1987), CLEGG und CORBETT (1987) und ULICH (1989a) - in Tab. 3 einander gegenübergestellt.

Die Gegenüberstellung in Tab. 3 macht deutlich, dass den skizzierten Konzepten grundsätzlich verschiedene Auffassungen von der Rolle des Menschen und der Allokation der Kontrolle im Arbeitssystem zugrunde liegen. CZAJA (1987, 1599) hat die Unterschiede auf eine einfache Formel gebracht: "The difference lies in whether people are regarded as extensions of the machine or the machine is designed as an extension of people". Mit dieser Aussage werden arbeitsorientierte Gestaltungskonzepte unterstützt.

---

[1] FAST steht für 'Forecasting and Assessment in Science and Technology'.

	Technikorientierte Gestaltungskonzepte	**Arbeitsorientierte Gestaltungskonzepte**
	→ Technikgestaltung	→ Arbeitsgestaltung
Mensch-Maschine-Funktionsteilung	Operateure übernehmen nicht automatisierte Resttätigkeiten	Operateure übernehmen ganzheitliche Aufgaben von der Arbeitsplanung bis zur Qualitätskontrolle
Allokation der Kontrolle im Mensch-Maschine-System	Zentrale Kontrolle. Aufgabenausführung durch Rechnervorgaben inhaltlich und zeitlich festgelegt. Keine Handlungs- und Gestaltungsspielräume für Operateure	Lokale Kontrolle. Aufgabenausführung nach Vorgaben der Operateure innerhalb definierter Handlungs- und Gestaltungsspielräume
Allokation der Steuerung	Zentralisierte Steuerung durch vorgelagerte Bereiche	Dezentralisierte Steuerung im Fertigungsbereich
Informationszugang	Uneingeschränkter Zugang zu Informationen über Systemzustände nur auf Steuerungsebene	Informationen über Systemzustände vor Ort jederzeit abrufbar
Zuordnung von Regulation und Verantwortung	Regulation der Arbeit durch Spezialisten, z.B. Programmierer, Einrichter	Regulation der Arbeit durch Operateure mit der Verantwortung für Programmier-, Feinplanungs-, Überwachungs- und Kontrolltätigkeiten

Tab. 3: Vergleich unterschiedlicher Gestaltungskonzepte für den Einsatz moderner Technologien (aus: ULICH 1991)

Technikorientierte Gestaltungskonzepte stehen schliesslich auch im Widerspruch zum Konzept der vollständigen Tätigkeiten bzw. Aufgaben (vgl. HACKER 1986, VOLPERT 1987, ULICH 1989b). Bei unvollständigen Tätigkeiten - oder: partialisierten Handlungen im Sinne von VOLPERT (1974) - "fehlen weitestgehend Möglichkeiten für ein eigenständiges Zielsetzen und Entscheiden, für das Entwickeln individueller Arbeitsweisen oder für ausreichend genaue Rückmeldungen" (HACKER 1987, 44).

Nun ist ganz offensichtlich, dass vollständige Tätigkeiten oder Aufgaben in dem hier beschriebenen Sinn in zahlreichen Fällen - vermutlich sogar mehrheitlich - wegen des damit verbundenen Umfanges nicht als Einzelarbeitstätigkeiten gestaltbar sind, sondern nur als Gruppenaufgaben. Darauf haben die Vertreter der soziotechnischen Systemkonzeption schon sehr früh aufmerksam gemacht.

4 Gruppenaufgaben

Arbeit in Gruppen kommt hauptsächlich aus zwei - miteinander zusammenhängenden - Gründen psychologisch ein besonderer Stellenwert zu:

(1) Das Erleben ganzheitlicher Arbeit ist in modernen Arbeitsprozessen mehrheitlich nur möglich, wenn interdependente Teilaufgaben zu vollständigen Gruppenaufgaben zusammengefasst werden.

(2) Die Zusammenfassung von interdependenten Teilaufgaben zur gemeinsamen Aufgabe einer Gruppe ermöglicht ein höheres Mass an Selbstregulation und sozialer Unterstützung.

Zu (1) haben WILSON und TRIST (1951) ebenso wie RICE (1958) schon sehr früh festgestellt, dass in Fällen, in denen die individuelle Teilaufgabe dies nicht zulässt, Befriedigung aus der Mitwirkung an der Vollendung einer ganzheitlichen Gruppenaufgabe resultieren kann. Zu (2) findet sich ebenfalls schon bei WILSON und TRIST der Hinweis, dass das mögliche Ausmass der Gruppenautonomie dadurch bestimmt wird, inwieweit die Gruppenaufgabe ein unabhängiges und vollständiges Ganzes darstellt. Im übrigen gilt nach EMERY (1959), dass eine gemeinsame Aufgabenorientierung in einer Arbeitsgruppe nur dann entsteht,

- wenn die Gruppe eine gemeinsame Aufgabe hat, für die sie als Gruppe die Verantwortung übernehmen kann und
- wenn der Arbeitsablauf innerhalb der Gruppe von dieser selbst kontrolliert werden kann.

Abhängig davon, welche Entscheidungsbefugnisse den Gruppen übertragen werden, sind in der Praxis unterschiedliche Grade von Autonomie vorfindbar. SUSMAN (1976) hat die in diesem Zusammenhang relevanten Entscheidungsbefugnisse drei Kategorien zugeordnet: (1) Entscheidungen der Selbstregulation ergeben sich aus dem Arbeitsprozess und dienen der Regulation des Systems. (2) Entscheidungen der Selbstbestimmung betreffen die Unabhängigkeit der Arbeitsgruppe nach aussen; sie ergeben sich nicht zwingend aus dem Arbeitsprozess. (3) Entscheidungen der Selbstverwaltung betreffen die Position der Gruppenmitglieder im betrieblichen Machtgefüge; sie resultieren aus machtpolitischen Konstellationen oder aus Wertvorstellungen des Topmanagements.

"Von Gruppenarbeit kann erst dann die Rede sein, wenn es im Rahmen der zu bewältigenden Gesamtaufgabe... einen nennenswerten Anteil *gemeinsamer Planung und Entscheidung* gibt: die sogenannte 'Kernaufgabe' "(DEMMER, GOHDE und KÖTTER 1991, 20; vgl. auch OESTERREICH und VOLPERT 1991. Schliesslich hat Kurt Lewin schon darauf aufmerksam gemacht, dass das entscheidende Bindeglied zwischen Motivation und Handlung die Beteiligung an Entscheidungen sei: "Die Entscheidung verbindet die Motivation mit der Handlung, und sie scheint gleichzeitig eine Verfestigungswirkung auszuüben, die teils durch die Tendenz des Individuums, zu 'seinen Entscheidungen zu stehen', und teils durch das 'Bekenntnis zur Gruppe' bedingt ist" (LEWIN 1982, 283f.).

5 Teilautonome Arbeitsgruppen in der Teilefertigung

Seit etwa Mitte der achtziger Jahre findet das Konzept der teilautonomen Gruppen mit beachtlichem Erfolg auch in der Teilefertigung Anwendung. In der Teilefertigung wird die Zusammenfassung bisher ablauf- und aufbauorganisatorisch getrennter Bearbeitungsvorgänge wie Drehen, Bohren, Fräsen und Schleifen zumeist mit der Übertragung von Aufgaben aus zentralen Planungsbereichen in eine Arbeitsgruppe verbunden.

Zu den expliziten Zielen der Einrichtung solcher Fertigungsinseln gehören vor allem die Verminderung der Durchlaufzeiten, die Erhöhung der Flexibilität und die Verbesserung der Qualität. Dass dies erfolgreich nur möglich ist, wenn die Einrichtung der teilautonomen Fertigungsinseln in umfassendere Restrukturierungsmassnahmen eingebettet ist, belegt eine Anzahl von praktischen Beispielen.

Ein gut dokumentiertes Beispiel betrifft das Werk Nordenham der Felten & Guilleaume Energietechnik AG. Zum Produktespektrum des Werkes gehören Elektromotoren, Garnituren und Schaltgeräte. Das Werk befand sich zu Beginn der achtziger Jahre in einer schwierigen wirtschaftlichen Situation: es produzierte nicht kostendeckend und schrieb rote Zahlen.

Typischerweise wurde zunächst eine technische Lösung gesucht und in der Einführung eines rechnergestützten Fertigungsplanungs- und -steuerungssystems gefunden. Wie in anderen Unternehmen auch wurden dadurch aber - abgesehen von einer Erhöhung der betrieblichen Transparenz - keine wesentlichen Verbesserungen erreicht. Vor allem bei den Durchlaufzeiten und den Lohnkosten für die indirekt produktiv Beschäftigten traten die erhofften Verbesserungen nicht ein. Die Auswertung der durch die erhöhte Transparenz zusätzlich gewonnenen Informationen erbrachte indes eine Schlüsselerkenntnis: es war "das Prinzip der Werkstattfertigung mit seinen stark arbeitsteiligen Strukturen", das zu den Problemen führte, "die den Betrieb und die Produktion unwirtschaftlich machten" (THEERKORN und LINGEMANN 1987, 1). Damit wurde auch deutlich, dass die technischen Veränderungen ohne grundlegende Veränderungen der Arbeits- und Organisationsstrukturen systematisch zu kurz greifen und die erhofften Erfolge nicht bringen konnten.

Positive Erfahrungen mit dem bereits vorhandenen Inselprinzip in der Endmontage legten nahe, dieses Prinzip auch auf die Fertigung zu übertragen und diese ebenso wie die dazugehörigen indirekten Bereiche vollständig neu zu strukturieren. "Setzt man nämlich das Inselprinzip auch z.B. im Vertrieb, bei der Auftragsabwicklung fort, so enstehen in letzter Konsequenz kleine Betriebe unter einem gemeinsamen Dach. *Kleine Betriebe sind bekannterweise besser in der Lage, schnell und flexibel auf neue oder geänderte Marktanforderungen zu reagieren*" (a.a.O., S.4).

Im Zuge der Restrukturierung wurde ein durchgängiges Spartenkonzept - "vom Maschinenbediener bis zum Spartenleiter" - realisiert.

Für die neue Struktur waren die folgenden Voraussetzungen zu schaffen:

(1) Einführung von Fertigungsinseln,
(2) Einführung von Verwaltungsinseln zur Unterstützung der Fertigungsinseln,
(3) Einführung einer der neuen Struktur angepassten Rechnerunterstützung,
(4) Qualifizierung der Mitarbeiter für die Bewältigung der neu entstehenden Aufgaben.

Mit der Einführung von fertigungskomplementären Strukturen im Verwaltungsbereich wird das Inselprinzip durchgängig realisierbar. Die daraus resultierende neue Organisationsstruktur ist in Abbildung 1 wiedergegeben.

Die Inseln sind als teilautonome Gruppen - vorläufig allerdings mit einem Insel - leiter - definiert, denen ganzheitliche Aufgaben zur Erledigung in eigener Verant-

Gruppenarbeit - arbeitspsychologische Konzepte und Beispiele

wortung übertragen werden. Der Inselleiter fungiert als Gruppensprecher; zu seinen Aufgaben gehört u.a. die Klärung allfälliger Probleme mit der Konstruktion und die Vertretung der Insel gegenüber der Logistik. Arbeitsvorbereitung und Einrichten der Maschinen gehören ebenso wie die Fertigungsfeinplanung, die Arbeitsaufteilung, die Qualitätssicherung und die Terminverfolgung zu den Aufgaben der Gruppe. Selbst schwierige Programmierarbeiten für CNC-Maschinen sind im Sinne echter Werkstattprogrammierung in die Inseln integriert.

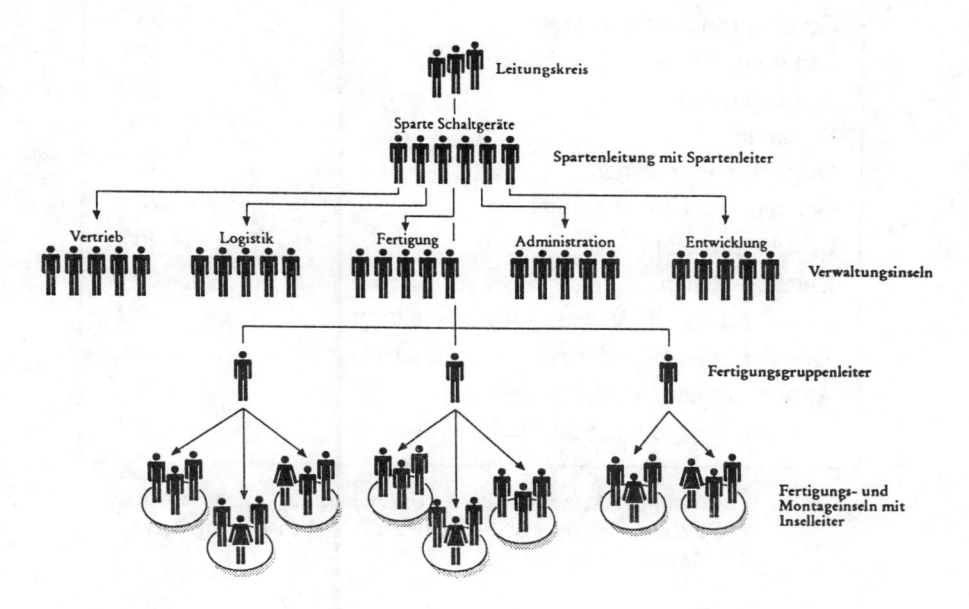

Abb. 1: Strukturierung der Arbeit nach dem Inselprinzip (aus: THEERKORN und LINGEMANN 1987)

Mit der Neustrukturierung der Organisation wurde zugleich auch das von LIKERT (1961, 1972) entwickelte Prinzip der einander überlappenden Gruppen realisiert. Dieses Prinzip soll gewährleisten, dass die hierarchischen Ebenen innerhalb einer Organisation systematisch miteinander verbunden sind und Einflussnahme auch 'nach oben' gesichert werden kann. Im hier beschriebenen Fall geschieht dies dadurch, dass jeder Vorgesetzte einer Insel gleichzeitig Mitglied der übergeordneten Insel ist und dort seinen Einfluss geltend machen kann. So sind die Fertigungsgruppenleiter "im Rahmen der Spartenfunktion 'Fertigung' einfaches Inselmitglied" (THEERKORN und LINGEMANN 1987, 6). Jede Verwaltungsinsel, die eine Spartenfunktion wahrnimmt, "hat wiederum einen Vorgesetzten, der in der

Spartenleitung einfaches Teammitglied ist". Der Spartenleiter schliesslich ist "Teammitglied im Leitungskreis für alle Sparten und Zentralfunktionen" (a.a.O., S.6).

Die wirtschaftlichen Ergebnisse dieser konsequenten Restrukturierung sind in Tab.4 zusammengefasst.

Gesamtkosten des Werkes	- 10%
Gesamtproduktionsfläche	- 55%
Fertigungsfläche	- 40%
Energiekosten	- 15%
Bestände	- 30%
Dispositionssicherheit	+ 40%
Gebundenes Umlaufkapital	- 20%
Umsatz pro Kopf	+ 25%
Durchlaufzeiten	- 60%
Zahl der direkt in der Fertigung Beschäftigten	+ 7%
Zahl der indirekt in der Fertigung Beschäftigten	- 28%
Ausschussquote Metallteilefertigung	- 71%
Ausschussquote Kunststoffteilefertigung	- 73%

Tab. 4: Wirtschaftliche Auswirkungen der Umstellung auf Gruppenarbeit bei der Felten & Guilleaume Energietechnik AG (nach Angaben von THEERKORN & LINGEMANN 1987)

Die in Tab. 4 berichteten Veränderungen beziehen sich auf einen Zeitraum von vier Jahren zwischen 1981 und 1985.

Die Reduzierung der Produktions- und Fertigungsfläche hat inzwischen dazu geführt, dass ein Teil der Werksfläche an andere Betriebe vermietet wurde. Die Auswirkungen auf die Mitarbeiter - von denen viele aufgrund zusätzlicher Qualifizierung in höhere Lohngruppen eingestuft wurden - wurden anhand eines strukturierten Gesprächsleitfadens erfasst. Die hauptsächlichen Ergebnisse lassen sich wie folgt zusammenfassen:

"Als vorläufiges Ergebnis der Fabrikorganisation nach dem Fertigungsinselprinzip kann festgestellt werden, dass sich in den Augen der Beschäftigten gegenüber der alten Organisationsform entscheidende Verbesserungen ergeben haben:

Durch den vermehrten Wechsel der Arbeitsinhalte wird die Belastung durch eintönige Arbeit und konzentriertes Aufpassen als geringer empfunden. Gleichzeitig steigt der Wunsch nach noch interessanterer Arbeit sowie nach Arbeit in einer Gruppe.

Durch die Arbeit in den Inseln und die gestiegene Qualifikation ist auch ein wesentlich verbesserter Überblick über die eigene Arbeitssituation und die eigenen Entwicklungsmöglichkeiten gegeben. Gleichzeitig steigt das Bewusstsein, für die eigene Arbeit und die Leistung der Gruppe mitverantwortlich zu sein.

In der Zwischenzeit herrscht eine breite Zustimmung zu der neuen Fertigungsstruktur unter den Mitarbeitern. Kaum einer möchte mehr in der alten Fertigungsform arbeiten. Gruppenarbeit und interessantere Aufgaben fanden eine breite Zustimmung, die sich auch in objektiven Faktoren wie geringen Fehlzeiten, ausgeprägter Lernbereitschaft, hoher Leistungsbereitschaft und guten Arbeitsergebnissen widerspiegelt" (KLINGENBERG und KRÄNZLE 1987, 31).

Die vorher erwähnten Probleme der Flexibilität, der Qualität und der Durchlaufzeiten veranlassen derzeit eine rasch grösser werdende Anzahl von Unternehmen, sich auch im Dienstleistungsbereich, im Zusammenhang mit Restrukturierungsbemühungen mit der Einführung von Gruppenarbeit zu beschäftigen.

6 Teilautonome Gruppen in einem Dienstleistungsunternehmen

Eine auf Lebensversicherungen spezialisierte nordamerikanische Versicherungsgesellschaft sah sich aufgrund härterer Wettbewerbsbedingungen auf dem Markt, kritischer Haltung von Konsumenten, verschärfter staatlicher Vorschriften und daraus resultierender Produktveränderungen sowie einer Veränderung von Bedürfnissen und Werten der Mitarbeiterinnen und Mitarbeiter dazu veranlasst, die Struktur der Organisation zu überprüfen. Die Analyse zeigte, dass die Bearbeitung der Fälle stark arbeitsteilig organisiert war. Jede Mitarbeiterin bzw. jeder Mitarbeiter erledigte nur eine Teilaufgabe wie die Prämienberechnung, die Ausgabe der Policen, den Kontakt mit dem Versicherungsnehmer, die allgemeine Buchhaltung, die Marketingdienste, das Berichtswesen, die Eingangskontrolle oder die Rückversicherung. Die Managementstrukturen waren bürokratisch (vgl. Abbildung 2a). Bevor ein Fall abgeschlossen war, lief er über 32 Stationen, durch neun Bereiche und drei Abteilungen. Bis zum Abschluss eines Falles wurden 27 Tage benötigt.

Der Lohn setzte sich aus einem Grundlohn und Prämien für besondere Leistungen zusammen.

Im Rahmen eines Pilotprojektes stellten die Mitglieder der dafür ausgewählten Abteilung folgende Überlegungen für die Neugestaltung ihrer Arbeitssituation an:

- Die installierten Computersysteme bedingen keineswegs die beschriebene stark arbeitsteilige Arbeitsorganisation. Die Möglichkeiten des technischen Systems werden durch eine derartige Organisation sogar ineffizient genutzt.
- Es ist nicht möglich, die arbeitsteilige Organisation so zu verbessern, dass sie den Marktanforderungen und den technischen Möglichkeiten gerecht würde.
- Es wird zuviel Personal zur Koordination und Überwachung der Spezialisten gebraucht.
- Eine stark arbeitsteilige Organisation ist in bezug auf die Herausforderungen der Umwelt zu wenig flexibel.

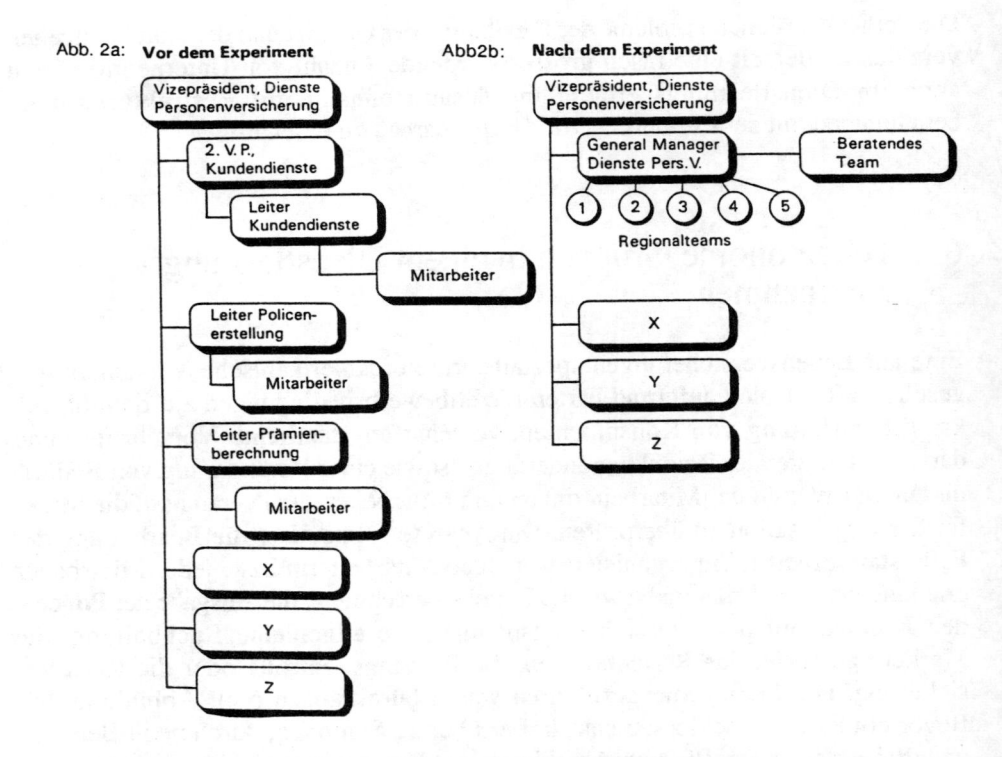

Abb. 2: Die Organisationsstruktur der Shenandoah Life Insurance Comp. vor und nach Einführung teilautonomer Arbeitsgruppen (aus: MYERS 1986)

Zu Beginn des Jahres 1983 wurde aufgrund der erwähnten Überlegungen ein Versuch mit teilautonomen Gruppen gestartet. Ein Team bestand aus sechs Mitarbeitern, die als Gruppe für die Bearbeitung sämtlicher Lebens- und Gesundheitsversicherungen (Prämienberechnung, Policenerstellung, Dienstleistungen) in einer bestimmten Region verantwortlich waren. Den einzelnen Gruppenmitgliedern wurden keine speziellen Aufgaben oder Funktionen zugewiesen, auf die Ernennung eines Vorgesetzten wurde verzichtet. Die Gruppe hatte die Erledigung aller anfallenden Aufgaben selbst zu regulieren. Bei Bedarf konnten verschiedene Berater konsultiert werden (vgl. Abbildung 2b). Zusätzlich wurden von der Gruppe verschiedene Managementaufgaben übernommen wie zum Beispiel die Aufteilung der Arbeitsaufgaben, die gegenseitige Ausbildung, die abschliessende Auswahl neuer Gruppenmitglieder oder die Ferienplanung.

Für die Lohnfestsetzung war nicht mehr die individuelle Leistung ausschlaggebend, sondern die Qualifikation, das heisst nicht mehr, was man *tut*, sondern was man **tun kann**. Dieses "Pay for Knowledge" genannte Konzept sollte die Bereitschaft der Mitarbeiter fördern, möglichst viele Teilaufgaben der Gesamtaufgabe der Gruppe zu beherrschen und damit ein Höchstmass an Flexibilität zu erreichen.

Der Versuch war so erfolgreich, dass das Konzept nach einem Jahr auch auf andere Abteilungen ausgedehnt wurde. Je ein Team war zuständig für die Geschäfte in einer bestimmten Region. Sie werden nunmehr als 'Market Service Teams' bezeichnet. Die Hierarchie wurde erheblich abgeflacht. Damit verbunden hat sich die sogenannte Kontrollspanne wesentlich vergrössert: statt wie früher 7 sind nunmehr 37 Mitarbeiter/innen einer bzw. einem Vorgesetzten unterstellt (vgl. Abbildung 2b).

Die Arbeit in der neuen Struktur war durch grössere Effizienz und geringere Fehlerhäufigkeit gekennzeichnet, so dass trotz Zunahme des Geschäftsvolumens um 13 Prozent im ersten Jahr die Anzahl der Beschäftigten nicht erhöht zu werden brauchte. Dabei ist arbeitspsychologisch von Relevanz, dass die Klagen der Beschäftigten über physische und psychophysische Beschwerden abnahmen.

7 Vorläufige Bilanz

Wenn auch davon auszugehen ist, dass Misserfolge mehrheitlich nicht publiziert werden - obwohl aus der Analyse von Misserfolgen häufig mehr zu lernen ist als aus der Mitteilung von Erfolgen -, lässt sich aus den vorliegenden Berichten eine

Vielzahl möglicher positiver Auswirkungen der Einführung von Gruppenarbeit erkennen (vgl. Tab. 5).

Die in Tab. 5 beschriebenen positiven Auswirkungen können allerdings nur erwartet werden, wenn bestimmte Voraussetzungen bzw. Bedingungen berücksichtigt werden wie z.B. die Partizipation und die rechtzeitige Qualifizierung der Beschäftigten und wenn rechtzeitig geeignete Lohnkonzepte entwickelt werden.

Beschäftigte	Organisation	Produktion
- intrinsische Motivation durch Aufgabenorientierung	- Verringerung von hierarchischen Positionen	- Verbesserung der Produktqualität
- Verbesserung von Qualifikation und Kompetenzen	- Veränderte Vorgesetztenrollen	- Verminderung von Durchlaufzeiten
- Erhöhung der Flexibilität	- Veränderung von Kontrollspannen	- Verringerung arbeitsablaufbedingter Wartezeiten
- Qualitative Veränderung der Arbeitszufriedenheit	- Funktionale Integration	- Verringerung von Stillstandszeiten
- Abbau einseitiger Belastungen	- Höhere Flexibilität	- Erhöhung der Flexibilität
- Abbau von Stress durch gegenseitige Unterstützung	- Neudefinition von Stellen	- Verminderung von Fehlzeiten
- Aktiveres Freizeitverhalten	- Neue Lohnkonzepte	- Verminderung der Fluktuation

Tab. 5: Mögliche positiven Auswirkungen der Einführung von Arbeit in teilautonomen Gruppen

Wenn so vielfältige - und zum Teil sehr weitreichende - positive Effekte der Einführung von Gruppenarbeit erwartet werden dürfen: weshalb ist dann Gruppenarbeit nicht längst selbstverständliches Organisationsprinzip in einer grossen Anzahl von Unternehmen? Eine - und wahrscheinlich die entscheidende - Antwort auf diese

Frage findet sich überraschenderweise in einer Vielzahl von Berichten über erfolgreiche Gruppenarbeitsprojekte.

So konnten TRIST, HIGGIN, MURRAY und POLLOCK (1963) in englischen Kohlegruben Vergleichsstudien mit unterschiedlichen Formen der Arbeitsorganisation durchführen.

Die eine Form der Arbeitsorganisation entsprach dem Konzept der Arbeitsteilung zwischen den Schichten und dem Prinzip der Zuordnung einer Person zu einer Aufgabe. Die andere Form versuchte, möglichst viele Elemente der traditionellen Arbeitsorganisation zu erhalten. Innerhalb der Gesamtgruppe von 41 Bergleuten bildeten die Bergarbeiter selbst kleinere Gruppen, verteilten Aufgaben und Schichten selbständig, tauschten im Interesse des Erhalts der Qualifikationen ihre Arbeitsplätze innerhalb und zwischen den Schichten und regelten die Entlohnung über einen gemeinsamen Lohnzettel im Rahmen eines an der Gruppenleistung orientierten Entlohnungssystems. Die Auswirkungen der unterschiedlichen Systeme konnten über zwei Jahre studiert werden. Die Produktivität des Systems mit der Selbstregulation in teilautonomen Arbeitsgruppen war um 25 Prozent höher, verglichen mit dem arbeitsteiligen System. Die durch Krankheit, Unfälle und andere Gründe bedingten Abwesenheitsraten betrugen 8,2 Prozent im Vergleich zu 20,0 Prozent. Während des insgesamt vierjährigen Projekts konnte schliesslich die komplette Umstellung eines ganzen Bergwerks mit drei Flözen auf die erfolgreichere Struktur beobachtet und analysiert werden.

Bemerkenswert waren die Reaktionen auf die Berichte der Tavistock-Forscher. Immerhin hatten deren Ergebnisse ja spektakulären Charakter (1) hinsichtlich der eindeutigen wirtschaftlichen Überlegenheit des einen Systems über das andere und (2) hinsichtlich der Bedeutung von kollektiver Selbstregulation und Solidarität für die Arbeitsmoral. Aber: "Weder der Aufsichtsrat der Kohleindustrie, noch die nationale Bergbaugewerkschaft zeigte sich jedoch in der Folgezeit interessiert daran, diese Erfahrung aus South Yorkshire zu verallgemeinern. Sie zogen die bessere Kontrollierbarkeit des konventionellen mechanisierten Systems vor und die damit verbundenen Möglichkeiten einfacher Tarifverhandlungen über Löhne und Leistungen. Die Anwendung der neuen Arbeitsorganisation blieb deshalb kurzlebig" (CHERNS 1989, 486).

Ähnliche Erfahrungen waren vorher bereits in Zusammenhang mit dem 'Ahmedabad-Experiment' (RICE 1958) in Indien gemacht worden.

In Zusammenhang mit der Entwicklung automatischer Webstühle in einer der Webereien der Ahmedabad Manufacturing and Calico Printing Company waren die Arbeitsstrukturen verändert worden. Aufgrund betriebswissenschaftlicher Studien war die Arbeit an den Webstühlen in Teilaufgaben zerstückelt worden, die von je unterschiedlichen Arbeitern zu erledigen waren. Die Teilaufgaben wiesen untereinander keinen erkennbaren Zusammenhang auf, die Arbeiter waren voneinander isoliert, Gruppenstrukturen waren nicht erkennbar. Offenbar war es diese neue Struktur - und nicht die neue Technologie der automatisierten Webstühle -, die zu schwerwiegenden Problemen führte. Diese äusserten sich vor allem in Effizienz- und Qualitätsbeeinträchtigungen, so dass in der neuen Struktur sogar unwirtschaftlicher produziert wurde als in der alten. RICE schlug vor, die Arbeit versuchsweise so zu restrukturieren, dass jeweils einer Gruppe von Arbeitern die Verantwortung für die Arbeit an einer bestimmten Anzahl von Webstühlen übertragen wurde. Arbeiter und Management akzeptierten den Vorschlag. Es wurde ein Plan erarbeitet, demzufolge Gruppen von jeweils sieben Personen für 64 Webstühle gemeinsam zuständig waren. Der individuelle Akkordlohn wurde durch ein Gruppenprämiensystem ersetzt.

Im März 1953 startete der Versuch. Während der ersten sieben Monate arbeiteten die Gruppen - nach gewissen Anfangsschwierigkeiten - sehr erfolgreich: Die Produktivität war um 20 Prozent gestiegen. Dann stellten sich andere Schwierigkeiten ein: Die Vielfalt unterschiedlicher Stoffe bzw. Muster war zu gross geworden und konnte ohne entsprechende Qualifizierungsmassnahmen nicht angemessen bewältigt werden. Die Vorgesetzten gerieten unter Druck und hatten immer weniger Zeit, sich um ihre Führungsaufgaben zu kümmern. Durch eine Reihe von Massnahmen, die sich auf das Lohnsytem, systematisches Training und die Beschränkung der Variantenvielfalt innerhalb der Gruppen bezogen, konnte innerhalb kurzer Zeit die hohe Produktivität wieder erreicht werden. Im Jahre 1954 wurde das System auf die gesamte nicht automatische Weberei ausgedehnt. Hier wurden - um die angesprochene Produktvielfalt zu vermeiden - die Gruppen produktorientiert gebildet. Ein neues Lohnsystem wurde eingeführt, mit Gruppenprämien für Qualität und Produktivität.

Der Erfolg war beachtlich: die Produktivität stieg um 21 Prozent, Qualitätsmängel halbierten sich, und die Löhne der Arbeiter stiegen um 55 Prozent. Die positiven Effekte konnten über viele Jahre hinweg bestätigt werden (MILLER 1975), so dass ein Hawthorne-Effekt ausgeschlossen werden kann. Eine Ausdehnung auf weitere Unternehmen in Ahmedabad fand trotz des offensichtlichen Erfolges der Neustrukturierung der Arbeit nicht statt. Die Erklärung dafür unterscheidet sich kaum von der, die wir bezüglich der Nichtverbreitung der erfolgreichen Strukturen im englischen Kohlebergbau gefunden haben: "I asked Shankalal Banker, the venerable leader of the Ahmedabad Textiles Union, about this when I was in Ahmedabad in 1976. He replied that the other owners did not want to share the power" (TRIST 1981, 18).

Schliesslich findet sich auch bei EMERY und THORSRUD (1982) ein Bericht, der den gleichen Sachverhalt beschreibt.

In einem kleineren Zweigwerk eines grösseren norwegischen Unternehmens wurde ein Experiment mit teilautonomen Gruppen durchgeführt, an dem 73 Arbeiterinnen und Arbeiter teilnahmen. Innerhalb des ersten Jahres - das drei unterscheidbare experimentelle Phasen umfasste - stieg die Produktivität gegenüber früher um 20 Prozent. Im darauf folgenden Jahr stieg die Produktivität noch einmal um zehn Prozent und war damit - bei niedrigeren Kosten - beträchtlich höher als im Hauptwerk bei der traditionell organisierten Herstellung des gleichen Produkts. Dennoch fand eine Diffusion der offensichtlich - und von niemandem bestrittenen - produktivitätsverbessernden Struktur auf das Hauptwerk nicht statt. Das Management hielt dort vielmehr an der traditionellen Organisation fest und behauptete, die Arbeiter - die aber gar nicht befragt worden waren - seien an alternativen Strukturen nicht interessiert. Ausserdem seien individuelle Akkorde - im Unterschied zu den für die teilautonomen Gruppen entwickelten spezifischen Gruppenprämien - für die Aufrechterhaltung der Produktivität erforderlich. So wurde argumentiert, obwohl jeder an den Daten aus dem Zweigwerk ablesen konnte, dass diese Argumentation einer objektiven Überprüfung nicht standhalten würde. Folgerichtig kommen die Autoren zu einer Interpretation dieses Sachverhaltes, der mit vielfacher anderweitiger Erfahrung übereinstimmt; "Rückblickend ist leicht zu erkennen, dass es in Wirklichkeit um die Grundvorstellungen des Managements hinsichtlich der Arbeitsorganisation ging" (EMERY und THORSRUD 1982, 120).

Diese Berichte, die durch vielfältige eigene Erfahrungen bestätigt werden können, machen deutlich, weshalb die Diffusion derart erfolgreicher Strukturen immer wieder auf Widerstand stösst: Konzepte der Selbstregulation bedrohen etablierte Machtstrukturen.

Das Problem, um das es sich hier handelt, ist offenbar mindestens so alt wie unsere Zeitrechnung. Es wurde bereits in einer Schilderung benannt, die Petronius Arbiter, dem römischen Satiriker und Senator zur Zeit Neros zugeschrieben wird: "Wir trainierten hart... aber es schien, dass wir immer dann reorganisiert wurden, wenn wir gerade dabei waren, ein Team zu werden" (AUGUSTINE 1983, 119).

Literatur

Augustine, N.R. (1983). Augustine's Laws. New York: American Institute of Aeronautics and Astronautics.

Brödner, P. (1985). Fabrik 2000. Alternative Entwicklungspfade in die Zukunft. Berlin: Ed. Sigma Bohn

Cherns, A. (1989). Die Tavistock-Untersuchungen und ihre Auswirkungen. In S. Greif, H. Holling & N. Nicholson (Hrsg.), Arbeits- und Organisationspsychologie. Internationales Handbuch in Schlüsselbegriffen (S. 483-488). München: Psychologie Verlags Union.

Clegg, C. & Corbett, M. (1987). Research and development into "Humanizing" advanced manufacturing technology. In T. Wall, C. Clegg & N. Kemp (Eds.), The Human Side of Advanced Manufacturing Technology (pp. 173-195). Chichester: Wiley.

Commission of the European Communities (CEC) (1989). Science, Technology and Societies: European Priorities. Results and Recommandations of the FAST II Programme, a Summary Report. Brussels: CEC, Directorate-Genaral Science, Research and Development.

Corbett, M. (1987). Computer-aided manufacturing and the design of shop-floor jobs: towards a new research perspective in occupational psychology. In M. Frese, E. Ulich & W. Dzida (Eds.), Psychological Issues of Human-Computer Interaction in the Workplace (pp. 23-40). Amsterdam: North-Holland.

Czaja, S.J. (1987). Human factors in office automation. In G. Salvendy (Ed.), Handbook of Human Factors (pp. 1587-1616). New York: Wiley.

Demmer, B., Gohde, H. & Kötter, W. (1991). Komplettbearbeitung in eigener Regie. Technische Rundschau 83, H 4., 18-26.

Emery, F.E. (1959). Characteristics of Socio-Technical Systems. Tavistock Institute of Human Relations, Document No. 527.

Emery, F.E. & Thorsrud, E. (1982). Industrielle Demokratie. Schriften zur Arbeitspsychologie (Hrsg. E. Ulich), Band 25. Bern: Huber.

Hacker, W. (1986). Arbeitspsychologie. Schriften zur Arbeitspsychologie (Hrsg. E. Ulich), Band 41. Bern: Huber.

Hacker, W. (1987). Software-Ergonomie: Gestaltung rechnergestützter geistiger Arbeit. In W. Schönpflug & M. Wittstock (Hrsg.), Software-Ergonomie '87: Nützen Informationssysteme dem Benutzer? (S. 31-45) Berichte des German Chapter of the ACM, Band 29. Stuttgart: Teubner.

Klingenberg, H. & Kränzle, H.P. (1987). Humanisierung bringt Gewinn. Band 2: Fertigung und Fertigungssteuerung. Eschborn: Rationalisierungskuratorium der Deutschen Wirtschaft.

Lewin, K. (1982). Werkausgabe, herausgegeben von C.F. Graumann. Band 4: Feldtheorie. Bern: Huber.

Likert, R. (1961). New Patterns of Management. New York: McGraw-Hill. Dtsch. Übersetzung: Neue Ansätze der Unternehmensführung. Bern: Haupt, 1972.

Martin, T., Ulich, E. & Warnecke, H.-J. (1988). Angemessene Automation für flexible Fertigung. Teil 1: Werkstattstechnik 78, 17-23. Teil 2: Werkstattstechnik 78, 119-122.

Miller, E.J. (1975). Sociotechnical systems in weaving, 1953-1970: a follow-up study. Human Relations 28, 349-386.

Myers, J.B. (1986). Veränderungsbereit statt bürokratisch: sich selbst steuernde Teams bei der Shenandoah Life. Organisationsentwicklung 2, 45-53.

Oesterreich, R. & Volpert, W. (Hrsg.) (1991). VERA Version 2. Teil I: Handbuch. Forschungen zum Handeln in Arbeit und Alltag (Hrsg. R. Oesterreich und W. Volpert), Band 3. Berlin: Institut für Humanwissenschaft in Arbeit und Ausbildung der Technischen Universität.

Rice, A.K. (1958). Productivity and Social Organization: The Ahmedabad Experiment. London: Tavistock.

Savage, C.M. & Appleton, D. (1988). CIM and Fifth Generation Technology. Dearborn: CASA/SME Technical Council.

Susman, G.I. (1976). Autonomy at Work: a Socio-technical Analysis of Participative Management. New York: Praeger.

Sydow, J. (1985). Der soziotechnische Ansatz der Arbeits- und Organisationsgestaltung. Frankfurt: Campus.

Theerkorn, U. & Lingemann, H.-F. (1987). Kleinbetriebe unter einem Dach: Produzieren nach dem Inselbetrieb. In Bericht über die AWF-Fachtagung "Fertigungsinseln - Fertigungsstruktur mit Zukunft". Bad Soden.

Trist, E. L. (1981). The Evolution of Sociotechnical Systems. Issues in the Quality of Working Life. Occasional Papers No. 2. Toronto: Ontario Quality of Working Life Centre.

Trist, E. L., Higgin, G.W., Murray, H. & Pollock, A.B. (1963). Organizational Choice, London: Tavistock.

Ulich, E. (1989a). Regarding computers as tools and the consequences for human-centered work design. Paper presented at the 3rd International Conference on Human-Computer-Interaction. Boston.

Ulich, E. (1989b). Arbeitspsychologische Konzepte der Aufgabengestaltung. In S. Maaß & H. Oberquelle (Hrsg.), Software-Ergonomie '89: Aufgabenorientierte Systemgestaltung und Funktionaliät (S. 51-65). Stuttgart: Teubner.

Ulich, E. (1991). Arbeitspsychologie. Zürich: Verlag der Fachvereine/Stuttgart: Poeschel

Volpert, W. (1974). Handlungsstrukturanalyse als Beitrag zur Qualifikationsforschung. Köln: Pahl-Rugenstein.

Volpert, W. (1987). Psychische Regulation von Arbeitstätigkeiten. In U. Kleinbeck & J. Rutenfranz (Hrsg.), Arbeitspsychologie (S. 1-42). Enzyklopädie der Psychologie, Themenbereich D, Serie III, Band I. Göttingen: Hogrefe.

Wilson, A.T.M. & Trist, E.L. (1951). The Bolsover System of Continuous Mining. Tavistock Institute of Human Relations. Document No. 290.

Womack, J., Jones, T. & Roos, D. (1990). The Machine that Changed the World. New York: Macmillan

Prof. Dr. Eberhard Ulich
Institut für Arbeitspsychologie, ETH Zürich
ETH Zentrum
CH-8092 Zürich

Ein Konzept von Kooperation und die technische Unterstützung kooperativer Prozesse in Bürobereichen

Ulrich Piepenburg
Universität Hamburg

Zusammenfassung

Ausgehend von einem handlungstheoretischen Ansatz wird ein Konzept kooperativen Arbeitshandelns umrissen. Eine besonde Bedeutung erhält dabei die Abgrenzung zu den Konzepten Kommunikation und Koordination. Es werden Bedingungen und Dimensionen von Kooperation benannt. Es wird eine Typisierung von kooperativen Anteilen in der Sachbearbeitung vorgenommen und Implikationen einer technischen Unterstützung vorgestellt. Darauf werden Überlegungen zum Entwicklungsprozeß von CSCW-Systemen angestellt, wobei betont wird, daß gerade in den ersten Phasen des Entwicklungsprozesses solcher Systeme qualitativ neue Anforderungen an die Fachkompetenz der Entwickler gestellt werden.

1   Einleitung

Sei es nun der Aspekt Wirtschaftlichkeit oder auch Menschengerechtheit von Arbeit - "Teamwork" ist die Devise. Was aber ist "Teamwork"? Versuche, dies konzeptionell zu fassen, gibt es in Fülle: angefangen bei experimentellen Ansätzen in der Gruppenforschung [2] über die "überlappenden Gruppen" der "Michigan-Gruppe" [9], bis hin zu den Ansätzen selbstorganisierender bzw. teilautonomer Gruppen [1]. Konzepte von Kooperation spielen jedoch immer eine untergeordnete Rolle. HACKER [5] faßt den Stellenwert von Kooperation im Rahmen arbeitswissenschaftlicher - und speziell arbeitspsychologischer - Konzeptionen quasi stellvertretend für den "common sense" in diesem Bereich zusammen: nämlich als (vierstufig ausgeprägte) Dimension zur Einteilung von Gruppenarbeitsformen: isolierte Arbeit, Arbeit im Raumverband, im Sukzessivverband oder im Integrativverband. Der Frage, ob Kooperation spezifischer psychischer Dispositionen bedarf, wird allerdings generell nicht nachgegangen. Möglicherweise wirkt hier der klassische, bereits von MARX geprägte Begriff von Kooperation: unter den Bedingungen der Industriegesellschaft ist alle Arbeit Kooperation. Indessen scheinen solche Generalisierungen nicht weiterzuhelfen, wenn es an konkrete Aufgaben wie die Organisation von Arbeit oder die Konzeption von technischer Unterstützung geht. Darüber hinaus scheint zumindest intuitiv klar zu sein, daß es wohl doch kooperative wie nicht-kooperative Arbeitsformen geben muß, anders wäre nicht zu erklären, warum in der aktuellen Diskussion die Frage, *was* denn Kooperation sei, so breiten Raum einnimmt.

Kooperation scheint als Konzept nicht leicht zu fassen zu sein. In den Sozialwissenschaften wird der Begriff immer ganz eng geknüpft an den Gruppenbegriff [2]; gruppenübergreifende Kooperationsprozesse werden hingegen nur selten betrachtet. In den Wirtschafts-, den Organisationswissenschaften und der Informatik wird er eng an den Koordinationsbegriff [17, 6, 10] gebunden; in den Wirtschaftswissenschaften scheint der Kooperationsbegriff als eigenständiges Konzept gar nicht zu existieren. In allen genannten Disziplinen schließlich wird Kooperation immer an den Kommunikationsbegriff gebunden. Diese Verknüpfungen führen oft dazu, daß Kooperation, Kommunikation und Koordination gleichgesetzt werden. Eigenständige Konzeptversuche, wie sie beispielsweise von DEUTSCH [3] vorgelegt wurden, bilden da eine Ausnahme. Wie nun ist aber das Verhältnis zwischen den genannten Konzepten?

2 Kooperation

Unstrittig ist die Verknüpfung mit dem Gruppenbegriff: Kooperation kann nur unter den Bedingungen einer Gruppenbildung erfolgen. Unabdingbares Kriterium ist meines Erachtens dabei allerdings, daß es sich im Sinne KOFKAS [8] um eine psychologische Gruppe handelt, eine Gruppe also, in der sich die Gruppenmitglieder als solche bewußt wahrnehmen können. Problematischer ist das Verhältnis zwischen *Kommunikation* und *Kooperation*. Es ist nun gewiß nicht derart, daß eine Isomorphiebeziehung bestünde. Um eine genauere Abgrenzung zwischen beiden Konzepten zu erreichen, ist es sinnvoll zu analysieren, inwieweit Abhängigkeiten zwischen beiden bestehen. Oder anders: gibt es Kommunikation ohne Kooperation und umgekehrt? Kommunikation ohne Kooperation - das scheint auf den ersten Blick nicht gut möglich: ohne die aktive Bereitschaft zu verstehen, was der andere meint, mit anderen Worten also kooperativ zu sein, müßte Kommunikation mißlingen. Und doch ist dem nicht so: Grundsätzlich geht es in der Kommunikation um die Vermittlung der Intention des Sprechers [7, 12], also etwa um eine Mitteilung, eine Aufforderung oder eine Anfrage. Es bleibt festzuhalten, daß es dabei aber zunächst für den Sprecher unerheblich ist, welche Ziele der Hörer verfolgt. Das wird vielleicht am deutlichsten in Situationen des Streits: Gewiß sind sie als eine

Form von Kommunikation zu charakterisieren, aber sie entstehen, wenn bei den Beteiligten Zielkonflikte vorhanden sind, die sich nun gerade *nicht* kooperativ lösen lassen. Umgekehrt ist es jedoch eine unabdingbare Voraussetzung von Kooperation, daß kommunikativ vermittelt wird, in welcher Weise diese zustande kommen soll: es muß eine Einigung darüber erzielt werden, wie und wann die Partner handelnd aufeinander abgestimmt eingreifen sollen. Das gilt natürlich für alle Ausprägungen einer unmittelbaren Kooperation (siehe weiter unten), aber auch für Ausprägungen der mittelbaren Kooperation: In Zusammenhängen, in denen sich die Kooperationspartner nicht unmittelbar begegnen, etwa durch räumliche und/oder zeitliche Distanz, muß kommunikativ vermittelt werden, wo sich die Eingriffspunkte für kooperatives Handeln befinden. Im starrsten Fall wird dies durch organisatorische Vorgaben, z.B. Arbeitsanweisungen, übernommen (aber auch diese sind, meist in schriftlicher Form, noch als Akte der Kommunikation zu sehen). Dies jedoch ist dann keine Kooperation mehr; es handelt sich vielmehr dann um koordinierte Abläufe. Zusammenfassend sei zum Verhältnis zwischen Kommunikation und Kooperation festgehalten, daß erstere ohne die letztere sehr wohl möglich ist, der Umkehrschluß gilt jedoch nicht: Voraussetzung für Kooperation ist eine möglichst unbehinderte Kommunikation.

Eben klang bereits ein Unterschied zwischen den Konzepten *Koordination* und *Kooperation* an: in koordinierten Systemen wird ein Zusammenwirken erreicht, das nicht unabdingbar von den beteiligten Systemen initiiert worden sein muß. Vielmehr kommt die Koordinierungsfunktion meist einer dritten, in der betrieblichen Praxis oft hierarchisch über den beteiligten Systemen gelegenen Stelle zu. Auch ist es bei koordinierten Systemen nicht immer nötig, daß beide Systeme "voneinander wissen". So ist es möglich, daß koordinierte Systeme parallel, aber jeweils unbeeinflußt voneinander arbeiten. Diese hohe Form der Koordination kann dann auch mit Synchronisation bezeichnet werden. Im Gegensatz dazu ist Kooperation aber nur dann möglich, wenn die kooperierenden Systeme aufeinander bezogen sind, das heißt insbesondere, in ihren (Teil-) Zielen einander entsprechen. Das aber erfordert eine Fülle von weiteren Aktionen, wie Vergleiche, Abstimmungen, Anpassungen u.ä. Koordinative Funktionen stellen hier nur eine Teilmenge der durchzuführenden Aktionen. Es sei also festgehalten, daß der Begriff Koordination die Zuordnung verschiedener Teilsysteme zu einer funktionierenden Gesamtheit bezeichnet, die beteiligten Teilsysteme spielen bei dieser Zuordnung eine passive Rolle; bei kooperativen Sytemen hingegen ordnen sich die beteiligten Systeme aktiv in eine Gesamtheit ein. Prozesse der Koordination sind dann die Folge einer erreichten Übereinkunft zwischen den Teilsystemen.

Es wurde bereits angedeutet, daß es zur Kooperation zwischen zwei oder mehr Personen verschiedener Voraussetzungen bedarf. Die erste Voraussetzung ist die prinzipielle Fähigkeit sowie die Möglichkeit, miteinander zu kommunizieren. Denn kommunikativ müssen verschiedene Aushandlungsprozesse vermittelt werden, ohne die es nicht zu Kooperation kommen kann. Bevor wir jedoch zu weiteren Bedingungen kooperativen Handelns gelangen, sei eine Definition von Kooperation vorausgeschickt.

2.1 Eine Definition

Kooperation bezeichnet das Tätigsein von zwei oder mehr Individuen, das bewußt planvoll aufeinander abgestimmt die Zielerreichung eines jeden beteiligten Individuums in gleichem Maße gewährleistet.

Die vorliegende Definition besagt, daß Kooperation unter allen Bedingungen des Tätigseins zustande kommen kann. Das aber heißt nicht, daß Kooperation nur unter den Bedingungen des gegenständlichen Tätigseins möglich ist, quasi als Abstimmung materieller Handlungen. Vielmehr ist Kooperation auch unter den Bedingungen des kommunikativen Handelns möglich. Das ist insbesondere bei der analytischen Betrachtung von Arbeitsbereichen von Interesse, wo eine materielle Einwirkung auf einen Arbeitsgegenstand eher der Sonderfall ist, also generell in Büro- und Verwaltungstätigkeiten. Die Definition besagt dann, daß bei Kooperation das Tätigsein von Individuen abgestimmt sein soll. Dies zu betonen erscheint mir wichtig im Hinblick auf eine Diskussion, die davon ausgeht, daß alles menschliche Handeln gesellschaftlicher Natur ist und, insofern es immer auch dem gesellschaftlichen Reproduktionsprozeß dient, prinzipiell kooperativer Natur ist. Ein solcher Ansatz erscheint mir jedoch im negativen Sinne akademisch und in der (gesellschaftlichen) Praxis wenig hilfreich. Auf diese Weise werden in der Praxis auftretende zufällige Koinzidenzen von individuellen Handlungen nur zu leicht ex post als sinnhaft begründbar interpretiert. Dies muß zu Fehlschlüssen über die Dynamik gesellschaftlicher Prozesse - oder im kleineren Rahmen: von Gruppenprozessen - führen. Darüber hinaus läßt diese Diskussion einmal mehr die gesellschaftliche Praxis des Streitens außer acht: internationale Konflikte etwa (wie z.B. der zurückliegende Golfkrieg) als Akte kooperativer Natur zwischen den Kontrahenten zu bezeichnen, erscheint mir abwegig (wiewohl auch hier eine Konstruktion denkbar wäre, dies als Kooperation zu betrachten). Desweiteren besagt unsere Definition, daß in Kooperation das Tätigsein bewußt und planvoll sei. Dies dient insbesondere einer Unterscheidung zum Konzept der Koordination. Ist eine Koordination der Handlungsabläufe von zwei oder mehr Individuen durch einen dritten am Handlungsablauf nicht unmittelbar Beteiligten möglich, so ist das bei Kooperation anders: sie muß bewußt durch die Kooperanden herbeigeführt werden, ein Prozeß, der eine Fülle von weiteren Teilprozessen beinhaltet (wie wir weiter unten noch sehen werden). Diese bewußte Beteiligung ist es auch, die Kooperation im Vergleich zu anderen Handlungsformen der Gruppe effektiver werden läßt, wird dadurch doch auch ein Höchstmaß an Durchschaubarkeit und Flexibilität im Handeln herbeigeführt. Zuletzt besagt unsere Definition, daß in Kooperation die Zielerreichung der beteiligten Individuen in gleichem Maße gewährleistet ist. Auch dies gilt in Abgrenzung zu den anderen Gruppenhandlungsformen: ist nur einer bzw. eine Teilgruppe Nutznießer der gemeinschaftlichen Handlungen, so ist dies lediglich ein koordinierter Ablauf, den man als Delegation bezeichnen muß.

2.2 Bedingungen von Kooperation

Entsprechend unserer Definition bedarf es zum kooperativen Handeln einiger Voraussetzungen, wir wollen sie Bedingungen von Kooperation nennen. Im einzelnen sind das:

- Zielidentität,
- Plan-Kompatibilität,
- Ressourcenaustausch,
- Regelbarkeit,
- Kontrolle.

Im folgenden wollen wir diese Bedingungen ausführlicher betrachten.

• Zielidentität

Das bewußt, planvoll aufeinander abgestimmte Tätigsein von Individuen verweist auf das erste Bestimmungsmoment von Kooperation: Es muß eine Übereinstimmung in den Zielen der Beteiligten vorhanden sein; das Arbeiten an einem gemeinsamen Ort reicht als Kriterium für Kooperation nicht aus. Würde letzteres Kriterium als hinreichend angesehen werden, so müßte letztlich alles gesellschaftliche Tätigsein als kooperativ aufgefaßt werden. Damit aber befinden wir uns wieder in der oben bereits angesprochenen Diskussion, die dem Begriff Kooperation jene Trennschärfe nehmen würde, die ihn von anderen Gruppenarbeitsformen abgrenzt. Die Voraussetzung der Zielidentität bezieht sich allerdings nicht notwendigerweise auf die übergeordneten Ziele der Beteiligten. Um von Kooperation zu sprechen, reicht es aus, daß sich Übereinstimmungen in Teilzielen der Beteiligten ergeben. Das sei an einem Beispiel verdeutlicht: In der Dispositionsabteilung eines ausländischen Kfz-Herstellers sind sechs Disponenten tätig. Jeder betreibt die Disposition für eine bestimmte Region innerhalb der BRD. Aufgabe der Disponenten ist die Zuteilung von Kfz an die im Bundesgebiet niedergelassenen Vertragshändler. Die Zuteilung ist einerseits abhängig von der Importabteilung, die die monatlichen Importquoten festlegt, und andererseits von der der jeweiligen Region zugeteilten Quote. Treten bei einem Vertragshändler Lieferengpässe auf, so muß der Disponent versuchen, zwischen den einzelnen Vertragshändlern seiner Region die Kfz umzusortieren. Treten in einer Region Lieferengpässe auf, so müssen die Disponenten die regionalen Quoten umsortieren. Reicht die monatliche Importquote generell nicht aus, so müssen die Disponenten gemeinsam mit der Importabteilung eine neue Quote festlegen.

Im Beispiel hat jeder Disponent das gleiche übergeordnete Ziel, nämlich in seiner Region die Auslieferung der Kfz entsprechend der zugeteilten Quoten möglichst reibungslos ablaufen zu lassen. Treten bei einem Vertragshändler Engpässe auf, so muß der verantwortliche Disponent eine Koordination zwischen den Vertragshändlern seiner Region erwirken - Teilziele hier: Überbrückung des Engpasses bei Ausnutzung der Quote. Tritt innerhalb der gesamten Region ein Engpaß auf (ein Ausgleich durch die regionalen Vertragshändler ist nicht mehr möglich), so muß der verantwortliche Disponent (nennen wir ihn A) mit anderen Disponenten in Kontakt treten - Teilziele hier: Ausfüllen der entstandenen Belieferungslücke; Beschaffung eines oder mehrerer geordneter Kfz; Auslieferung an den Händler. Die gefragten Disponenten teilen das Ziel, die Auslieferung der Kfz entsprechend den zugeteilten Quoten ablaufen zu lassen. Besteht bei einem gefragten Disponenten ebenfalls die Gefahr, daß in seinem Bereich für die gefragten Kfz eine Beschaffungslücke auftritt, so wird er mit Disponent A nicht kooperieren können. Besteht bei einem anderen Disponenten ein Überangebot im gesuchten Fahrzeugtyp, so wird er dies als die Chance ansehen, die Quote einzuhalten, er wird also mit Disponent A kooperieren und die gefragten Kfz an ihn weiterleiten. Hier ist es so, daß die Disponenten unterschiedliche übergeordnete Ziele verfolgen: jeder will in seiner Region die Quote einhalten; die untergeordneten Ziele - hier: die Zuteilung eines bestimmten Fahrzeugtyps - entsprechen sich jedoch und sind auf das gleiche Objekt ausgerichtet. Dies ist dann auch die Grundlage für ihre Kooperation.

• *Plan-Kompatibilität*

Um zu Kooperation zu gelangen, reicht es nicht aus, lediglich eine Übereinstimmung in der Zielsetzung der Kooperationspartner festzustellen. Handlungen, insbesondere bewußte Handlungen, laufen auf der Grundlage von Handlungsplänen ab. Lassen sich aber die Handlungspläne von zwei (oder mehr) Individuen bei gleicher Zielsetzung nicht aufeinander abstimmen, so ergibt sich daraus, daß bei n

Individuen, die ein identisches Ziel besitzen, auf das Ziel bezogene Handlungspläne n-mal durchgearbeitet werden und dann auch n-mal der Zielzustand (z.B. ein hergestelltes Produkt) eintritt. In diesem Fall arbeiten die Individuen parallel, aber voneinander unbeeinflußt. Beispiele dafür finden sich überall dort, wo Arbeiter in einer Fabrikhalle je ein identisches Massenprodukt montieren. Dies ist nicht mehr als Kooperation zu bezeichnen. Diese Arbeitsformen möchte ich als Kollaboration bezeichnen. Kooperatives Arbeiten setzt voraus, daß neben der (evtl. partiellen) Zielidentität die Handlungspläne der beteiligten Individuen aufeinander abgestimmt werden. Das bedeutet, es müssen bei der individuellen Handlungsplanung Eingriffspunkte bestimmt werden, an denen der eigene Handlungsplan mit dem Handlungsplan des Kooperationspartners gekoppelt wird. Das kann bedeuten, daß in einem Fall die Ausführung notwendiger Teilschritte im Handlungsplan durch den Partner erfolgt. Das kann auch bedeuten, daß die Ergebnisse einer Erreichung von Teilzielen des individuellen Handlungsplans für den Kooperationspartner Ausgangspunkt weiterer Handlungsplanung wird.

- *Ressourcenaustausch*

Handlungen, die in bezug auf Zielsetzung und Handlungsplan aufeinander abgestimmt sind, sind nur dann ausführbar, wenn die zum Zwecke der Ausführung notwendigen Randbedingungen den beteiligten Handlungspartnern bekannt sind. Als Randbedingungen werden Ausgangsgrößen, Bearbeitungsgrößen, eingesetzte Mittel und Materialien, Ort, benötigte Zeit u.a. betrachtet. Nur wenn ein Ressourcenaustausch gewährleistet ist, kann sich kooperatives Handeln entwickeln. In welcher Weise ein kooperativ erzieltes Ergebnis vom Umfang des Ressourcenaustausches abhängt, ist eine empirisch zu lösende Frage. Es sei an dieser Stelle aber die Hypothese geäußert, daß dieses Verhältnis linear ist: Die Qualität eines kooperativ erzielten Ergebnisses sinkt in dem Maß, in dem der Austausch von Ressourcen geringer wird. Dazu ein Beispiel: In der Sachbearbeitung eines öffentlichen Kreditgebers für das Wohnungsbaugewerbe geht ein Antrag auf einen Wohnungsbaukredit ein. Der Sachbearbeiter muß zur Bearbeitung des Antrags ein Rechtsgutachten aus der Rechtsabteilung einholen. Die Mitarbeiter in der Rechtsabteilung können jedoch das Gutachten nur entsprechend der Rahmendaten verfassen, die der Sachbearbeiter vom Antragsteller einholt. Dabei gibt es optionale Daten, das sind Daten, die nicht unabdingbar eingeholt werden müssen, die aber sehr wohl Auswirkungen auf das Rechtsgutachten haben können. Daher ist die Güte des Rechtsgutachtens sowie schlußendlich der gesamten Antragsbearbeitung davon abhängig, wie umfassend Daten durch den Sachbearbeiter erhoben wurden. Nun ist es nicht zu verlangen, daß ein Sachbearbeiter den Wissensstand der Rechtsabteilung teilt, daher ist oft nur den Mitarbeitern dieser Abteilung bekannt, welche optionalen Daten im Einzelfall relevant sind. Und genau dies ist auch der Bereich, in dem Sachbearbeiter und Mitarbeiter der Rechtsabteilung kooperieren müssen, insbesondere in bezug auf das Austauschen von Bearbeitungsdaten.

• *Regelbarkeit*

Dieses Kriterium hängt eng mit den vorgenannten Kriterien des Ressourcenaustausches sowie der Plankompatibilität zusammen. Die Angleichung von (Teil-) Plänen wie auch der Austausch von Ressourcen ist nicht immer a priori exakt festzulegen (etwa durch eine Arbeitsanweisung). Gerade unter nichtstandardisierten Bedingungen, wie etwa der hochqualifizierten Sachbearbeitung, nötigt die Besonderheit des Einzelfalls die Kooperationspartner, flexibel auf die Handlungsbedingungen einzugehen. Dies beinhaltet oft genug Änderungen der Handlungspläne sowie ständige Klärung der Bearbeitungsbedingungen. Hier wird ein weiterer Unterschied zu koordiniertem Handeln deutlich: Eine Koordination verschiedener Handelnder erfolgt auf der Basis eines "status quo ante". Regelbarkeit ist hier nur innerhalb eines jeweiligen Handlungsplanes zu gewährleisten. Soll eine höhere Flexibilität in den zu koordinierenden Bereichen entstehen, so muß ein Übergang zur Kooperation gewährleistet sein. Das gegenseitige Beeinflußen der Handlungspläne im kooperativen Handeln erfordert dann eine Regelbarkeit, die über die eigenen Handlungsanteile hinausgeht.

• *Kontrolle*

An dieser Stelle ist eine ausführliche Diskussion über mögliche Begriffe von Kontrolle, wenn auch vielleicht angebracht, nicht zu leisten. Für unsere Belange wichtig ist jedoch folgendes: Die Kontrolle über den Handlungsablauf zu besitzen - und das umfaßt in gleicher Weise eigene Handlungsanteile wie äußere Bedingungen, die auf einen möglichen Handlungsablauf Einfluß nehmen können - ist ein unabdingbarer Bestandteil der Regulierbarkeit dieses Ablaufes und bestimmt das Ausmaß, in dem ein angestrebtes Ziel erreicht werden kann. Insofern ist die (interne) Kontrollierbarkeit der eigenen wie auch die (externe) Kontrollierbarkeit von Handlungsabfolgen der Kooperationspartner eine Bedingung für das Zustandekommen von Kooperation. Diese Prämisse hat ganz konkrete Auswirkungen auf die Gestaltung kooperativer Arbeitsbeziehungen: Es ist zu gewährleisten, daß in kooperativen Anteilen der Arbeit ein Maximum an Durchschaubarkeit des gesamten Prozesses erreicht wird.

Ein Konzept von Kooperation

2.3 Dimensionen von Kooperation

Nachdem wir uns in den zurückliegenden Abschnitten die Bedingungen von Kooperation vergegenwärtigt haben, wollen wir uns im folgenden den Formen von Kooperation zuwenden, die in drei zum Teil dichotom ausgeprägten Dimensionen zu fassen sind.

- *Bilaterale vs. multiple Kooperation*

Die erste Dimension von Kooperation bezieht sich auf die Anzahl der beteiligten Kooperationspartner. Im Hinblick darauf, daß der Aufwand zur Durchführung kooperativer Handlungen mit wachsender Anzahl der Beteiligten steigt, erscheint eine Differenzierung nach bilateraler Kooperation, d.h. Kooperation unter Beteiligung von zwei Partnern, und multipler Kooperation, d.h. Kooperation unter Beteiligung von mehr als zwei Partnern, sinnvoll. Der Aufwand zu schaffender Verbindungen, um idealerweise ein Höchstmaß an Kommunikation zwischen den Kommunikationspartnern zu gewährleisten, wächst bei steigender Anzahl der Partner exponentiell (nach der Formel $n/2 * (n - 1)$). Daraus ergibt sich, daß ab einer bestimmten Gruppengröße die zunächst lediglich unter quantitativem Aspekt zu betrachtende Gruppe einen qualitativen Umschlag erfährt: Die Art und Weise des Austausches unter den Kooperationspartnern muß ab einer bestimmten Größenordnung anders ablaufen als bei einer geringen Gruppengröße. Schon bei einer Gruppengröße von 10 Personen sind (formal/technisch gesehen) 45 Verbindungen zu schaffen; das bedeutet aber auch 45mal ein Austausch der Ressourcen, eine Abstimmung der Handlungspläne und einiges mehr. Bei einer Gruppengröße von 20 Personen wären immerhin bereits 190 Verbindungen zu schaffen.

- *Konjunktive vs. disjunktive Kooperation*

Die zweite Dimension von Kooperation bezieht sich auf die Art und Weise, in der Kooperationspartner das Arbeitsergebnis herbeiführen. In der konjunktiven Kooperation wirken die Beteiligten mit je eigenen, eindeutig umrissenen Handlungsanteilen auf den Handlungsablauf bis hin zur Zielerreichung. Erst, wenn alle Beteiligten ihre Teilhandlungen ausgeführt haben und entsprechend das jeweilige Teilziel erreicht wurde, kann das übergeordnete Kooperationsziel erreicht werden. Als Beispiel mag das oben genannte Szenario einer Kreditanstalt für den Wohnungsbau dienen: Dem Sachbearbeiter wie auch dem Mitarbeiter aus der Rechtsabteilung sind klar umrissene Aufgabenbereiche zugeordnet; erst, wenn jeder der Beteiligten seine Teilaufgaben ausgeführt hat, kann das Endergebnis – hier also die Kreditzusage in einer festgelegten Höhe bzw. die Ablehnung des Antrages – herbeigeführt werden. In der disjunktiven Kooperation reicht es aus, wenn lediglich einer der Kooperationspartner den Handlungsablauf bis hin zum Kooperationsziel vollzieht. Hier verfolgen alle Beteiligten vergleichbare individuelle Handlungspläne. Es kommt lediglich darauf an, daß es (mindestens) einem Beteiligten gelingt, bis zum antizipierten Ziel vorzudringen. Diese Art von kooperativem Vorgehen ist typisch für Gruppen, die explorativ arbeiten, also z.B. Forschungsgruppen, die an der Lösung eines gegebenen Problems arbeiten, für das es bislang noch keinen festgelegten Lösungsweg (und damit auch noch keinen festgelegten Handlungsplan) gibt, so etwa das Bearbeiten einer komplexen Berechnung.

- *Unmittelbare vs. mittelbare Kooperation*

Die dritte Dimension bezieht sich auf die räumliche und/oder zeitliche Distanz der Kooperationspartner. Unmittelbare Kooperation ist immer dann gewährleistet, wenn sich alle Kooperationspartner zur gleichen Zeit am gleichen Ort aufhalten und dabei für die Beteiligten ein Handlungszusammenhang in bezug auf ein antizipiertes Ziel besteht. Dies bedeutet nicht, daß alle Beteiligten sich zu jeder Zeit des Kooperationsprozesses am gleichen Ort aufhalten; es muß aber gewährleistet sein, daß zumindest zeitweise die Möglichkeit einer direkten, nicht ausschließlich technisch vermittelten ("face to face") Kommunikation besteht. Mittelbare Kooperation bezieht sich auf alle übrigen Formen, also

- zeitversetzt, aber am gleichen Ort (z.B. Schichtarbeit);
- zeitgleich, an verschiedenen Orten;
- zeitversetzt, an verschiedenen Orten.

Bezogen auf Probleme einer angemessenen technischen Unterstützung sind diese drei Möglichkeiten als gleichwertig zu betrachten. Relevantes Kriterium im Zusammenhang mit der raum/zeitlichen Verortung der Kooperationspartner ist die Frage, ob die Möglichkeit der direkten, also einer nicht ausschließlich technisch vermittelten Kommunikation gegeben ist oder nicht. Ist dies der Fall, so ist der unterstützende Charakter möglicher Hilfsmittel recht problemlos zu umreißen. Ist dies jedoch nicht gegeben, so muß klar erkannt werden, daß der Einsatz technischer Hilfsmittel zwar einerseits Kooperation erst ermöglicht, daß dadurch aber auch andererseits zugleich festgelegt wird, in welchem Umfang ein angestrebtes Kooperationsziel überhaupt erreicht werden kann.

3 Implikationen für die Entwicklung einer technischen Unterstützung von Kooperation

Es lassen sich im Rahmen von Büroarbeit charakteristische kooperative Anteile identifizieren. In [13] wurde dies anhand eines Szenarios von Sachbearbeitertätigkeiten aus dem Versicherungsbereich beispielhaft verdeutlicht.

Eine erste Klasse kooperativer Handlungen bezieht sich auf das Verhandeln bzw. Aushandeln von Sachverhalten. Wenn etwa ein Kunde mit einem Anliegen an einen Sachbearbeiter/Kundenberater herantritt, muß meist kooperativ ausgehandelt werden, auf welche Weise sich der Kundenwunsch einerseits, mit den organisatorischen/gesetzlichen Vorgaben auf der Seite des Sachbearbeiters in Einklang bringen lassen. Ähnliches gilt aber auch für jede andere Form des Verhandelns, so etwa, wenn verschiedene Verwaltungsstellen (innerhalb eines Betriebes wie auch betriebsübergreifend) nach Maßgabe ihrer jeweils gültigen Handlungsbedingungen bei einem gegebenen Bearbeitungsvorgang zu einem Konsens kommen wollen. Diese kooperativen Handlungen sind vom Prinzip konjunktiv, sie können multilateral und zeitversetzt stattfinden.

Eine weitere Klasse kooperativer Handlungen sind Hilfeleistungshandlungen, die immer als Abweichungen vom Normalgang der Handlungsausführung (also auch innerhalb eines aktuellen Bearbeitungsvorgangs) auftreten können. Dabei lassen sich zwei Situationstypen unterscheiden: Hilfeleistungshandlungen können einerseits aufgrund von Fehlhandlungen in der Bearbeitung, andererseits aufgrund situativer Störfälle notwendig werden. Kennzeichnend für diese kooperative Handlungsform ist, daß sie an beinahe jedem Zeitpunkt einer Handlungsabfolge einsetzen kann. Hilfeleistungshandlungen sind als disjunktiver Kooperationstyp zu kennzeichnen. Sie können multilateral ablaufen und sind nicht notwendigerweise unmittelbar. Die Erfordernisse einer psychischen Regulation sind hier hoch anzusetzen, insbesondere bezogen auf die Regulation von Sprechhandlungen (siehe dazu [12]).

Eine dritte Klasse kooperativer Handlungen ist immer aufgabenabhängig zu beschreiben: Gemeint sind all jene Bearbeitungsvorgänge, die von einem Sachbearbeiter begonnen werden, aber von einem anderen Sachbearbeiter vollendet werden (z.B. wegen Abwesenheit oder anderweitiger Aufträge des ersten Sachbearbeiters). Diese Klasse ist als konjunktiver Kooperationstyp zu kennzeichnen; auch hier sind die Ausprägungen auf den anderen beiden Dimensionen vom Einzelfall abhängig. Es sei aber festzuhalten, daß nicht in allen Vorgangsbearbeitungen diese Art der Kooperation sinnvoll ist: Massenbearbeitungsfälle, die nur wenige Minuten in Anspruch nehmen, sind nicht sinnvoll kooperativ zu erledigen.

Eine vierte Klasse kooperativer Handlungen bezieht sich auf die tägliche Organisation der Arbeit. Geht man von einer Gruppenorganisation von Büroarbeit aus - und nur in dem Fall machen Überlegungen zu kooperativen Aufgabenstrukturen wirklich einen Sinn - so ist davon auszugehen, daß innerhalb einer jeden Gruppe das tägliche Arbeitspensum aufgeteilt werden muß. Es ist also täglich zu ermitteln, auf welche Weise die eingegangenen Arbeitsaufträge auf die Gruppenmitglieder verteilt werden. Dies muß kooperativ geschehen, da allen bekannt sein muß, inwieweit jedes Gruppenmitglied über den laufenden Tag hinweg verfügbar ist (das spielt besonders dann eine Rolle, wenn es um das Expertenwissen einzelner Gruppenmitglieder geht, aber auch z.B. in der Frage, wieviel Altbestände aus dem Vortag der Einzelne noch bearbeiten muß). Diese Kooperation ist vom Prinzip her konjunktiv, sie ist multilateral, und sie ist unmittelbar.

Ausgehend von den vier genannten Klassen bieten sich einige Techniken an: Hilfeleistungen entstehen zumeist auf Anfrage desjenigen, der unterstützungsbedürftig ist. Eine spezifische e-mail-Funktion bietet sich hier zunächst an, innerhalb derer eine Art Rundruf initiiert werden kann. Es reicht allerdings aus, lediglich eine begrenzte Funktionalität anzubieten. Wichtig ist, daß über das Setzen einer Art Hilfesignal einem begrenzten Empfängerkreis (z.B. die eigene oder benachbarte Gruppe) die Unterstützungsbedürftigkeit eines Mitarbeiters signalisiert wird. Bei der eigentlichen Hilfeleistung ist bereits eine höhere Funktionalität gefragt. Hier bietet sich ein e-mail-System an, das Hypertext-Funktionalität besitzt. Denn es sind zumeist in der Vorgangssachbearbeitung Sonderfälle, die erst mit Hilfe von anderen erledigt werden können. Dazu muß die Möglichkeit bestehen, simultan von zwei oder mehr Mitarbeitern ein Dokument auf verschiedenen Endgeräten einzusehen und in der Folge etwa zu manipulieren. Da Hilfeleistungshandlungen meist in zeitlich unmittelbarer Kooperation zustandekommen, längst aber nicht immer in örtlich unmittelbarer Kooperation, sollte eine (auditive) Wechselsprechanlage zwischen den Kooperationspartnern möglich sein. Wenngleich bequemere Möglichkeiten vorstellbar sind, halte ich jedoch eine Telefonleitung an jedem Arbeitsplatz für ausreichend. Die kooperative Fertigstellung von Vorgängen erfordert die Möglichkeit, angefangene Geschäftsvorfälle auf andere Endgeräte zu bringen. Das sollte bei unmittelbarer Übernahme eines aktuell in der Bearbeitung stehenden Vorgangs durch einen anderen kein Problem darstellen. Bei mittelbarer Kooperation wird dann schon ein e-mail-System sinnvoll, in welchem die Möglichkeit besteht, den aktuellen Vorgang mit begleitenden Bemerkungen zu versehen (also wiederum eine Hypertextfunktionalität). Beim Aushandeln kommt es darauf an, wer der Kooperationspartner des Mitarbeiters ist: Handelt es sich dabei um einen Kunden, so ist üblicherweise das Telefon das einzig nutzbare technische Medium.

Die Frage einer weitergehenden technischen Unterstützung ist hier ausgeschlossen[1]. Anders verhält es sich, wenn es sich um einen Kollegen bzw. Außendienstmitarbeiter handelt. Auch hier sind die oben bereits aufgeführten Funktionalitäten eines e-mail-Systems anzuwenden. Da in den genannten Klassen sprachliche Regulationserfordernisse meist sehr hoch angesiedelt sind, halte ich eine Funktion, die Sprache (also Mitteilung, Aufforderung oder Anfrage) in einer anderen als der Schriftform übermittelt, für sinnvoll. Die Möglichkeit zur akustischen Sprachübermittlung (im Prinzip ähnlich der eines Anrufbeantworters) scheint mir hier von hohem Nutzen[2]. Die kooperative Aufteilung des täglichen Arbeitsaufkommens schließlich verlangt generell Handlungsregulationen auf einem verhältnismäßig hohen Niveau. Da sie sinnvollerweise in einem "face-to-face-setting" arrangiert ist, darüber multilateral ist und konjunktiv, ergibt sich daraus, daß nur ein System sinnvoll ist, das solche Art von Gruppentreffen unterstützt. Häufig werden solche Systeme als GDSS (= Group-Decision Support Systems) bezeichnet. Ein für das Szenario "passendes" System sollte die Möglichkeit bieten, Planungsdaten, Dokumente u.a. für alle Gruppenteilnehmer in gleicher Weise zugänglich zu machen. STEFIK et al. [18] schlagen für einen solchen Zusammenhang einen Gruppenraum vor, in dem jeder Teilnehmer außer vor einer gemeinsamen Overhead-Projektion auch vor einem je eigenen Terminal sitzt. Ausgehend von Prinzipien der Gruppendynamik [14, 15] halte ich eine solche Lösung für kontraproduktiv. Sie steht dem Gruppencharakter einer solchen Sitzung entgegen, indem der Einzelne sich an seine persönliche Maschine bindet. Auf diese Weise besteht die Gefahr[3], daß, obwohl in sichtbarem Zusammenhang, eine durch die Technik dominierte Kommunikation und in der Folge auch durch die Technik dominiete Kooperation entsteht. Sinnvoller erscheint es mir, ein Terminal bereitzustellen, dessen Ausgaben über ein Overhead-System allen Mitgliedern zugänglich gemacht wird. Darüber hinaus reicht es aus, wenn jedes Mitglied im Bedarfsfall Zugang zu diesem Terminal hat.

Das oben genannte Konzept von Kooperation bietet weiterhin Implikationen bezogen auf den Systementwicklungsprozeß. Geht man von einem iterativen Vorgehensmodell [z.B. 4, 16] aus, so ergeben sich Anforderungen an das Vorgehen bereits zu den ersten Phasen. Bereits die Aufnahme des Ist-Zustandes ist so durchzuführen, daß kooperative Arbeitsstrukturen explizit identifiziert werden. Im sogenannten Sollkonzept sind sodann anvisierte kooperative Strukturen (ebenfalls explizit) zu beschreiben. Es wäre der falsche Weg, hier auszugehen von der Idee eines be-

---

[1] Einmal abgesehen von aufwendigen technischen Präsentationshilfsmitteln, die allerdings im normalen Kundengespräch weniger sinnvoll sind.
[2] Tatsächlich wird dies auch bereits in einigen Systemen standardmäßig angeboten.
[3] Der Spieltrieb eines jeden, der besonders gern in Augenblicken der Langeweile, aber genauso der persönlichen Betroffenheit ausbricht, sei hier einmal außer acht gelassen.

stimmten CSCW-Systems ohne Blick auf die konkreten Erfordernisse. Auch hier gilt: Technik ist nicht organisationsneutral - im Gegenteil sie schafft organisatorische Bedingungen. Dies gereicht genau dann zum Nachteil, wenn das CSCW-System zwar ideell sehr gute Kooperationsbedingungen schafft, die aber nicht am praktischen Einsatzzweck orientiert waren[4]. Daher sind die konkreten Kooperationserfordernisse zu erfassen. Erst dann sind entsprechende Systemanforderungen im Pflichtenheft zu formulieren. Ist dies geleistet, so ist im Umkehrschluß im Pflichtenheft zu formulieren, unter welchen Rahmenbedingungen das zukünftige System erfolgreich zum Einsatz gebracht werden kann. Da CSCW-Systeme mehr als herkömmliche Systeme an den sozialen Strukturen im Betrieb ansetzen, ist ein Abschnitt zu Anforderungen aus sozial-ökonomischer Sicht einzufügen, in dem die formalen Beziehungen über die Beschreibung der (formal-) organisatorischen Voraussetzungen formuliert werden, aber auch die Voraussetzungen zur Schaffung und Erhaltung von informellen Beziehungen. Dies wiederum ist über die Beschreibung von zu schaffenden (bzw. zu erhaltenden) Handlungs- und Entscheidungsspielräumen [19] zu leisten[5]. CSCW-Systeme unterstellen (üblicherweise nur implizit) Voraussetzungen an sozialen Fertigkeiten (etwa der kooperationswillige bzw. -fähige Mitarbeiter), die aber oft genug in der Praxis nicht vorhanden sind (häufig durch jahrelange gegenteilige Erfahrungen von Mitarbeitern). Diese Voraussetzungen an die sozialen Fertigkeiten sind im Rahmen der sozial-ökonomischen Anforderungsbeschreibung explizit zu benennen. Was für die Pflichtenhefterstellung gilt, gilt auch für die spätere Einführung des Systems: Die Benutzerschulung sollte bei CSCW-Systemen nicht auf die Vermittlung technischer Kenntnisse beschränkt bleiben. Sinnvollerweise sollte ein Teil der Benutzerschulung der Vermittlung sozialer Fertigkeiten dienen, die als Voraussetzung zur Nutzung benannt wurden. Dies ist beispielsweise über Teamtrainings unter Nutzung des neuen Systems zu erreichen.

Abschließend sei festgehalten, daß die Entwicklung von CSCW-Systemen eines expliziten Konzepts von Kooperation bedarf. Die einzelnen Aspekte kooperativen Geschehens, wie sie eingangs in diesem Beitrag formuliert wurden, sind bei der Entwicklung einer Systemspezifikation zu berücksichtigen. Das Aufspüren dieser Aspekte ist allerdings alles andere als trivial. Die genaue Analyse erscheint dabei fast wichtiger als technische Besonderheiten. CSCW ist ein Teil der Gestaltung betrieblicher sozialer Beziehungen. Daher können sich die Entwickler solcher Systeme nicht mehr ausschließlich der Technikentwicklung zuwenden. Sie müssen in gleichem Maße die umfassende Dynamik kooperativer Prozesse erfassen und ihr

---

4   Das gilt auch für die existierende Gefahr, zu breite Kooperationsmöglichkeiten zu schaffen, was in der Praxis zu Verwirrungen führen kann, mit dem Ergebnis, daß die Effektivität geringer wird.

5   Selbstverständlich ist dies am ehesten durch partizipative Systemgestaltung zu leisten. OBERQUELLE [11] benennt eine in diesem Zusammenhang wichtige Forderung (unter anderen) für CSCW-Systeme: "... Die Autonomie des Einzelnen ist durch Beteiligung an der Zielfindung, Organisation und Konventionsentwicklung von Kooperation zu sichern."

System in diese Dynamik einordnen, eine Aufgabe, die (wahrscheinlich erstmals in der Technikentwicklung) von den Systementwicklern höchste Anforderungen an ihre soziale Kompetenz stellt.

4 Literatur

[1] Alioth, A. (1980). Entwicklung und Einführung alternativer Arbeitsformen. Bern: Huber.

[2] Crott, H. (1979). Soziale Interaktion und Gruppenprozesse. Stuttgart: Kohlhammer.

[3] Deutsch, M. (1949). A Theory of Co-Operation and Competition. Human Relations, 2, 129-152.

[4] Floyd, C. (1981). A Process-Oriented Approach to Software Development. Systems Architecture, Proc. of the 6th Europ. ACM Regional Conf., 285-294.

[5] Hacker, W. (1986). Arbeitspsychologie. Bern: Huber.

[6] Holt, A. (1989). Organizing Computer Use in the Context of Networks. In Proc. COMPCON Spring '88. Washington D.C.: IEEE Computer Society Press.

[7] Hörmann, H. (1978). Meinen und Verstehen. Frankfurt: Suhrkamp.

[8] Kofka, K. (1935). Principles of Gestalt Psychology. Harcourt-Brace.

[9] Likert, R. (1961). New Patterns of Management. New York: McGraw-Hill.

[10] Malone, T.W. & K. Crowston (1990). What is coordination theory and how can it help design cooperative work systems?. In: CSCW'90. New York: ACM, 357-370.

[11] Oberquelle, H. (1991). Perspektiven der Mensch-Computer-Interaktion und kooperative Arbeit. In M. Frese, C. Kasten & B. Zang-Scheucher (Hrsg.). Software für die Arbeit von morgen. Berlin: Springer.

[12] Piepenburg, U. (1985). Mensch-Maschine-Interaktion: Kommunikative Probleme eines Menschen am Arbeitsplatz Rechner. (Unveröff. Diplomarbeit), Berlin: Technische Universität, Institut für Psychologie.

[13] Piepenburg, U. (1991). Rechnerunterstütztes kooperatives Arbeiten. Mitteilung Nr. 197, Hamburg: Universität, Fachbereich Informatik.

[14] Pongratz, L.J. (Hrsg.). (1978). Handbuch der Psychologie, Bd.8: Klinische Psychologie, IX.Teil. Göttingen: Hogrefe.

[15] Schwäbisch, L. & M. Siems (1982). Anleitung zum sozialen Lernen für Paare, Gruppen und Erzieher. Reinbek: Rowohlt.

[16] Spitta, T. (1989). Software Engineering und Prototyping. Berlin: Springer.

[17] Staehle, H. (1989). Management 4. Aufl.. München: Vahlen.

[18] Stefik, M., G. Foster, D.G. Bobrow, K. Kahn, S. Lanning & L. Suchman (1988). Beyond the Chalkboard: Computer Support for Collaboration and Problem Solving in Meetings. In: I. Greif (ed.). Computer Supported Cooperative Work. San Mateo (USA): Morgan Kaufmann

[19] Ulich, E. & F. Frei (1980). Persönlichkeitsförderliche Arbeitsgestaltung und Qualifizierungsprobleme. In W. Volpert (Hrsg.). Beiträge zur psychologischen Handlungstheorie. Bern: Huber, S. 71-86.

Ulrich Piepenburg
Universität Hamburg
Fachbereich Informatik
Rothenbaumchaussee 67-69
W-2000 Hamburg 13

Zur Bedeutung psychologischer Arbeitsanalyse für die Gestaltung computerunterstützter kooperativer Arbeit

Cordula Pleiss, Ulla Kreutner
TU Berlin

Zusammenfassung

Aus arbeitspsychologischer Sicht ist zu fordern, daß die Gestaltung der Arbeitsorganisation Vorrang vor der Gestaltung der Technik haben muß. Ergebnisse aus Untersuchungen, die mit dem Verfahren zur Kontrastiven Aufgabenanalyse durchgeführt wurden, verweisen auf die Notwendigkeit der Gestaltung kooperativer Arbeitsformen im Bürobereich. Konsequenzen für den Einsatz von CSCW werden abschließend diskutiert.

1 Einleitung

In Veröffentlichungen zum Thema "Computer supported cooperative work", kurz CSCW, z. B. [6], werden vielfältige Erwartungen an diesen neuen Forschungsgegenstand der Informatik formuliert. Eine dieser Erwartungen bezieht sich auf die Veränderungspotentiale, die der Einsatz von CSCW hinsichtlich der Organisation von Arbeit in sich birgt: den Wandel von stark arbeitsteiliger, hierarchisch organisierter Arbeit hin zu (computerunterstützter) Gruppenarbeit.

Betrachtet man den Begriff CSCW sprachlich, so ist das Substantiv die kooperative Arbeit (CW), die damit in den Mittelpunkt des Interesses rückt. Die Computerunterstützung taucht als dem Substantiv hinzugefügtes Adjektiv (CS) auf. Schon der Begriff CSCW legt also nahe, sich zunächst mit der Gestaltung kooperativer Arbeit zu befassen und die Frage nach einer möglichen Technikunterstützung im Anschluß zu stellen.

Dieses Vorgehen entspricht dem Grundsatz arbeitspsychologisch orientierter Arbeitsgestaltung, die der Gestaltung der Arbeitstätigkeit Vorrang vor der Gestaltung der technischen Hilfsmittel dieser Arbeitstätigkeit gibt [11]. Dieses Vorgehen wird zunehmend auch von Informatikerinnen und Informatikern vertreten, z. B. [1]. Zunächst müssen also kooperative Arbeitsbedingungen geschaffen werden, bevor der Einsatz unterstützender Technik geplant wird. Kurz: erst CW, dann CS.

Die Gestaltung betrieblicher Arbeitsabläufe setzt deren Analyse, d. h. die Kennzeichnung des Ist-Zustands, voraus. Zu diesem Zweck liegt für den Bürobereich eine Reihe von Verfahren vor (vgl. z. B. [12]). Vielen dieser Verfahren ist gemeinsam, daß der Analysegegenstand sowohl jeder Informationsfluß zwischen Arbeitsplätzen und/oder Personen als auch der Informationsfluß zwischen Personen bzw. Arbeitsplätzen und DV-Anlagen ist. Jeder Informationsaustausch wird damit als Kommunikation bezeichnet, ohne zu reflektieren, was diese Art von Informationsübertragung von zwischenmenschlicher Kommunikation unterscheidet. Eine solchermaßen technikorientierte Analyse von Kommunikation legt technische Gestaltungslösungen nahe, ohne daß die spezifischen Merkmale und die besondere Bedeutung menschlicher Kommunikation sowohl für den Menschen als auch für die Arbeit berücksichtigt werden.

Demgegenüber erscheint es aus psychologischer Sicht sinnvoll, nur solche Prozesse als arbeitsbezogene Kommunikation zu bezeichnen, die eine Abstimmung zwischen Personen bezüglich gemeinsam zu bearbeitender Aufgaben beinhalten. Mit dem als Bestandteil der Kontrastiven Aufgabenanalyse, kurz KABA[1] [3, 13], entwickelten Teilverfahren zur Analyse arbeitsbezogener Kommunikation (KOMMA) wurde ein Verfahren entwickelt, mit dem arbeitsbezogene Kommunikation bei Büro- und Verwaltungstätigkeiten in diesem Sinn analysiert werden kann.

Im Anschluß an die Beschreibung des Konzepts und der Struktur des Teilverfahrens KOMMA werden erste Ergebnisse des Forschungsprojektes KABA dargestellt, die sich auf die Untersuchung arbeitsbezogener Kommunikation beziehen. Ziel des Beitrags ist es, die Forderung, daß die Einführung und Gestaltung kooperativer Arbeitsformen im Bürobereich Vorrang vor der Gestaltung der technischen Hilfsmittel haben sollte, durch die empirisch gewonnenen Daten zu untermauern. Vor diesem Hintergrund sollen Perspektiven für den Einsatz von CSCW-Systemen aufgezeigt werden.

---

[1] Das Forschungsprojekt "Kontrastive Aufgabenanalyse" wird mit Mitteln des Bundesministeriums für Forschung und Technologie, Projektträger AuT, gefördert und unter dem Förderungskennzeichen 01 HK 6465 geführt. Projektmitglieder sind Dr. Heiner Dunckel, Dipl.-Psych. Karin Hennes, Dipl.-Psych. Ulla Kreutner, Dr. Rainer Oesterreich, Dipl.-Psych. Cordula Pleiss, Prof. Dr. Walter Volpert und Dipl.-Psych. Martina Zölch.

2 Konzept und Struktur des KABA-Teilverfahrens KOMMA

Die Auffassung von Kooperation und Kommunikation, die dem Teilverfahren KOMMA zugrunde liegt, basiert auf Annahmen der Handlungsregulationstheorie (siehe z.B. [10]).

Als Kooperation wird das gemeinsame Handeln mindestens zweier Personen bezeichnet, die auf der Grundlage koordinierter Handlungspläne und Situationsdefinitionen individuelle Handlungsziele verfolgen. Die Kommunikation dient als Mittel der Koordination, sie dient dazu, individuelle Handlungspläne aufeinander abzustimmen. Qualität und Art arbeitsbezogener Kommunikation sind demnach abhängig vom Ausmaß der Entscheidungs- und Planungserfordernisse, die die Arbeitstätigkeit beinhaltet ([7]). Von Kooperation kann dieser Konzeption folgend nur gesprochen werden, wenn das Handeln der Kooperierenden mindestens eine gemeinsame Planungsphase beinhaltet. Gruppenarbeit (vgl. z. B. [9]) setzt neben der (in diesem Sinne verstandenen) Kooperation die Erfüllung weiterer Bedingungen voraus: Mehrere Personen müssen betrieblicherseits explizit zu einer Arbeitsgruppe zusammengefaßt werden, die als Ganzes für eine ihr übertragene Arbeitsaufgabe verantwortlich ist ([5]).

Ein weiterer Aspekt, der die Qualität arbeitsbezogener Kommunikation bestimmt, ist die Art ihrer Vermittlung. Die Möglichkeit, sprachliche und nicht-sprachliche Kommunikationsmittel zu verwenden und unmittelbar auf die Kommunikationspartnerinnen und -partner zu reagieren, wird als Direktheit arbeitsbezogener Kommunikation bezeichnet. Auf die Nachteile und Gefahren, die die Einschränkung direkter Kommunikation beispielsweise durch zunehmende technische Vermittlung mit sich bringen kann, wurde bereits verschiedentlich hingewiesen (vgl. z. B. [2, 4]).

Wie wird im Rahmen einer KABA-Analyse die solchermaßen definierte arbeitsbezogene Kommunikation erfaßt? Das Verfahren KABA leitet die Analyse von Arbeitstätigkeiten an, die vor Ort in Form von Beobachtungsinterviews durchgeführt werden. Gegenstand der Analyse sind die an einem Arbeitsplatz zu bearbeitenden Arbeitsaufgaben. Diese werden ermittelt und detailliert durch eine Auflistung der dazu notwendigen Arbeitsschritte (Arbeitseinheiten) beschrieben.

Bei der Analyse mit dem KABA-Teilverfahren KOMMA wird zwischen der Kommunikation mit internen Personen (dem Betrieb zugehörigen Personen) und externen Personen (z. B. Kunden, Lieferanten) unterschieden. Für die interne und die externe Kommunikation wird jeweils eine Einstufung der Qualität der erforderlichen Kommunikation vorgenommen. Grundlage dieser Einstufung sind die Arbeitseinheiten einer Arbeitsaufgabe, die Kommunikation erfordern.

Die Einstufung der Kommunikationserfordernisse erfolgt orientiert an dem Ausmaß des Entscheidungsspielraums, der im Rahmen der für die Bearbeitung notwendigen Kommunikation durch die jeweilige Aufgabe gegeben ist. Die Kommunikationserfordernisse mit internen Personen werden auf einer 7-stufigen Skala erfaßt. Bei Stufe 1 bezieht sich die Abstimmung der Arbeitenden nur auf gelegentliche Variationen im Arbeitsablauf (so z. B. auf Informationen oder Arbeitsmittel, die zu berücksichtigen sind), Stufe 7 ist dadurch gekennzeichnet, daß sich die Abstimmung der Arbeitenden auf die Entwicklung neuer Vorgehensweisen und Lösungsansätze bezieht. Von mindestens einer gemeinsamen Planungsphase, das heißt von Kooperation, kann frühestens ab KIN-Stufe 4 gesprochen werden. Erst hier bezieht sich die Abstimmung der Arbeitenden auf eine Entscheidung, die das weitere Vorgehen bei der Aufgabenerledigung bestimmt.

Die Kommunikationserfordernisse mit externen Personen werden auf einer 6-stufigen Skala erfaßt. Dabei wird unterschieden, ob im Rahmen der Kommunikation lediglich Informationen zwischen der bzw. dem Arbeitenden und der externen Person ausgetauscht werden oder ob im Zuge der Kommunikation Entscheidungen zu treffen sind. Die Stufen 1 und 2 sind durch reinen Informationsaustausch gekennzeichnet und damit keinesfalls als Kooperation zu bezeichnen. Ab KEX-Stufe 3 führt die Abstimmung zu einer Entscheidung, die anschließend von einer der beteiligten Personen getroffen wird. Eine gemeinsam zu treffende Entscheidung im Hinblick auf eine vorgegebene Zielstellung kennzeichnet die Stufe 5, bei Stufe 6 kommt noch die Entwicklung der Zielstellung hinzu.

Die Direktheit arbeitsbezogener Kommunikation wird danach beurteilt, in welchem Ausmaß es der bzw. dem Arbeitenden möglich ist, sprachliche und nicht-sprachliche Kommunikationsmittel zu verwenden. Die Einstufung der Direktheit auf einer vierstufigen Skala wird durch die überwiegend erforderte Art der Vermittlung ermittelt. Erfaßt werden zunächst sämtliche verwendeten Kommunikationsmittel einschließlich einer groben Zeitschätzung. Darauf aufbauend wird ermittelt, ob eine Arbeitsaufgabe es überwiegend erfordert, formalisiert und schriftlich (D-Stufe 1), telefonisch (D-Stufe 3) oder im direkten Gespräch (D-Stufe 4) zu kommunizieren. D-Stufe 2 wird ermittelt, wenn die Kommunikation überwiegend über einen einseitigen Sprachspeicher (z. B. Anrufbeantworter) erfolgt.

Neben der Kennzeichnung einer Arbeitsaufgabe hinsichtlich des Niveaus und der Direktheit arbeitsbezogener Kommunikation erfaßt das Teilverfahren KOMMA außerdem den Einfluß EDV-gestützter Informations- und Kommunikationstechniken (kurz: I&K-Techniken) auf die Kommunikation.

Die Ergebnisse, die mit Hilfe des Teilverfahrens KOMMA bei den Untersuchungen im Rahmen des Forschungsprojekts KABA ermittelt wurden, werden im folgenden Abschnitt dargestellt.

3 Empirische Ergebnisse

Die hier dargestellten Untersuchungsergebnisse sind Resultat der empirischen Erprobung des KABA-Leitfadens. Sie beziehen sich auf insgesamt 138 Arbeitsaufgaben, die an 91 Arbeitsplätzen im Büro-und Verwaltungsbereich untersucht wurden. Bei den Untersuchungsbetrieben handelte es sich um Großbetriebe unterschiedlicher Branchen (Industrieverwaltung, Bank und Versicherung), bei denen in der Regel mehrere gesamte Abteilungen untersucht wurden. Die untersuchten Tätigkeiten reichen von Schreibtätigkeiten bis hin zu Organisationstätigkeiten leitender Angestellter, den Schwerpunkt bildeten Sachbearbeitungstätigkeiten unterschiedlicher Komplexität.

Bezüglich der Technisierung in der untersuchten Stichprobe ist festzuhalten, daß nur ca. zehn Prozent der Arbeitsaufgaben ohne Technikunterstützung bearbeitet wurden. Der überwiegende Teil der Aufgaben erforderte den Umgang mit I&K-Techniken, wobei diese nicht in allen Fällen grundlegende Bedeutung für die Aufgabenerledigung hatten.

Im Hinblick auf die testtheoretischen Gütekriterien Objektivität, Reliabilität und Validität erbrachten die Untersuchungen zufriedenstellende Resultate für das KABA-Verfahren und das Teilverfahren KOMMA; aufgrund anderer inhaltlicher Schwerpunktsetzung werden diese Ergebnisse hier nicht dargestellt.

3.1 Häufigkeit, Niveau und Direktheit der Kommunikation

Von den insgesamt 138 untersuchten Arbeitsaufgaben wurde bei 106 Arbeitsaufgaben (76,8%) Kommunikation ermittelt, 32 Arbeitsaufgaben (23,2%) erforderten keine Kommunikation. Bei 104 Arbeitsaufgaben wurde interne, bei 68 Arbeitsaufgaben externe Kommunikation ermittelt [2].

---

[2] Es ist zu beachten, daß eine Arbeitsaufgabe sowohl interne als auch externe Kommunikation erfordern kann. Daher liegt die Summe der Arbeitsaufgaben, die interne und externe Kommunikation erfordern, höher als die Summe der insgesamt untersuchten Arbeitsaufgaben.

Die folgenden Ergebnisse beziehen sich, sofern keine gesonderten Angaben gemacht werden, nur auf den Teil der untersuchten Arbeitsaufgaben, die interne und/oder externe Kommunikation erfordern.

Die prozentuale Verteilung der 104 Arbeitsaufgaben mit interner Kommunikation auf die 7 Stufen der internen Kommunikationserfordernisse (KIN-Stufen) ist im linken Teil der Tabelle 1 angegeben. Die Stufe 2 wurde mit 30,8% am häufigsten ermittelt. Das heißt, die Abstimmung der Arbeitenden bezieht sich am häufigsten darauf, welche Ablaufvariante für die Bearbeitung der jeweiligen Arbeitsaufgabe zu berücksichtigen ist. Insgesamt konnten die Stufen 1 bis 5 ermittelt werden, nicht jedoch die Stufen 6 und 7, das heißt, Kommunikationserfordernisse auf so hohem Niveau konnten empirisch nicht ermittelt werden.

interne Kommunikation N = 104		externe Kommunikation N = 68	
KIN–Stufe	%	KEX–Stufe	%
7	–		
6	–	6	–
5	8,6	5	4,4
4	20,2	4	20,6
3	22,1	3	25,0
2	30,8	2	45,6
1	18,3	1	4,4

Tab. 1: Kommunikationserfordernisse

Ebenfalls in Tabelle 1 ist die prozentuale Verteilung der 68 Arbeitsaufgaben mit externer Kommunikation auf die 6 Stufen der externen Kommunikationserfordernisse (KEX-Stufen) angegeben. Auch hier liegt der Modalwert bei Stufe 2, mit einem Anteil von 45,6%. Offensichtlich beschränkt sich die Kommunikation mit externen Personen hauptsächlich auf die Auswahl, die Vermittlung oder das Einholen von Informationen, obwohl die Stichprobe sich überwiegend aus dem "klassischen" Dienstleistungssektor (Banken und Versicherungen) zusammensetzt. Wie bei den KIN-Stufen wurden auch bei den KEX-Stufen nicht alle Stufen ermittelt; die KEX-Stufe 6 kommt in der Stichprobe nicht vor.

Betrachtet man die Ergebnisse zu den Kommunikationserfordernissen vor dem Hintergrund von Kooperation und Gruppenarbeit, so bleibt festzuhalten, daß bei

28,8% der Arbeitsaufgaben mit interner Kommunikation (d. h. in 30 von 104 Fällen) und bei 50% der Arbeitsaufgaben mit externer Kommunikation (d. h. in 34 von 68 Fällen) von Kooperation im obigen Sinn gesprochen werden kann. Es muß jedoch darauf hingewiesen werden, daß hierin alle Arbeitsaufgaben zusammengefaßt sind, bei denen mehr als ein reiner Austausch von Informationen stattfindet. Die Kooperation beschränkt sich zum Teil auf punktuelle, zeitlich eng begrenzte Abstimmungen hinsichtlich der Vorgehensweise bei der Bearbeitung der jeweiligen Arbeitsaufgabe.

Die Ergebnisse zeigen, daß sich arbeitsbezogene Kommunikation in der untersuchten Stichprobe in den meisten Fällen auf niedrigem Niveau bewegt, bei rund 70% der Arbeitsaufgaben mit interner Kommunikation und 50% der Arbeitsaufgaben mit externer Kommunikation spielt Kooperation keine Rolle. Gruppenarbeit konnte in keinem der Fälle ermittelt werden.

Direktheitsstufe	interne Kommunikation (N = 104) in %	externe Kommunikation (N = 68) in %
4	30,8	5,9
3	28,8	38,2
2	1,0	1,5
1	39,4	54,4

Tab. 2: Direktheit der Kommunikation

Die Ergebnisse zur Direktheit der Kommunikation sind Tabelle 2 zu entnehmen. Die prozentuale Verteilung der 104 Arbeitsaufgaben mit interner Kommunikation auf die vier Stufen der Direktheit (D-Stufen) ist im linken Teil der Tabelle angegeben. Bei interner Kommunikation wurde mit 39,4% am häufigsten die D-Stufe 1 ermittelt, das bedeutet, die Kommunikation erfolgt überwiegend indirekt, z.B. schriftlich oder per Datenübertragung etc. Alle vier Stufen der Direktheit wurden ermittelt. Im rechten Teil der Tabelle 2 ist die prozentuale Verteilung der 68 Arbeitsaufgaben mit externer Kommunikation auf die vier D-Stufen abgebildet. Ebenso wie bei interner Kommunikation wurde am häufigsten die D-Stufe 1 ermittelt; der Prozentsatz liegt mit 54,4% jedoch wesentlich höher als bei der internen Kommunikation. Auch hier konnten alle D-Stufen ermittelt werden.

Bei der Interpretation der Ergebnisse zur Direktheit der Kommunikation ist zu berücksichtigen, daß die D-Stufen lediglich die Art der Vermittlung bezeichnen, die überwiegend erforderlich ist. Sowohl bei interner als auch bei externer Kommunikation wird am häufigsten indirekt (D-Stufe 1) kommuniziert; es bleibt festzuhalten, daß das direkte Gespräch bei der internen Kommunikation mit 30,8% eine deutlich größere Rolle spielt als bei der externen Kommunikation mit 5,9%. Insgesamt kommen in der Stichprobe aber alle D-Stufen als überwiegende Vermittlungsart der Kommunikation vor [3].

Im Hinblick auf eine Diskussion der Perspektiven des CSCW-Einsatzes im Büro- und Verwaltungsbereich sollen im folgenden die Arbeitsaufgaben, die Kooperation erfordern, bezüglich anderer Aspekte (z. B. Arbeitsinhalt, Entscheidungsspielraum) gekennzeichnet werden.

Die Arbeitsaufgaben, bei denen von Kooperation mit internen Personen ausgegangen werden kann, das heißt Arbeitsaufgaben ab KIN-Stufe 4, lassen sich durch einen relativ großen Entscheidungsspielraum kennzeichnen. Beispiele hierfür sind die Bearbeitung von Firmenkrediten und die komplexe Prüfung von Ansprüchen aus Versicherungen (z. B. Berufsunfähigkeitsrente). Die Stichprobe enthält wenige Arbeitsaufgaben, bei denen ein großer Entscheidungsspielraum und eine niedrige KIN-Stufe vorliegen, im allgemeinen entspricht die KIN-Stufe in etwa dem Ausmaß des Entscheidungsspielraums. Betrachtet man nun die Arbeitsaufgaben, die keine interne Kommunikation erfordern, so liegen dort überwiegend Arbeitsaufgaben mit geringem Entscheidungsspielraum vor. Beispiele hierfür sind Schreibarbeiten, das Sortieren von Post, Dateneingabe etc.

Diese Beschreibung trifft in etwa auch für den Bereich der externen Kommunikation zu. Die Arbeitsaufgaben, bei denen die Abstimmung mit externen Personen über das bloße Bereitstellen oder Einholen von Informationen hinausgeht, das heißt Arbeitsaufgaben ab KEX-Stufe 3, lassen sich durch einen mittleren bis großen Entscheidungsspielraum kennzeichnen. Beispiele hierfür sind die Bearbeitung von Versicherungsanträgen und die Bearbeitung von Vertragsänderungen. Insgesamt ist hier die Abhängigkeit vom Entscheidungsspielraum nicht so stark gegeben wie bei interner Kommunikation. Auffallend ist, daß es immerhin 16 Arbeitsaufgaben gibt, die einen großen Entscheidungsspielraum, aber eine niedrige KEX-Stufe haben.

Als weitere Grundlage der Kennzeichnung kooperativer Arbeitsaufgaben dient die Typologie von Büroarbeitsplätzen nach Führungs-, Fach-, Sach- und Unterstüt-

---

[3] Besondere Bedeutung gewinnt auch ein insgesamt relativ gering erscheinender prozentualer Anteil von D-Stufe 2, wenn man die Art der Ermittlung der D-Stufen berücksichtigt. Da alle verwendeten Kommunikationsmittel erhoben werde und nur das am häufigsten verwendete zur Zuordnung der D-Stufe führt, bedeutet das Vorkommen einer D-Stufe 2, daß es auch Arbeitsaufgaben gibt, bei denen die Kommunikation überwiegend durch einseitige Sprachspeicher vermittelt wird.

zungsaufgaben [8]. Versucht man, die Arbeitsaufgaben, bei denen von Kooperation ausgegangen werden kann, einem dieser Grundtypen zuzuordnen, so entsprechen diese am ehesten den Sachaufgaben bzw. dem Übergang von Sach- zu Fachaufgaben. Die Arbeitsaufgaben, die keine interne Kommunikation erfordern, entsprechen am ehesten den Unterstützungsaufgaben. Arbeitsaufgaben, die keine externe Kommunikation erfordern, entsprechen am ehesten den Unterstützungs- und Sachaufgaben.

3.2 I&K-spezifische Ergebnisse

Von den insgesamt 104 Arbeitsaufgaben mit interner Kommunikation ist diese bei 39 Arbeitsaufgaben (37,5%) vom Einsatz der I&K-Techniken berührt. Bei den 68 Arbeitsaufgaben mit externer Kommunikation ist dies bei 44 Arbeitsaufgaben (64,7%) der Fall. Dieser hohe Anteil läßt sich zum Teil durch den weit verbreiteten Einsatz von Electronic Mail und Textverarbeitungssystemen, mit denen Sachbearbeiterinnen und Sachbearbeiter Routinekorrespondenz selbst erledigen, erklären.

Die Auswertung der Kommunikationsanalysen hinsichtlich der I&K-Auswirkungen ergaben in den meisten Fällen keine Veränderungen durch den I&K-Einsatz. Bei einer Arbeitsaufgabe, die mehrfach untersucht wurde, verursachte der I&K-Einsatz eine Absenkung aller ermittelten Stufen um je eine Stufe. Es handelte sich dabei um die automatisierte Bearbeitung von Mahnvorgängen, die überwiegend automatisch durch ein EDV-System erfolgte.

Der Schluß, daß der Einsatz von I&K-Techniken keine Auswirkungen auf das Niveau und die Direktheit von Kommunikation hat, wäre jedoch voreilig.

Die post-facto-Erfassung von Veränderungen bei der Analyse vor Ort gestaltet sich äußerst schwierig, insbesondere in den Fällen, wo neue Arbeitsaufgaben mit dem Einsatz der I&K-Technik geschaffen wurden (z. B. Dateneingabetätigkeiten). Erst durch einen Vorher-Nachher-Vergleich im Rahmen einer Längsschnittuntersuchung könnten darüber zuverlässige Aussagen gemacht werden. Neben der Kommunikation sind außerdem auch Aspekte der Arbeitsaufgaben vom I&K-Einsatz betroffen, die mit Hilfe anderer Teilverfahren des KABA-Verfahrens untersucht werden (so z. B. typische Belastungen durch die I&K-Technik) und die für eine umfassende Bewertung der I&K-Auswirkungen herangezogen werden müßten.

Aus qualitativen Beschreibungen, die im Zusammenhang mit Ergebnisrückmeldungen für die Untersuchungsbetriebe erstellt wurden, lassen sich die I&K-Auswir-

kungen folgendermaßen skizzieren: Es erfolgt eine "schleichende" Einschränkung der Kommunikation, ohne daß sich dies sofort in einer Stufenveränderung niederschlägt. So entfallen z.B. bestimmte Kommunikationspartner, oder es wird statt eines Telefonats eine Mitteilung über Electronic Mail geschickt.

4 Perspektiven für den Einsatz von CSCW-Systemen in der Büroarbeit

Die Darstellung der Ergebnisse hat gezeigt, daß es im Büro- und Verwaltungsbereich selbst bei einer Stichprobe mit großem Anteil von Arbeitsaufgaben aus dem Tätigkeitsbereich qualifizierter Sachbarbeiterinnen und Sachbearbeiter nur in sehr geringem Umfang kooperative Arbeitsbedingungen gibt. Gruppenarbeit konnte weder in der hier beschriebenen Stichprobe, noch in Voruntersuchungen, die nicht in diese Auswertung eingeflossen sind, ermittelt werden. Dies weist auf die Notwendigkeit hin, die Forschungstätigkeit hinsichtlich der Entwicklung von Gruppenarbeitskonzepten für den Bürobereich künftig so zu intensivieren, wie dies für den Produktionsbereich bereits der Fall ist. Dem einleitend formulierten Grundsatz "erst CW, dann CS", das heißt der Notwendigkeit, vor der Technikeinführung kooperative Arbeitsformen zu schaffen, wird durch die gewonnenen Ergebnisse besonderer Nachdruck verliehen.

Bei einem Einsatz von CSCW-Systemen ohne vorgeschaltete arbeitsorganisatorische Gestaltungsmaßnahmen ist zu befürchten, daß die ursprüngliche Intention des Einsatzes von Groupware zur Unterstützung gemeinsamer Planungs- und Entscheidungsprozesse scheitert, da es diese gemeinsamen Prozesse bei der gegebenen Arbeitsorganisation nicht gibt. Stattdessen könnten aufgrund mangelnder Aufgabenangemessenheit der Software verstärkt Belastungen und Behinderungen des Arbeitshandelns auftreten; die Kommunikation würde gefährdet statt gefördert.

Die Einführung kooperativer Arbeitsformen in Büro und Verwaltung muß also im Mittelpunkt des Interesses stehen, wenn an den Einsatz von CSCW-Systemen in diesen Bereichen gedacht wird. Hierbei kann das KABA-Verfahren wichtige Hinweise für die Arbeitsgestaltung geben: Die Arbeitsanalyse mit Hilfe des KABA-Leitfadens ermöglicht die Erstellung einer detaillierten Ist-Analyse und leitet dazu an, Arbeitsaufgaben, für die der Einsatz von CSCW-Systemen geplant ist, nach psychologischen Kriterien zu bewerten. Vor dem Hintergrund dieser Ergebnisse können dann organisatorische Maßnahmen zur Gestaltung kooperativer Arbeit erfolgen. Wenn gewährleistet ist, daß kooperative Arbeit in Form von Gruppenarbeit vorliegt und damit gemeinsame Entscheidungs- und Planungsprozesse erforderlich werden, kann der Einsatz von CSCW-Systemen zur Unterstützung dieser Prozesse geplant werden. Selbst dann bleibt aber zu berücksichtigen, daß dieser Einsatz die Kommunikationserfordernisse und die Möglichkeiten direkter Kommunikation reduzieren kann. Deshalb ist sicherzustellen, daß der Einsatz von CSCW tatsächlich zur technischen Unterstützung und nicht zur technischen Gefährdung arbeitsbezogener Kommunikation führt.

Literaturverzeichnis

[1] Coy, W. (1989). Brauchen wir eine Theorie der Informatik? Informatik Spektrum, 12 (5), 256-266.

[2] Cyranek, G. (1987). Menschliche Kommunikation und Rechnerdialog. In E. Nullmeier & K.-H. Rödiger (Hrsg.), Dialogsysteme in der Arbeitswelt (S. 139-154). Mannheim: B.I.-Wissenschaftsverlag.

[3] Dunckel, H. (1989). Arbeitspsychologische Kriterien zur Beurteilung und Gestaltung von Arbeitsaufgaben im Zusammenhang mit EDV-Systemen. In H. Oberquelle & S. Maaß (Hrsg.), Software-Ergonomie '89 (S.69-79). Stuttgart: Teubner.

[4] Kiesler, S., Dubrovsky, V. & Siegel, J. (1986). Group Processes in Computer-mediated Communication. Organizational Behavior and Human Decision Processes, 37, 157-187.

[5] Kötter, W. & Gohde, H.-E. (1989). Ermittlung von Qualifizierungsvoraussetzungen, -zielen und -konzepten auf der Grundlage der Verfahren VERA und RHIA. In Dybowski, G., Herzer, H. & Sonntag, K. (Hrsg.), Strategien qualitativer Personal- und Bildungsplanung bei technisch-organisatorischen Innovationen. Neuwied, Frankfurt (Main): Kommentator.

[6] Oberquelle, H. (Hrsg.). (im Druck). Kooperative Arbeit und Computerunterstützung: Stand und Perspektiven. Göttingen: Hogrefe.

[7] Oesterreich, R. & Resch, M. (1985). Zur Analyse aufgabenbezogener Kommunikation. Zeitschrift für Sozialisationsforschung und Erziehungssoziologie, 5 (2), 271-290.

[8] Szyperski, N., Grochla, E., Höring, K. & Schmitz, P. (1982). Bürosysteme in der Entwicklung: Studien zur Typologie und Gestaltung von Büroarbeitsplätzen. Braunschweig, Wiesbaden: Vieweg.

[9] Ulich, E. (1991). Arbeitspsychologie. Zürich: Verlag der Fachvereine, Stuttgart: C. E. Poeschel Verlag.

[10] Volpert, W. (1987). Psychische Regulation von Arbeitstätigkeiten. In J. Rutenfranz & U. Kleinbeck (Hrsg.), Arbeitspsychologie (Enzyklopädie der Psychologie, Themenbereich D, Serie III, Bd.1) (S. 1-42). Göttingen: Hogrefe.

[11] Volpert, W. (1990). Verantwortbare Aufgabengestaltung für informatik-geprägte Arbeitsplätze. In A. Reuter (Hrsg.), GI - 20. Jahrestagung I. Informatik auf dem Weg zum Anwender. Stuttgart, 8.- 12. 10. 1990. Proceedings. Berlin: Springer.

[12] Wollnik, M. (1990). Entwicklungsumgebungen zur strategischen Positionierung und organisatorischen Implementierung der Bürokommunikation. VDI-Berichte 858, Büro-Kommunikation '90 (S.101-160). Düsseldorf: Verlag des Vereins Deutscher Ingenieure.

[13] Zölch, M. & Dunckel, H. (1991). Erste Ergebnisse des Einsatzes der "Kontrastiven Aufgabenanalyse". In D. Ackermann & E. Ulich (Hrsg.), Software-Ergonomie '91 (S.363-372). Stuttgart: Teubner.

Dipl.-Psych. Cordula Pleiss, Dipl.-Psych. Ulla Kreutner
Technische Universität Berlin
Institut für Humanwissenschaft
in Arbeit und Ausbildung (TEL 37)
Ernst-Reuter-Platz 7
1000 Berlin 10

Koordinationsmodelle für Computerunterstützte Gruppenarbeit

Jürgen Dittrich
GMD-FOKUS, Berlin

Zusammenfassung

Dieses Papier gibt eine Übersicht über die Arten und Merkmale von computerunterstützter Gruppenarbeit (CSCW), sowie deren Koordination. Besonders für den Entwurf und die Benutzung von CSCW Systemen ist es erforderlich, daß sowohl Entwickler als auch Endbenutzer ein einheitliches Verständnis über die Art und Funktionsweise der Koordination erhalten. Koordination wird betrachtet als die Kontrolle von wechselseitigen Abhängigkeiten zwischen den Aktionen, die von Gruppenteilnehmern ausgeführt werden, um ein gemeinsames Ziel zu erreichen. Modelle und Prinzipien zur Beschreibung von Gruppenkoordination werden erläutert und abschließend, um deren wesentlichen Merkmale miteinander zu vergleichen, in den Modellrahmen von offener, verteilter Verarbeitung (ODP) eingeordnet.

1 Einleitung

Gruppenarbeit ist das Zusammenwirken von Gruppenteilnehmern (menschliche oder maschinelle), um ein gemeinsames Ziel zu erreichen. Dieses Zusammenwirken findet jedoch nicht unwillkürlich statt, vielmehr ist hierzu die Koordination der jeweiligen Einzelaktionen der beteiligten Gruppenteilnehmer erforderlich.

Erst durch Koordination wird aus den einzelnen Teilnehmeraktionen eine sinnvolle Gruppenaktivität. Somit ist Koordination und das Verständnis für deren Funktionsweise entscheidend für die Effizienz der Gruppenaktivität bzw. für das Erreichen des Gruppenzieles.

Dieses Verständnis wird u.a. dadurch hergestellt, indem die zugrunde liegenden Koordinationsmodelle offengelegt werden. Somit erhalten sowohl der Entwickler (Designer) als auch die Endbenutzer ein einheitliches Verständnis der Funktionsweise bzw. des Ablaufs des Gruppenunterstützungssystems.

Nachdem ich die Prinzipien und Grundlagen von Gruppenarbeit und deren Koordination (Abschnitt 2) dargestellt habe, wird eine Übersicht über die Modellierung von Gruppenkoordination gegeben. Die Modellierung von Koordination wird einerseits als Managementfunktionalität (Abschnitt 3), andererseits als Büroumgebungsmodellierung (Abschnitt 4) betrachtet. Zum Abschluß werden diese Modellierungen der Koordination von Gruppenarbeit in den Modellrahmen von offener, verteilter Verarbeitung (open distributed processing, ODP) eingeordnet und somit Zusammenhänge der Modellierungen untereinander aufgezeigt (Abschnitt 5).

2 Prinzipien von Gruppenarbeit und Koordination

Im folgenden werden die Eigenschaften von Gruppenarbeit durch ein mehrdimensionales Schema erläutert. Des weiteren werden die Merkmale und Grundlagen ihrer Koordination aufgezeigt.

2.1 Eigenschaften von Gruppenarbeit

Die einzelnen Aktivitäten der Gruppenteilnehmer sind auf verschiedenste Weise voneinander getrennt. JOHANSEN beschreibt ein einfaches Zeit-Raum Koordinatensystem (Abb. 1) [6], welches sich aber auch um weitere Dimensionen, wie z.B. der Anzahl der Gruppenteilnehmer ergänzen läßt [17].

Für die Koordination von CSCW Systemen spielen andere Dimensionen, abstrakte Dimensionen genannt, eine ebenfalls wichtige Rolle. Die abstrakten Dimensionen werden durch die wechselseitigen Abhängigkeiten der Einzelaktivitäten der Gruppenteilnehmer zueinander in Abb. 1 dargestellt. Diese zeigen sich z.B. durch Zugriffsbeschränkungen (-operationen) auf gemeinsam benutzte Betriebsmittel (*shared data*) oder einzuhaltenden Reihenfolgen von zu bearbeitenden Operationen (Abb. 1).

Die Überbrückung dieser Dimensionen ermöglicht erst, daß aus den Einzelaktionen der Gruppenteilnehmer eine Gruppenaktivität wird. Entsprechende Kommunikationstechniken ermöglichen die Überbrückung in den physikalischen Dimensionen während Koordinationstechniken hauptsächlich die Vermittlung in den abstrakten Dimensionen zur Aufgabe haben.

Koordinationsmodelle für computerunterstützte Gruppenarbeit 109

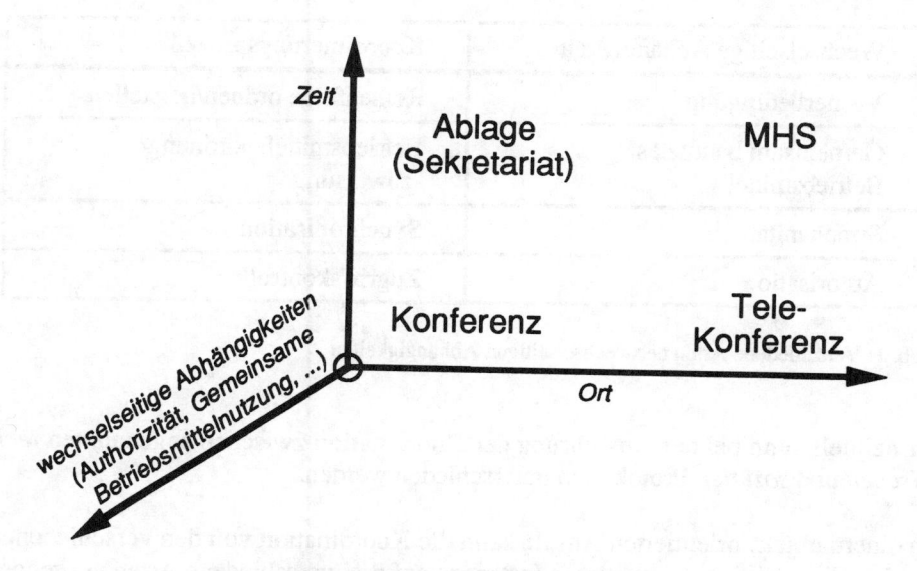

Abb. 1: Dimensionen von Gruppenarbeit

Solange keine wechselseitigen Abhängigkeiten zwischen den Einzelaktionen bestehen, bedarf es auch keiner Koordination. Dies entspricht dem Konzept der Autonomie bzw. der Kooperation der einzelnen Gruppenteilnehmer gegen- bzw. miteinander.

2.2 Eigenschaften von Koordination

Unter Berücksichtigung der o.g. Merkmale von Gruppenarbeit definieren wir, analog zu MALONE[9], Koordination folgendermaßen:

Koordination ist das Kontrollieren oder Handhaben von wechselseitigen Abhängigkeiten zwischen Aktionen, die von Gruppenteilnehmern ausgeführt werden, um ein gemeinsames Ziel zu erreichen.[1]

Beispiele für wechselseitige Abhängigkeiten zur Ausführung von den jeweiligen Einzelaktionen sind in folgender Tabelle aufgeführt:

---

[1] Im Orginal [MALONE90] ist die Formulierung folgendermaßen: "the act of managing interdependencies between activities performed to achieve a goal".

Wechselseitige Abhängigkeit	Koordinierungsprozeß
Vorherbedingung	Reihenfolge ordnen/herstellen
Gemeinsam benutztes Betriebsmittel	Betriebsmittelzuordnung/-zuweisung
Simultanität	Synchronisation
Autorisation	Zugriffskontrolle

Tab. 1: Verschiedene Arten der wechselseitigen Abhängigkeiten

Prinzipiell kann bei der Ausführung der Koordination zwischen sogenannten *technischen* und *sozialen* Protokollen unterschieden werden.

In einem objekt-orientierten Ansatz kann die Koordination von den verschiedenen, an den Einzelaktionen beteiligten Instanzen auf drei verschiedene Arten vorgenommen werden (Abb. 2). Im ersten Fall wird die Koordination von dem Gruppenunterstützungssystem bzw. dem Betriebsmittel (Abb. 2, links oben) und im zweiten Fall von den Benutzern des Betriebsmittels übernommen (Abb. 2, rechts oben). Grundsätzlich ist es aber auch möglich, daß eine dritte (maschinelle oder menschliche) Instanz, Koordinationsobjekt genannt, die Koordination ausführt (Abb. 2, Mitte unten).

Die Vorteile von sozialen Protokollen liegen in der höheren Flexibilität bzgl. sich ändernder Situationen sowie der Herstellung von (sozialen) Arbeitskontexten (wer macht gerade was). Allerdings versagen soziale Protokolle in Situationen, in denen physikalische Randbedingungen und Komplexität (Umfang) der Gruppenaktivität den Aufbau von eben diesen Kontexten unterbinden. Dies ist beispielsweise der Fall beim räumlich und zeitlich entfernten Bearbeiten von Dokumenten ohne Sichtkontakt.

In dieser Situation sind technische Protokolle von Vorteil, die sowohl durch ihre Klarheit als auch durch geeignete Koordinationmechanismen (z.B. Reservieren durch Locking) diese fehlenden Kontexte kompensieren können. Deren Nachteile liegen hauptsächlich in mangelnder Flexibilität, inadäquaten Ausnahmebehandlungsmechanismen usw.

In den folgenden zwei Abschnitten beschreibe ich Koordination als Managementfunktionalität und zudem Koordinationsmodelle, die den Entwurf von technischen Protokollen unterstützen und deren Funktionsweise darstellen.

Koordinationsmodelle für computerunterstützte Gruppenarbeit 111

Betriebsmittel
übernimmt
Gruppenkoordination
(Multi-User
Applikation)

Koordinationsobjekt
übernimmt
Gruppenkoordination

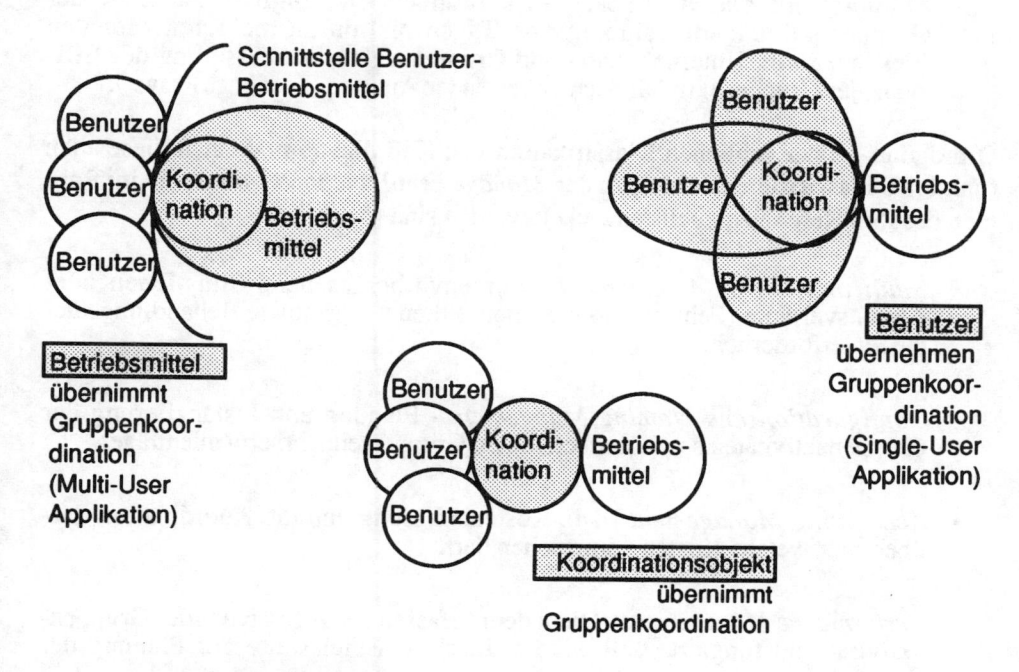

Benutzer
übernehmen
Gruppenkoordination
(Single-User
Applikation)

Abb. 2: Ort der Koordination

3 Koordination als Managementfunktionalität

Koordination kann unter verschiedenen Gesichtspunkten beschrieben werden. Unter anderem kann sie als Managementfunktionalität betrachtet werden. Diese Funktionen sollen die o.g. wechselseitigen Abhängigkeiten regeln und auflösen.

Die Managementfunktionen, die diese Regulationen gewährleisten, lassen sich sowohl unter *zeitlichen* als auch unter *funktionalen* Gesichtspunkten klassifizieren. Analog zum Management von Netzwerken kann Koordination grob in drei Zeitebenen eingeteilt werden [16]:

- *Operationale Kontrolle* koordiniert Aktivitäten im Zeitrahmen von Sekunden bis Minuten (Betrieb des gruppenunterstützenden Systems, Fehlerbehandlung bei Systemabsturz usw.).
- *Adminstration* umfaßt die Koordination von Aktivitäten im Zeitraum von einigen Minuten bis Stunden (Bereitstellen von Betriebsmitteln, Rollenzuweisung usw.).

- *Planung und Analyse* (Strategie) koordiniert die langfristigen Ziele der Gruppenaktivität im Zeitraum von Tagen bis hin zu mehreren Monaten (Festlegen von Unternehmens- und Gruppenzielen, Verbesserung der Effizienz der Gruppenaktivität nach eingehender Analyse (Feedback) usw.).

Orthogonal zu der zeitlichen Klassifikation von Koordination läßt sich diese auch funktional klassifizieren, analog zu den *Management Functional Areas*, die im Rahmen des ISO Referenzmodells enwickelt worden sind [5].

- *Fault and Error Management* - Für unvorhergesehene Situationen oder Aktionsverläufe (Fehler) sind geeignete Erkennungs- sowie Behandlungsmethoden erforderlich.

- *Configuration and Naming Mangement* - Planung und Instanziierung der Gruppenaktivitäten sowie der beteiligten Gruppenteilnehmer/Rollenträger.

- *Accounting Management* - Die Kostenerfassung und die Koordination darüber, wer welche Kosten verursachen darf.

- *Performance Management* - Dient dem Erfassen der Effektivität der Gruppenaktivität und fungiert somit als Feedback, beispielsweise zur Planung der Gruppenaktivität.

- *Security Management* - Die Berücksichtigung von sicherheitsrelevanten Kriterien, beispielsweise zur Ausführung bestimmter Funktionen in Abhängigkeit von der Rolle und Authentizität des Gruppenteilnehmer. Dies steht im Bezug zur Koordination der Kostenerfassung.

Unabhängig von diesen Klassifizierungen haben sich im Laufe der letzten Jahre Koordinationsmodelle entwickelt, die zum größten Teil aus den Anforderungen von Büroumgebungen heraus entstanden sind.

4 Koordinationsmodelle

Die zugrunde liegenden Koordinationsmodelle bestimmen, wie die wechselseitigen Abhängigkeiten zwischen den Einzelaktivitäten der Gruppenteilnehmer behandelt werden. Modelle für die Koordination von Gruppenarbeit lassen sich grob in die vier Klassen als formular-, vorgangs-, kommunikations- und konversationsorientierte Koordinationsmodelle einordnen [3, 14].

4.1 Formularorientierte Koordinationsmodelle

Besonders in Büroumgebungen hat die Benutzung von *Formularen* eine große Tradition. Eine gemeinsame Bearbeitung wird typischerweise als eine Art Umlauf von Formularen (Dokumenten) modelliert.

Im Mittelpunkt steht das Formular selbst, welches strukturiert ist und im System LENS [9] sogar eigene Aktivitäten initiieren kann. Der Umlauf des Formulars wird durch entsprechende Abarbeitungsregeln innerhalb der Formulare dargestellt. Solche Konstrukte werden auch "Intelligent-Mail" genannt. Systeme, die aufgrund dieser Modellsichtweise konzipiert sind, sind z.B. Electronic Circulation Folders [8] und das o.g. LENS.

Da das Formular als ganze Einheit umläuft, werden i.d.R. serielle Abläufe beschrieben, wobei jedes Formular selbst die Ablaufkontrolle beinhaltet.

4.2 Vorgangsorientierte Koordinationsmodelle

Während bei den formularorientierten Modellen die gemeinsame (Büro-) Gruppenaktivität aus der Sicht von umlaufenden Formularen gesehen wird, steht bei den vorgangsorientierten Koordinationsmodellen die Koordination der jeweils beteiligten Einzelaktivitäten zu einem *Vorgang* im Vordergrund. So wird bei DOMINO [7] zwar auch i.d.R. der Umlauf eines Formulars modelliert, jedoch wird mittels einer Vorgangsnetzmodellierung (Teil-Petri-Netz) dieser zu einem Vorgang abstrahiert.

Da die Vorgänge zentral koordiniert werden, kann im Gegensatz zu den formularorientierten Koordinationsmodellen die parallele Ausführung von Gruppenaktionen unterstützt werden.

Erweiterungen, wie die Benutzung eines "Elektronischen Organisationshandbuches" unterstützen die Erstellung eines adäquaten (Petri-Netz-) Modells [10] mit dem Ziel, die Informationsflüsse korrekt und vollständig zu beschreiben.

4.3 Kommunikationsstrukturorientierte Koordinationsmodelle

Während die beiden zuerst genannten Koordinationsmodelle die gemeinsame Gruppenaktivität aus der Sicht der involvierten Informationsstrukturen bzw. der

Prozeduren (Vorgänge), die diese bearbeiten, modelliert, sind die Modelle, die die zugrunde liegenden Kommunikationsstrukturen betrachten, *rollenorientiert*.

Rollenorientierte Beschreibungen bzw. der Begriff der Rolle dienen dazu, das verschiedenartige Verhalten von "Objekten" in unterschiedlichen Bearbeitungszuständen zu klassifizieren [13].

Diese "Kommunikations-Objekte" schicken sich einander Nachrichten, auf die entsprechend der Rollendefinition mit weiterem Versenden von Nachrichten bzw. deren Bearbeitung reagiert wird. Zu den Rollendefinitionen gehören "Regeldefinitionen", die diese Interaktionsmuster zwischen den Rollenträgern (Rolleninstanzen) beschreiben [12]. Die Motivation für die Benutzung von Rollen ist u.a. die Loslösung von konkreten Aktivator-Instanzen durch eine abstraktere Aktivator-Beschreibung (Rollenbeschreibung).

4.4 Konversationsstrukturorientierte Koordinationsmodelle

Eine noch weitergehende Betrachtung der Interaktionsmuster zwischen Aktivatoren wird in den konversationsstrukturorientierten Koordinationsmodellen vollzogen. Diesen liegt die Beobachtung zugrunde, daß Aktivitäten in der Regel durch Konversationen koordiniert werden. Diese Konversationen verfolgen meist bestimmte Intentionen, welche sich nach der Sprechakttheorie kategorisieren lassen [15]. Systeme, die nach diesem Paradigma konzipiert sind, sind z.B. Coordinator [2, 3] und Chaos [1]. So wird z.B. bei Nachrichten eine Indikation über die Intention der Nachricht und somit eine mögliche Breite von Reaktionen beschrieben (Verpflichtung, Anfrage etc.).

4.5 Abschließende Betrachtung von Koordinationsmodellen

Allen Koordinationsmodellklassen ist gemeinsam, daß sie eine Relation zwischen den ausführenden Teilnehmern und der auszuführenden Funktion (Operation) definieren. Diese Relation bestimmt Aktionstupel, die sich in Form von Produktionsregeln notieren lassen:

```
Koordinationsregeln:  Vorbedingung -> Ausführender X Funktion
```

Koordinationsmodelle für computerunterstützte Gruppenarbeit

Die Relation wird durch die rechten Regelseiten deklariert, die Bedingungen für diese durch die linken Regelseiten formuliert. Durch die linken Seiten werden die Reihenfolgen der Aktionstupel bestimmt.

Während die kommunikationsstrukturorientierten Modelle die Aktionstupel aus dem Verhalten der *ausführenden Teilnehmer* bestimmen, werden diese bei den formularorientierten Koordinationmodellen aus der Sicht der verwendeten Funktionsparameter beschrieben. Die vorgangsorientierten Modelle unterscheiden sich von den formularorientierten nur im technischen Bereich, und zwar dadurch, daß sie die Ablaufkontrolle zentral realisieren, während in dem formularorientierten Ansatz eine dezentrale Kontrolle bevorzugt verwendet wird. Die konversationsstrukturorientierten Koordinationsmodelle hingegen klassifizieren die Arten von Aktionstupeln durch sogenannte Reaktionsmuster und kodieren in die Vorbedingungen als auch in die Ergebnisparameter der Koordinationsregeln die Intentionen der Einzelaktionen hinein.

5 Diskussion und Ausblick

Offensichtlich existieren Überlappungen zwischen den verschiedenen Typklassen bzw. Koordinationskategorien. Insgesamt lassen sich die Modelltypklassen analog zu [11] in einem Spektrum zwischen einer technologieorientierten Sicht (*technology view*) und einer "gesamtzielorientierten Sicht" (*enterprise view*) einordnen (Abb. 3).

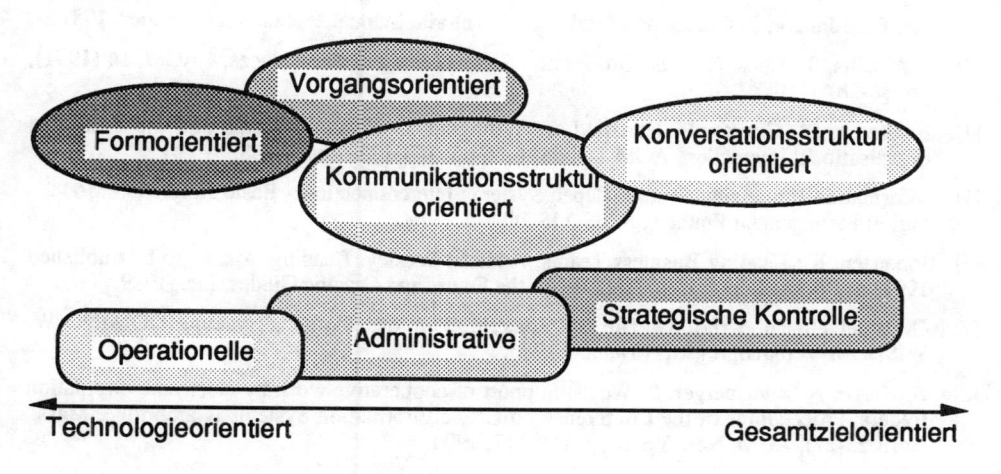

Abb. 3: Koordinationsmodellspektrum

In Abb. 3 sind die jeweiligen Klassifizierungen (z.B. strategische Kontrolle) der Koordination *schwerpunktartig* und nicht absolut in bezug auf ihre Orientierung gruppiert. So wird die strategische Kontrolle zwar auch geeignete Technologie zur Verfügung gestellt bekommen, ihre Hauptaufgabe jedoch auf das Gesamtgruppenziel hin orientiert sein.

Die meisten der o.g. Koordinationsmodelle betrachten Realzeitbedingungen i.d.R. nicht. D.h. synchrone Gruppenaktivitäten wie Meetings werden, falls überhaupt, als Teilaktion modelliert. Benötigt wird hingegen ein integrierter Ansatz, in dem sich alle zu koordinierenden Faktoren widerspiegeln.

Danksagung

Ich möchte allen Kollegen der GMD-FOKUS danken, die mir in jeweiligen Diskussionen wertvolle Hinweise und Ratschläge gegeben haben. Ferner bedanke ich mich bei Klaus Süllow und Miroslav Vodslon für die Durchsicht dieses Papiers.

Literatur

[1] F. de Condio, G. de Michelis, C. Simone, R. Vasallo, A.M. Zababoni: CHAOS as Coordination Technology, CSCW86, Austin, Texas, December 1986.

[2] The Coordinator, Reference and Workbook & Tutorial Manual, Action Technologies, 1987.

[3] C.A. Ellis, S. Gibbs, G. Rein, Groupware: Some Issues and Experiences, CACM, 14 (1991), pp. 38-58.

[4] F. Flores, M. Graves, B. Hartfield, T. Winograd: Computer systems and the design of organisational interaction, ACM TOOIS, 6, 2, pp. 153-172, April 1988.

[5] Information Processing Systems-Open Systems Interconnection - Basic Reference Model - Part 4: Management Framework, ISO IS 7498-4, 1988.

[6] Johansen, R.: Leading Business Teams, Addison-Wesley, Reading, Mass. (to be published 1991) or Project Report from Institute for the Future and Graphic Guides, Inc., 1989.

[7] G. Woetzel, Th. Kreifelts: Die Systemarchitektur des Vorgangssystems DOMINO-W, WISDOM-Verbundprojekt, November 1985.

[8] B. Karbe, N. Ramsperger, P. Weiss: Support of cooperative work by electronic circulation folders, Proceedings of the Conference on Office Information Systems (Cambridge, Mass., April 25-27), ACM, New York, pp. 109-117, 1990.

[9] T. Malone, K. Crowston: What is coordination theory and how can it help design cooperative work systems?, Proceedings of the Third Conference on Computer-Supported Work, pp. 357-370, Los Angeles, CA., October 1990.

[10] F. von Martial, F. Victor: Das Elektronische Organisationshandbuch: Anforderungen und Spezifikation, WISDOM-Verbundprojekt, Juni 1987.

[11] Open Distributed Processing - Part 2: Descriptive Model, Working Document, ISO/IEC JTC1/SC21/WG7 N315, 1990.

[12] U. Pankoke-Babatz (ed.): Computer Based Group Communication - The AMIGO activity model, Ellis Horwood, 1989.

[13] B. Pernici: Objects with Roles, Proceedings of the Conference on Office Information Systems (Cambridge, Mass., April 25-27), ACM, New York, pp. 205-215, 1990.

[14] W. Prinz: Survey of Group Communication Models and Systems, in Computer Based Group Communication - Amigo Activity Model, U. Pankoke-Babatz ed., Ellis Horwood Limited, New York, 1989.

[15] J.R. Searle: Speech Acts: An Essay in the Philosophy of Language, Cambridge University Press, 1969.

[16] Terplan: Communication Networks Management, Prentice-Hall, 1987.

[17] Kazuo Watabe et. al.: Distributed Multiparty Desktop Conferencing System: MERMAID, Proceedings of the Third Conference on Computer-Supported Work, pp. 27-38, Los Angeles, CA., October 1990.

Jürgen Dittrich
GMD-FOKUS
Hardenbergplatz 2
D-1000 Berlin 12

j.dittrich@fokus.berlin.gmd.dbp.de

Enabling States Analysis - Gestaltung benutzbarer Gruppenarbeitssysteme

Ulla-Britt Voigt, Jon May, Sibylle Hermann, Paul Byerley
Standard Elektrik Lorenz, Pforzheim

Zusammenfassung

Die Erstellung multimedialer Dokumente durch mehrere Autoren benötigt ein integriertes Kommunikations- und Produktionssystem, das die gleichzeitige Übermittlung von Text, Graphik, Bild und Ton gestattet und computergestützte Gruppenarbeit zuläßt. Die Gestaltung der Schnittstelle eines solchen Systems muß sowohl Aspekte des organisationellen Kontextes wie die Aufgabe selbst berücksichtigen. Mit der Enabling States Analysis wird zwischen den Goal Tasks der Nutzer, den für die Durchführung der Goal Tasks notwendigen Systemzuständen (Enabling States) und den Enabling Tasks, die zur Herstellung der Enabling States notwendig sind, unterschieden. Ziel ist eine Aufgabenverteilung der Enabling Tasks an die Maschine, um den Nutzer zu gestatten, sich auf die Goal Tasks zu konzentrieren. Die Enabling Tasks Analysis wird am Beispiel der Schnittstellengestaltung für ein System dargestellt, das die Erstellung multimedialer Touristinformation durch mehrere Autoren unterstützt.

1 Einleitung

Dieser Vortrag stellt die Konzepte *Goal Task* und *Enabling Task* am Beispiel einer Enabling State Analysis für die Erstellung eines multimedialen Dokumentes durch mehrere Autoren vor.

Die Analyse unterscheidet zwischen Goal Tasks, Enabling States und Enabling Tasks. Goal Tasks stellen die Ziele dar, die der Nutzer nennen würde, wenn man ihn nach seiner Aufgabe fragt. Enabling States sind die Zustände eines Mensch-Maschine-Systems, die erst die Durchführung der Goal Tasks zulassen. Enabling Tasks sind Aufgaben, die durchgeführt werden müssen, um die erforderlichen Enabling States hervorzubringen.

Diese Unterscheidung sollte dazu führen, ein besseres Verständnis über die eigentlichen Ziele der Nutzer zu erlangen und damit eine explizite Grundlage für die Entscheidung über die Aufgabenverteilung zu erhalten. Eine optimale Umsetzung unseres Ansatzes wäre es, Schnittstellen zu entwickeln, die selbst zwischen diesen Aufgabentypen unterscheiden können, Enabling Tasks übernehmen und damit den Nutzern gestatten, sich auf die Erledigung der Goal Tasks zu konzentrieren.

Die Enabling State Analysis ist in eine Designmethode integriert worden, die für die Produktion eines multi-medialen Dokumentes mit ISDN Systemen durch mehrere, voneinander räumlich getrennte Autoren vorgestellt und diskutiert werden soll. Der Einsatz der Enabling State Analysis ist allerdings nicht auf diesen Anwendungsbereich beschränkt.

Erfahrungen aus dem Spezifikationsprozeß sollen dazu dienen, allgemeingültige Prinzipien für die Gestaltung von ISDN Systemen zu erarbeiten.

Der Ansatz wurde im Rahmen des GUIDANCE Projektes (Race 1067) entwickelt. Ziel des GUIDANCE Projektes ist es, für den gesamten Designprozeß von ISDN Systemen Informationen bereitzustellen, die die Entwicklung nutzerfreundlicher und nutzbarer ISDN Systeme unterstützen. Im Projekt arbeiten Human Factors Experten und Informatiker zusammen.

1.2 Computergestützte Gruppenarbeit in Verbindung mit integrierter Breitbandkommunikation

Die gemeinsame Erstellung eines multimedialen Dokumentes durch räumlich voneinander getrennten Autoren verlangt neben Werkzeugen der Dokumentproduktion Werkzeuge der Kommunikation. Aktuelle Kommunikationswerkzeuge, wie z.B. Telephon, Telefax, Telex und Briefpost, beschränken Art und Menge der übermittelbaren Information. Um gleichzeitig Text, Grafik, Ton, Bild und Video übertragen und weiterverarbeiten zu können, ist eine integrierte Breitbandkommunikation notwendig. Damit ist eine gleichzeitige Kommunikation und Bearbeitung der gleichen multimedialen Dokumente durch räumlich getrennte Autoren möglich. ISDN Systeme (Diensteintegrierendes digitales Fernmeldenetz) ermöglichen diese integrierte Breitbandkommunikation und bieten damit eine mögliche Grundlage für computergestützte Gruppenarbeit.

2 Computergestützte Gruppenarbeit

Die Gestaltung computergestützter Gruppenarbeit in Verbindung mit integrierter Breitbandkommunikation setzt voraus, den Begriff "CSCW" und damit das Gestaltungsziel eindeutig zu bestimmen.

Enabling States Analysis

Der Begriff CSCW (Computer Supported Cooperative Work) bezeichnet zum einen das sich etablierende interdisziplinäre Forschungsgebiet (BAIR 1989, GREENBERG 1991). Gleichzeitig wird mit dem Begriff auch die Arbeit von Gruppen unter zu Hilfenahme von Computern beschrieben. Dabei läßt sich feststellen, daß mit dem Begriff CSCW eine Vielzahl von Gruppenaufgaben bezeichnet werden, die sich mit drei Dimensionen charakterisieren lassen: der räumlichen, der zeitlichen und der Aufgabendimension.

Die räumliche Dimension unterscheidet Gruppenarbeit, bei der die Gruppenmitglieder sich am gleichen Ort oder an unterschiedlichen Orten befinden.

Die zeitliche Dimension unterscheidet Gruppenarbeit, die von gleichzeitiger Zusammenarbeit bis zur zeitlich versetzten Arbeit reicht. Die Aufgabendimension der Gruppenarbeit beschreibt die von der Gruppe zu erledigende Aufgabe, z.B. Dokumenterstellung, Ideenfindung, Entscheidungsfindung, Design etc.

Es stellt sich die Frage, ob man bei reinen Informationssystemen oder Kommunikationssystemen (z.B. elektronisches Schwarzes Brett) schon von computergestützter Grupppenarbeit sprechen kann (vgl. YODER 1989, BAIR 1989). Entscheidend unserer Meinung nach ist die gemeinsame *Arbeit* an einem Projekt. Dies setzt voraus, daß der Nutzer mit dem Computer gleichzeitig individuell und in der Gruppe arbeiten kann.

Das GUIDANCE Projekt befaßt sich mit den Prinzipien der Schnittstellengestaltung für Nutzer, die zusammen ein multimediales Dokument erstellen und dafür Telekommunikationssysteme nutzen. Die Nutzer sind *räumlich voneinander getrennt,* können aber trotzdem *gleichzeitig* zusammenarbeiten. Die Kommunikation zwischen den Mitgliedern der Arbeitsgruppen ist über Telephon, Videotelephon und Voice Message Systeme sowie über Mail-Systeme möglich. Die Zusammenarbeit wird durch den gleichzeitigen eingeschränkten Zugriff auf dasselbe Dokument unterstützt. Damit werden die Möglichkeiten von Telephon, E-Mail Systemen, aber auch Videokonferenzen übertroffen, eine spontane Zusammenarbeit über einen längeren Zeitraum wie in einem *Großraumbüro* wird ermöglicht (vgl. EASON 1988).

2.1 Vorüberlegungen für die Aufgabenverteilung und Schnittstellengestaltung eines Gruppenarbeitssystems

An die Schnittstellengestaltung eines Gruppenarbeitssystems, das den gleichzeitigen Zugriff auf dasselbe Dokument zuläßt und die Kommunikation über die Arbeit und die Koordination der Arbeit ermöglicht, ohne auf zeitliche oder räumliche Grenzen festgelegt zu sein, stellen sich z.B. folgende Gestaltungsprobleme:

- Zugriffsrechte/Schreibrechte der Gruppenmitglieder
- Sicherung der Privatheit/Intimsphäre
- Schaffung einer gemeinsamen Perspektive der Gruppenmitglieder trotz der räumlichen Trennung in Hinblick auf die Aufgabe, die zur Aufgabe nötigen Informationen, aber auch in Hinblick auf die Gruppe selbst (GOODMAN & ABEL 1986).

Um diese und ähnliche Probleme der Schnittstellengestaltung in Anforderungen an das Design umformulieren zu können, ist es unserer Meinung nach notwendig, diese Probleme in einen Rahmen einzubetten, der es erlaubt, von einer reinen Aufzählung zu einer möglichst vollständigen Darstellung zu kommen. Dieser Rahmen soll es gestatten, die unterschiedlichen Ebenen, auf denen sich die Probleme befinden, aufzuzeigen, um damit die unterschiedlichen Entscheidungsebenen für die Schnittstellengestaltung darzustellen. Ebenso soll diese Problemdarstellung so gewählt werden, daß sie im Design Prozeß der funktionalen und physikalischen Schnittstelle Eingang finden kann. Mit dieser Verknüpfung soll gewährleistet werden, daß die Anforderungen technisch vermittelter Gruppenarbeit im Prozeß der Schnittstellengestaltung berücksichtigt werden können.

Eine Möglichkeit eines solchen Rahmens bietet eine hierarchische Aufgabenanalyse, die den organisationellen Kontext beschreibt, in dem die Gruppenarbeit stattfindet. Um die Schnittstelle eines Systems zu gestalten, das die kooperative Erstellung eines multimedialen Dokumentes zuläßt, reicht es nicht aus, nur die Erstellungsprozeduren zu unterstützen. Erforderlich ist insbesondere eine Unterstützung der Kommunikation zwischen den Gruppenmitgliedern, um die interpersonellen Beziehungen herzustellen, zu wahren, die Arbeit zu koordinieren und durchzuführen. Es ist darum nötig, sich mit dem organisationellen Umfeld zu befassen, in dem die Aufgabe stattfindet (MALONE et al. 1988). Der organisationelle Kontext läßt sich mit den Stufen: *Organisation*, *Arbeitsgruppe* und *Arbeitsrolle* beschreiben. Im folgenden sollen die relevanten Fragen aufgezeigt werden, die für die Schnittstellengestaltung aus dem organisatorischen Kontext beantwortet werden müssen.

2.2 Hierarchische Aufgabenanalyse des organisationellen Kontextes computergestützter Gruppenarbeit

2.2.1 Organisation

Auf der organisationalen Ebene sind für die Schnittstellengestaltung allgemeine Fragen der Sicherheit und der Zugriffsrechte von Bedeutung.

- Sicherheitsfragen

Personen und Daten müssen ihre Identität wahren. Nutzer sollten zweifelsfrei die Identität von Kommunikationspartnern kennen und sicher sein können, daß die abgerufene oder übermittelte Information der gespeicherten oder gesendeten Information entspricht.

- Zugriffsrechte

Diese Fragen beziehen sich auf die Regelung des Zugriffs auf Personen und Daten. Der "Zugriff" auf andere Personen berührt Fragen der elektronischen Etikette und beeinflußt Fragen der Unternehmenskultur. Dazu gehört z.B. die Frage, ob es möglich sein soll, den "Chef" ohne Umweg über die Sekretärin nun direkt ansprechen zu können.

2.2.2 Arbeitsgruppe

Auf der Ebene der Arbeitsgruppe ist insbesondere die Frage von Bedeutung, wie die Kooperation in der Arbeitsgruppe unterstützt werden kann.

GOODMAN und ABEL (1986) weisen darauf hin, daß eine gemeinsame Perspektive für die gemeinsame Aufgabenbearbeitung unabdinglich ist, die aufgebaut und erhalten werden muß. Diese gemeinsame Perspektive bezieht sich auf die zu erledigende Aufgabe, auf die interpersonellen Beziehungen und auf die Art und Weise der Kommunikation und des Informationsaustausches. Implizite Annahmen der Gruppenmitglieder müssen für die anderen Gruppenmitglieder explizit gemacht werden, um zwischen den Gruppenmitgliedern eine gemeinsame Sichtweise zu erzielen. Es müssen Fragen bezüglich der Kommunikation in der Arbeitsgruppe, des gemeinsamen Zugriffs auf Informationen der Arbeitsgruppe (WYSIWIS) und der Aufgabenerledigung/Koordinierung der Tätigkeiten in der Arbeitsgruppe geklärt werden, wobei einige Fragen hinsichtlich der Kommunikation bereits im organisationellen Umfeld angesprochen worden sind (vgl. ELLIS, GIBBS & REIN 1991).

Kommunikation in der Arbeitsgruppe

Für die Arbeitsgruppe beziehen sich die Anforderungen z.B. auf die Festlegung von Kommunikationsmedien, Festlegung von Gesprächstermin (jour fix) etc.

Gemeinsamer Zugriff auf Informationen der Arbeitsgruppe

Hierzu gehören Fragen der zweifelsfreien Benennung von Dokumenten, Versionskontrolle und Speicherung von Dokumenten, aber insbesondere auch das Kenntlichmachen von Veränderungen oder Ergänzungen in den Dokumenten.

Aufgabenerledigung/Koordinierung von Tätigkeiten in der Arbeitsgruppe

In diesen Bereich gehören z.B. folgende Fragen (immer vorausgesetzt, daß die technischen Möglichkeiten bestehen):

- welche Formen der Zusammenarbeit finden statt: parallele oder sequentielle Zusammenarbeit?
- wie vermeidet man Informationsüberflutung, z.B. durch extensive Mailnutzung?
- wie sichert man ungestörte, unkontrollierte Aufgabenbearbeitung (Privatheit)?
- welche Wirkungen haben Antwortzeiten und Kommunikationsverzögerungen auf die Dokumentproduktion?

2.2.3 Arbeitsrolle

In der letzten Stufe des organisationellen Kontextes, der Stufe der Arbeitsrollen, stellen sich die Fragen nach der Gestaltung der Aufgabenverteilung innerhalb der Arbeitsgruppe. Die Rollenverteilung, die bestimmte Zugriffs-/Veränderungsrechte impliziert, kann z.B. dazu genutzt werden, automatisch bestimmte Rollenträger über Veränderungen der Dokumente zu informieren, und so arbeitsentlastend wirken. Gleichzeitig sind mit diesem automatischen Verteiler wieder Aspekte der Privatheit und Etikette der Zusammenarbeit angesprochen.

Bei der Nutzung von Rollen ist festzulegen, ob Personen mehrere Rollen haben können, wie vorzugehen ist, wenn jemand mehrere Rollen innehat, und wie die Rollenverteilung dynamisch an den Verlauf des Projektes angepaßt werden kann.

Die Kontrolle des Zugriffsrechtes sollte dabei nicht nur die Rolle des Nutzers berücksichtigen, sondern auch den aktuellen Stand des Projektes, die intendierte Handlung und den Dokumentinhalt.

3 Die Enabling State Analysis

An diese organisationellen Gestaltungsfragen schließt sich die Gestaltung der Aufgabe im Rahmen der *Enabling State Analysis* an.

Die Erstellung eines multimedialen Dokumentes durch verschiedene Autoren, die an unterschiedlichen Orten arbeiten, umfaßt beispielsweise die Aufgabe, daß sich zwei erfahrene Autoren über die Korrekturen eines Dokumentabschnittes innerhalb weniger Stunden einigen sollen und diese Veränderungen dann auch durchführen.

Dies würde bedeuten, daß beide Autoren das betreffende Dokument vor sich haben, daß sich die Autoren über die erforderlichen Änderungen einigen, Prioritäten für die Arbeit setzen und Änderungen durchführen. Dies sind Aktivitäten, die im direkten Bezug zur Erledigung der Aufgabe, der Korrektur eines Dokuments, stehen. Um diese Aufgaben durchzuführen, werden von den Autoren Telekommunikationsdienste genutzt, wobei im Vollzug der Aufgabenerfüllung unterschiedliche Dienste in Anspruch genommen werden. Obwohl sich die Autoren wahrscheinlich nicht für die Telekommunikationsdienste an sich interessieren, müssen sie eine Reihe von Aktivitäten ausführen, um die Telekommunikationsdienste für die Erledigung der eigentlichen Aufgaben nutzen zu können: z.B. das Herstellen einer Videoverbindung, der Abruf von Datenbanken, das Herstellen einer E-Mail Verbindung, Verteilung und Zentralisierung von Editierfunktionen, Schaffung und Sicherung von Abrufrechten, Versionskontrolle usw. Alle Aufgaben sind notwendig, um den Autoren die Erledigung ihrer Korrekturen zu ermöglichen, aber sie allein führen nicht zur Erledigung der Korrektur.

An diesen Beispielen soll die Unterscheidung von *Goal Tasks* und *Enabling Tasks* deutlich werden. Die Erstellung der vereinbarten Änderungen stellt die Goal Task der Autoren dar, die in einige Subgoals differenziert werden kann. Die Herstellung der Videotelephonverbindung stellt dagegen eine der Enabling Tasks dar, die hergestellte Videotelephonverbindung eine der Enabling States .

3.1 Das IIAS als Grundeinheit der Enabling States Analysis

Ziel der Enabling State Analysis ist es, ein System zu gestalten, das den Nutzer ermöglicht ihre Goal Tasks in einem bestimmten Anwendungsbereich durchzuführen. Zentrale Annahme dabei ist, daß Nutzer Goal Tasks ausführen wollen, aber nicht Enabling Tasks. Je weniger Enabling Tasks von den Nutzern auszuführen sind, desto leichter kann das System von den Nutzern genutzt werden.

Die Systemspezifikation muß neben den Nutzer auch die verfügbare Hardware in Betracht ziehen. Da sich Gestaltungsvorschläge in ihren Konsequenzen nicht nur auf den Nutzer oder nur auf die Hardware beziehen, sondern auf die Gesamtheit des Mensch-Maschine-Systems, bezieht sich die Gestaltung auf die Gesamtheit von Nutzer und Hardware in einem bestimmten Anwendungsfeld.

Die Gesamtheit des Mensch-Maschine Systems wird von uns als interaktives ISDN Arbeitssystems (IIAS) verstanden (vgl. Abbildung 1).

Dieses Arbeitssystem besteht aus Kommunikationseinheiten (z.B. Menschen, Datenbanken, Netzwerkmanagmentsysteme) und den zwischen ihnen bestehenden Kommunikationskanälen.

In der Abbildung stellen Kreise Kommunikationsentitäten dar und Linien Kommunikationskanäle. Für alle Komponenten des IIAS sind Gestaltungsvorschläge zu fordern, so daß zu diesen Vorschlägen auch Anforderungen hinsichtlich der Nutzer (ihr Wissen und ihre Fähigkeiten) gehören.

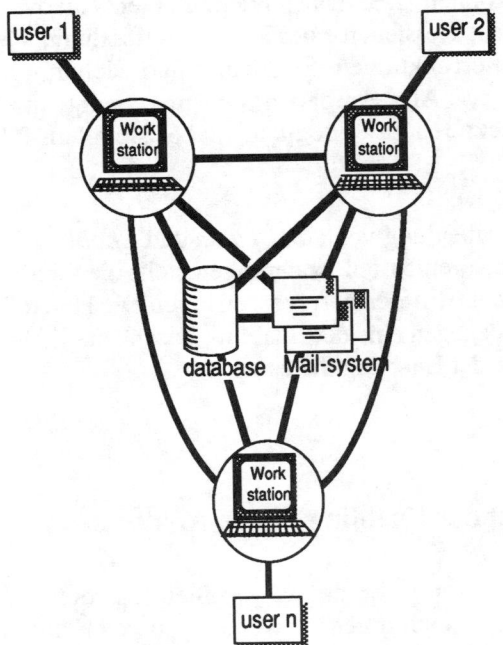

Abb. 1: Ein interaktives Arbeitssystem

Ein IIAS steht immer im Bezug zu einem Aufgabengebiet. Diese Festlegung auf ein Aufgabenfeld und auf die darin vom Nutzer zu erfüllenden Aufgaben erfordert, daß die Schnittstellengestaltung die damit spezifizierten Anforderungen zu erfüllen hat.
Ein Aufgabenfeld besteht aus einem Set physischer oder abstrakter Objekte, die über Attribute verfügen, die sich verändern können. Aufgabenerledigung heißt, daß das IIAS Aufgaben ausführt, die den Zustand bestimmter Objektattribute dahingehend ändern, daß sich der Zustand dem angezielten Zustand anpaßt oder wenigstens annähert. Goal Tasks sind die Aufgaben, die direkt zu einer Veränderung der Objekte im Aufgabenfeld führen, in dem das IIAS arbeitet, d.h. Goal Tasks führen zu der Veränderung des Zustands der Objektattribute, die dem angezielten Zustand entsprechen oder sich ihm annähern. Enabling Tasks sind dagegen Aufgaben, die nur den Zustand des IIAS selbst verändern, d.h. sie verändern den Zustand be-

stimmter Teile des IIAS (Nutzer, andere Nutzer, Terminals, Kommunikationsdienste) so, daß die Ausführung der Goals Tasks durch das IIAS möglich wird. Der Zustand, in dem sich ein IIAS befinden muß, bevor eine Goal Task ausgeführt werden muß, wird von uns als *Enabling State* bezeichnet, diese Enabling States werden durch Enabling Tasks hervorgebracht.

Die Aufgabendifferenzierung in Goal und Enabling Tasks ist für sich genommen unabhängig vom jeweiligen Agenten der Aufgabenausführung. Ziel der Enabling Task Analyse ist es aber, die identifizierten Enabling Tasks soweit wie möglich der Maschine zu übergeben, damit sich der Nutzer auf die Erledigung der Goal Tasks konzentrieren kann. Bereits bestehende Aufgabenanalysen (z.B. TAYLOR 1988) gehen von einer singulären Aufgabe aus. Die Enabling States Analysis geht explizit von zwei Aufgabentypen aus, die in der Schnittstellengestaltung unterschiedlich behandelt werden.

Die Unterscheidung von Goal Tasks und Enabling Tasks scheint aus mehreren Gründen nützlich zu sein, von denen die mögliche Verwendung bei der Aufgabenverteilung zwischen Mensch und Maschine bereits genannt wurde (vergl. DENLEY, BYERLEY und MAY 1991).

Selbst wenn die vorgeschlagene Aufgabenverteilung nicht vollständig zur Übertragung der Enabling Tasks an die Maschine führt, kann sie auf jeden Fall dazu dienen, informell vorgenommene Unterscheidungen zwischen Aufgabentypen explizit zu machen. Die meisten, wenn nicht alle, Nutzer haben manchmal das Gefühl, für die Maschine und nicht für sich, d.h. für die Erledigung der eigentlichen Aufgabe bzw. Goal Task zu arbeiten. Diese Annahme wird von Beobachtungen unterstützt, daß Nutzer beachtliche Anstrengung und Zeit aufwenden, um mit dem Computer zu arbeiten, und damit ihre Resourcen zur eigentlichen Aufgabenerledigung einschränken (WHITEFIELD 1986, BLACK 1990). Die Differenzierung in Goal und Enabling Task kann hierfür eine formalere Beschreibung und Interpretation bieten.

Ein weiterer Anwendungsbereich der vorgeschlagenen Aufgabendifferenzierung liegt in der Entwicklung von Designprinzipien. Ziel des GUIDANCE Projekts ist es, Integrationsprinzipien für die Gestaltung von ISDN Systemen zu entwickeln, die den Designer in der Entwicklung nutzerfreundlicher Systeme unterstützen.

Unabhängig von diesen Anwendungen bietet sich die vorgeschlagene Aufgabendifferenzierung als Grundgedanke für die Strukturierung einer Designmethode an. Dieser Ansatz eröffnet die Möglichkeit, Design an der *Sicht des Nutzers* über die eigentlich zu erledigenden Aufgaben, den Goal Tasks auszurichten. Die Beschreibung der Goal Tasks folgt uneingeschränkt den Vorstellungen, die der Nutzer von seiner Aufgabe hat. Es wird bei dieser Beschreibung nicht berücksichtigt, wie das einzusetzende Werkzeug die Aufgabenausführung und möglicherweise die Aufgabe selbst beeinflußt. An die Beschreibung der Goal Tasks schließt sich eine Beschreibung der Enabling States an, die Voraussetzung für die Durchführung der Goal Tasks sind. Die Beschreibung der Enabling States ist eine erste Beschreibung der Struktur des IIAS, d.h. der Einheiten und der statischen und dynamischen Eigenschaften der Kanäle.

Enabling Tasks werden von den Enabling States abgeleitet. Sie werden also vom "Ziel" her definiert, die Ausgangspunkte für ihre Durchführung werden bewußt offengelassen. Damit soll berücksichtigt werden, daß die Enabling Tasks nur aus den Enabling States und indirekt aus den Goal Tasks abgeleitet werden und das ihre Ausführung von verschiedenen Startpunkten aus möglich sein muß. Die Anbindung der Enabling States und damit der Enabling Tasks an die Goal Tasks und damit an die an die von den Goal Tasks vorgegebenen Konstrukte, Objekte und Aktionen beschränken die Möglichkeiten der Schnittstellengestaltung für den Designer: Schnittstellengestaltung kann nur auf die Konzepte zurückgreifen, die in der Beschreibung der Enabling States enthalten sind. Es können keine neuen Konzepte eingeführt werden, die nicht mit den Goal Tasks des Nutzers übereinstimmen. Damit wird sichergestellt, daß der Nutzer die Maschine bei der automatischen Durchführung von Enabling Tasks verstehen und kontrollieren kann.

Die Analyse von Goal und Enabling Tasks kann damit ein *organisationelles und konzeptuelles Schema* für die Entwicklung einer Mensch-Maschine Schnittstelle darstellen, die helfen kann, die Interaktionen und Maschinenoperationen so weit wie möglich in Konzepten auszudrücken, die der Sicht des Benutzers von Anwendungsbereich und Goal Tasks entsprechen.

3.2 Die Enabling States Methode

Die *Enabling State Methode*, die die Enabling States Analyse im Rahmen der Schnittstellengestaltung umsetzt, soll mit der folgenden Darstellung (Abbildung 2) kurz skizziert werden. Vier Schritte lassen sich in dieser Designmethode ausmachen:

1. Die Spezifikation der Aufgabe und ihre weitere Differenzierung in Subaufgaben. In diesen Bereich gehen die Spezifikationen bzw. Anforderungen ein, die für die Gestaltung der computergestützten Gruppenarbeit aus dem organisationellen Kontext entwickelt wurden.

Enabling States Analysis

2. Die Spezifikation von Enabling States und Enabling tasks sowie die Spezifikation der Aufgabenobjekte.
3. Die Spezfikation der funktionalen Softwarekomponenten.
4. Die Spezifikation der physischen Softwarekomponenten.

Die Nummern der Tabellen beziehen sich auf die Spezifikationstabellen, die mit dieser Methode erstellt worden sind.

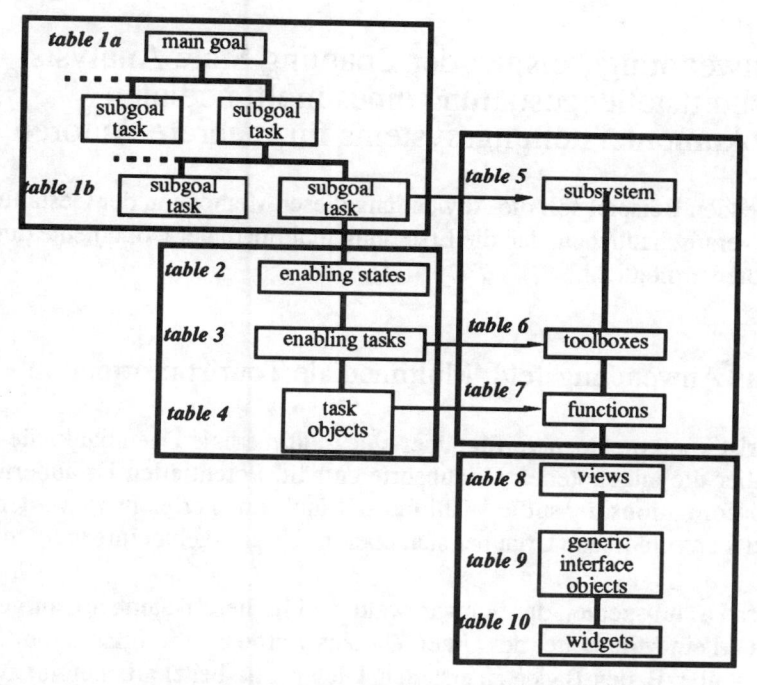

Abb. 2: Spezifikationstabellen der Enabling States Method

Ein Designer, der sich dieser Methode bedient, würde idealerweise die Tabellen in absteigender Ordnung (von 1a bis 10) durcharbeiten. In der Praxis wird es nicht immer möglich sein, diesen strengen top-down Prozeß in der Schnittstellengestaltung zu vollziehen, der zudem iterative Prozesse ausschließen würde. Worauf es uns aber ankommt, sind die Einhaltung folgender Aspekte:

1. Die Enabling Tasks sollen aus den Enabling States abgeleitet werden, die aus den Goal Tasks abgeleitet werden.
2. Die Aufgabenspezifikationen sollen vor der Softwarespezifikation erfolgen.
3. Die funktionale Softwarespezifikation soll vor der pysikalischen Softwarespezifikation erfolgen.

4. Die funktionale Softwarespezifikation soll einmal in sich hierarchisch erfolgen, und gleichzeitig die Spezifikation der Goal Tasks und Enabling Tasks berücksichtigen. Mit der funktionalen Softwarespezifikation wird die Grundidee der Enabling States Analysis, die Unterscheidung von Goal Tasks und Enabling Tasks in die direkte Softwaregestaltung aufgenommen.

5. Die Spezifikation als Ganzes soll einem Top-Down geleiteten Ansatz entsprechen und dementsprechend nachvollziehbar sein.

4. Anwendungsbeispiel der Enabling State Analysis: Schnittstellengestaltung eines multimedialen Dokumenterstellungssystems für mehrere Autoren

Das folgenden Beispiel soll die Anwendung dieser Methode in der Gestaltung eines Systems veranschaulichen, daß die Erstellung multimedialer Dokumente durch mehrere Autoren ermöglicht.

4.1 Das Anwendungsfeld: Multimediale Touristinformation

Ein Touristikunternehmen verfügt über eine multimediale Datenbank, die Informationen über die angebotenen Urlaubsorte enthält. Potentiellen Urlaubern soll mit diesem Informationsdienst die Wahl ihres Urlaubsortes erleichtert werden, ebenso wie bereits entschlossene Urlauber sich über ihr Urlaubsgebiet informieren können.

Ein neues Urlaubsgebiet, der Schwarzwald, soll in diese Datenbank aufgenommen werden und ein Mitarbeiter des Unternehmens wurde beauftragt, ein multimediales Dokument über Baden-Baden zu erstellen. Dieser Mitarbeiter arbeitet mit zwei Autoren zusammen, von denen einer für den Textteil des Dokumentes und der andere für die Erstellung von Video und Audio Clips verantwortlich ist. Beide können auf bestehende Informationen, die in Datenbanken vorliegen, zurückgreifen. Der Mitarbeiter des Unternehmens muß das erstellte Gesamtdokument editieren und korrigieren.

Beide Autoren können ihren Aufgaben entsprechende Werkzeuge benutzen, d.h. Texteditoren, Videoeditoren, Audioeditoren, Grafikeditioren und Linkeditoren. Diese einzelnen Editoren sollen hier nicht weiter beschrieben werden. Ziel des hier spezifizierten Prototypes ist es, den Mitarbeiter des Unternehmens und den beiden Autoren eine Zusammenarbeit in der Auswahl und der Zusammenstellung der verschiedenen Dokumentteile zu ermöglichen.

Enabling States Analysis

4.2 Spezifikation der Schnittstelle

Im folgenden soll die Enabling States Method für das Unterziel, die Erstellung eines Plans, dargestellt werden.

4.2.1 Die Spezifikation der Goal Task (Tables 1a-1b)

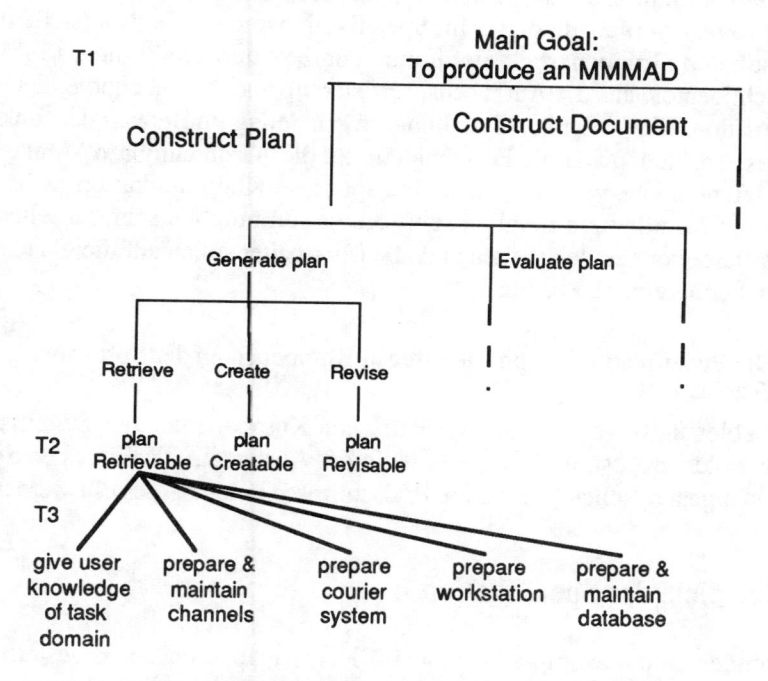

```
                        Main Goal:
       T1             To produce an MMMAD
                  ┌──────────┴──────────┐
   Construct Plan                  Construct Document
         │                                │
   ┌─────┴─────┐                          │
 Generate plan  Evaluate plan             │
       │              │                   │
  ┌────┼────┐         │                   │
Retrieve Create Revise                    │
   │     │     │
  plan  plan  plan
T2 Retrievable Creatable Revisable

T3
give user   prepare &    prepare    prepare    prepare &
knowledge   maintain     courier    workstation maintain
of task     channels     system                database
domain
```

Abb. 3 : Die Enabling States Analysis für die Erstellung des Plans

Die Erstellung des multimedialen Dokumentes umfaßt als Subziele die Erstellung eines Plans. Die Erstellung des Plans umfasst die Subsubziel Generieren, Evaluieren und Kommunizieren. Eine weitere Aufgabendifferenzierung führt zu den Goal Tasks, auf die sich die nachfolgenden Enabling States beziehen (siehe Abbildung 3).

4.2.2 Die Spezifikation der Enabling States, der Enabling Tasks und der Aufgabenobjekte (Tables 2-4).

Aus den spezifizierten Goal Tasks werden die Enabling States und die Enabling Tasks abgeleitet. Aus den Enabling Tasks werden die Enabling Objects abgeleitet, die aus Platzgründen in der Grafik nicht mehr dargestellt worden sind. Es sind: Plan, Dokument, Nachricht und Überblick über Personen und Objekte.

4.2.3 Die funktionale Softwarespezifizierung (Tables 5-7)

Aus den so spezifizierten Aufgaben, Subaufgaben und Aufgabenobjekte folgen die für die Planerstellung nötigen Subsysteme. Diese umfassen die verschiedenen Editoren, ein Kommunikationssystem und einen Browser. Im weiteren soll der Browser beschreiben werden, da dieser im Spezifikationsprozeß die Nahtstelle der computergestützten Gruppenarbeit einnimmt. Toolbox und Funktionen (Tables 6, 7) berücksichtigen die aus der Aufgabenspezifizierung und Aufgabenobjekte vorliegende Information. Eine wichtige Gestaltungsentscheidung im Bereich der funktionalen Softwarespezifikation war die Entscheidung für die "Großraumbüro"-Metapher. Mit dieser Metapher soll betont werden, daß spontane Kommunikation zwischen den anwesenden Mitarbeitern möglich sein soll, es soll möglich sein, zu sehen, woran andere Mitarbeiter gerade arbeiten und alle Mitarbeiter sollen auf die gleichen Informationen zurückgreifen können.

4.2.4 Die Spezifikation der physikalischen Komponenten der Software (Tables 8-10)

In den Tables 8-10 werden die physikalischen Komponenten der Schnittstelle auf unterschiedlichen Abstraktionsgraden definiert. Anstatt auf die einzelnen Spezifikationen einzugehen, sollen jetzt einige Bildschirmscenarien dargestellt werden.

4.3 Beispiele der Spezifikation

Im folgenden sollen exemplarisch zwei Bildschirmausschnitte vorgestellt werden, die zeigen sollen, wie die unterschiedlichen Aspekte Computergestützter Gruppenarbeit verwirklicht wurden.

4.3.1 Rollendialog

Abbildung 4 stellt die Nachricht dar, daß der Nutzer nicht die Rollen anderer Personen ändern kann.
Diese Nachricht erhält der Nutzer dann, wenn er eine Person selektiert hat (schwarze Markierung), nach den Eigenschaften dieser Person fragt und diese verändern will. Die Information kann der Nutzer nicht verändern, der Nutzer erhält die dargestellte Nachricht, wenn es trotzdem versucht wird. Dahinter stehen folgende Annahmen:

1. Zuweisung von Rollen an die einzelnen Mitglieder der Arbeitsgruppe. Die Rollenzuweisung beinhaltet bestimmte Zugriffsrechte oder Veränderungsrechte.

Enabling States Analysis 133

2. Information über die Rollenzuweisung muß allen Mitarbeitern zugänglich sein, um ggf. bestimmte Handlungsweisen anderer verstehen zu können.
3. Die Rollenzuweisung darf nur von authorisierten Personen vorgenommen und verändert werden.

Wenn der Nutzer sich selber selektiert hat und nach den Eigenschaften der eigenen Person fragt, kann der Nutzer seinen Arbeitsstatus verändern. "Work privatly" bedeutet, daß der Nutzer durch keine Anrufe gestört wird und andere Nutzer nicht erfahren, an welchem Dokument der Nutzer gerade arbeitet. Damit wird die Möglichkeit geschaffen, daß der Nutzer "Privatheit" wahren kann und unkontrolliert arbeiten kann. Die unterschiedlichen Zustände sind durch die Ikone Figur (präsent) und Tisch (nicht präsent) sowohl für den Nutzer wie auch für die anderen Nutzer repräsentiert.

4.3.2 Besetztdialog

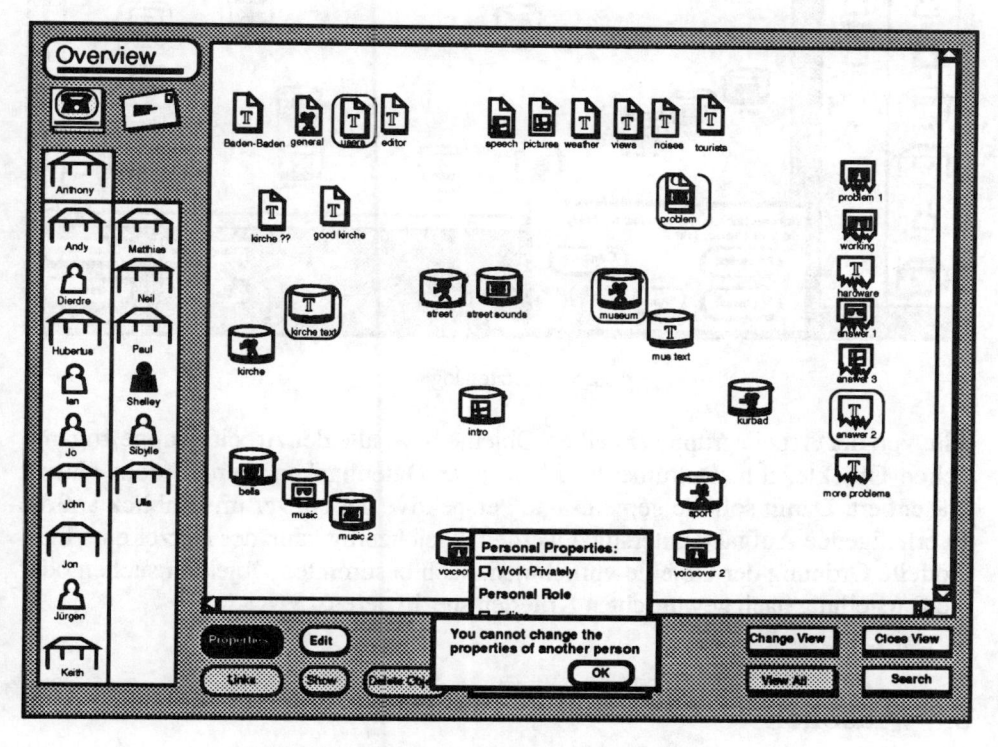

Abb. 4: Bildschirmausschnitt für den Rollendialog

Abbildung 5 stellt die Nachricht dar, die ein Nutzer erhält, der ein Dokument editieren möchte, das im Moment von einem anderen Nutzer editiert wird. Die möglichen Handlungen sind eingeschränkt: der Nutzer kann zwar dem anderen "über die Schulter schauen", es ist aber für ihn nicht möglich, daß Dokument gleichzeitig zu editieren.

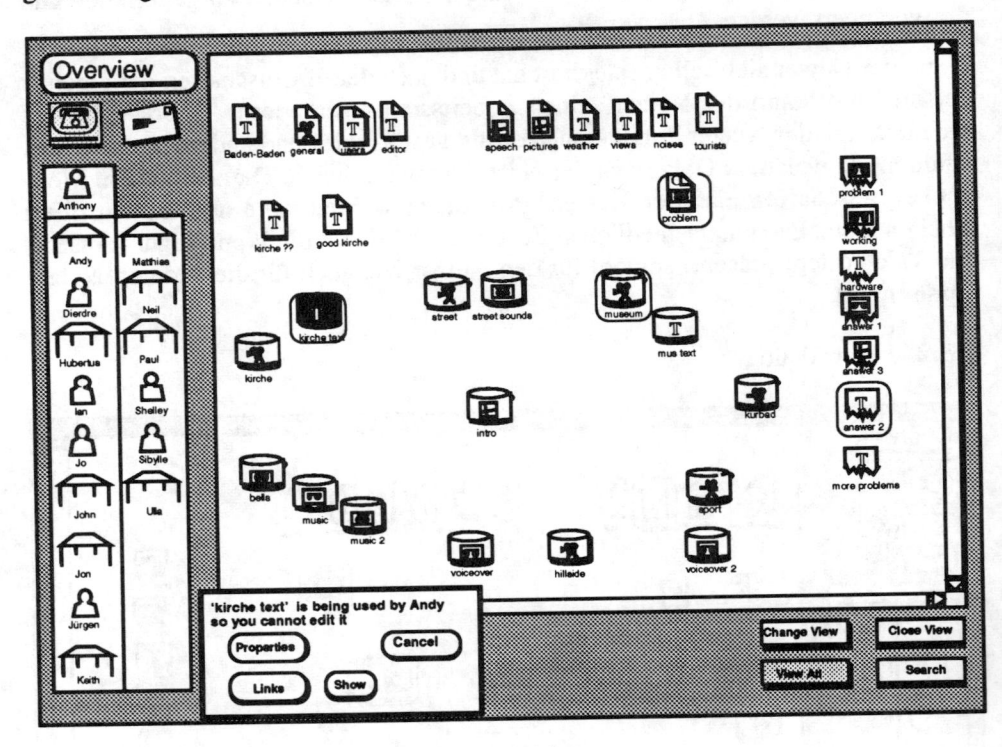

Abb. 5: Besetztdialog

Alle von der Arbeitsgruppe erstellten Objekte bzw. alle der Arbeitsgruppe zugänglichen Objekte, d.h. Dokumente, Pläne oder Datenbanken werden dem Nutzer präsentiert. Damit soll die gemeinsame Perspektive der Nutzer im Hinblick auf die zu erledigende Aufgabe unterstützt werden. Gleichzeitig kann der Nutzer eine individuelle Ordnung der Objekte vornehmen, nach bestimmten Objekten suchen oder die Darstellung nach gewünschten Kriterien spezifizieren.

5 Ausblick

Ziel dieses Beitrages war es, eine Aufgabenanalyse und eine Designmethode darzustellen, die es erlaubt zwischen zwei Aufgabentypen zu differenzieren: den Goal Tasks und den Enabling Tasks. Die mit dieser Aufgabenanalyse spezifizierte

Schnittstelle wird momentan implementiert und soll ab nächstes Jahr evaluiert werden. Die Evaluation dient der Entwicklung von Integrationsprinzipien für die Gestaltung von ISDN Systemen.

Die vorgestellte Arbeit wurde im Rahmen des GUIDANCE Projektes, Race 1067 erstellt. GUIDANCE ist ein Akronym für "Generic Usability Information for the Design of Advanced Network Communication in Europe". Projektteilnehmer sind British Telecom, Roke Manor Research Ltd., University College of London, Swedish Telecom-Televerket und Standard Elektrik Lorenz AG.

6 Literatur:

Bair, J.H. (1989): Supporting Cooperative Work with Computers: Addressing Meeting Mania. Proceedings of COMPCON, Thirty-Fourth IEEE Computer Society International Conference

Black A. (1990): Visible planning on paper and on screen. Behaviour and Information Technology, 9(4), 283-296.

Byerley, P., May, J., Brooks, P., Keil, K., Whitefield, A. & Denley, I. (1990): Enabling States: A new approach to usability. Proceedings of the 13th Internaitional Symposium on Human Factors in Telecommunications, 285-294

Byerley, P., May, J., Whitefield, A. & Denley, I.. (1991): Enabling States: designing usable telecommunications systems. Journal of Selected Areas in Communication, (in press), IEEE

Denley, I., Byerley, P. & May, J. (1991): Function Allocation in the IBC Network Design Process. Common Functional Specification L310, Draft a. Commission of European Communities, Brussels.

Eason, K. & Harkner, S. (1988): Institutionalising human factors in the development of teleinformatic systems. Proceedings European Teleinformatics Conference (EUTECO 1988).

Goodman, G.O. & Abel, M.J. (1986): Collaboration research in SCL. Proceedings of the Conference on Computer-Supported Cooperative Work, 246-251.

Greenberg, S. (1991): Computer Supported Cooperative Work and Groupware: an introduction to the special issues. Journal of Man-Machine Studies (34), 133-141

Malone, T.W. (1987): Computer Support for Organisations: Toward an Organisational Science. In: Caroll, J.M. (ed): Interfacing Thought. Cambridge, Mass. MIT Press

Whitefield, A.D. (1986): An analysis and comparison of knowledge use in designing with and without CAD. In: A.Smith (ed), Knowledge Engineering And Computer Modelling In CAD (Proceedings of CAD86). London: Butterworths.

Yoder, E. Akscyn, R. & McCracken, D. (1989): Collaboration in KMS, a shared hypermedia System. Conference Proceedings of CHI'89. 37-42

Ulla-Britt Voigt, Jon May, Sibylle Hermann & Paul Byerley
Standard Elektrik Lorenz, Hirsauer Str. 210, D-7530 Pforzheim
Tel: 07231/71041, Fax: 07231/71045
email ulla@rep.sel.de

Kooperative Konfiguration
Ein Konzept zur Systemanpassung an die Dynamik kooperativer Arbeit

Michael Paetau
GMD-Institut für Angewandte Informationstechnik, St. Augustin

Zusammenfassung

Kontingenz und Komplexität sind zwei Eigenschaften von Organisationen, die »Anpassungsfähigkeit« zu einem wichtigen Kriterium für die Gestaltung von CSCW-Systemen werden lassen. Dieses Gestaltungskriterium wird vor allem dann relevant, wenn die Systeme nicht unmittelbar innerhalb des vorgesehenen Anwendungskontextes entwickelt werden. Seine Bedeutung wächst zusätzlich in Abhängigkeit von bestimmten organisatorischen Kooperationsformen und den aus ihr erwachsenen Praktiken der Handlungskoordination. Der hier vorgestellte Ansatz umfaßt die Konfigurierbarkeit von Basisanwendungen, Objekttypen und Funktionen im Bürobereich. Er orientiert sich an zwei Fragen: Wie kann eine den betrieblichen Kooperationsformen entsprechende Handlungskoordination unter Einbeziehung individuell oder gruppenspezifisch konfigurierter Systeme zustandekommen? Und umgekehrt: Wie kann die Anpassung von informationstechnischen Systemen im Rahmen kooperativer Handlungen unterstützt werden?

1 Kooperative Arbeit als Modellierungsproblem

Daß Software-Systeme *ausgehend* von der Gestaltung der Arbeit entwickelt werden sollten, ist seit längerer Zeit ein wichtiger und kaum umstrittener Grundsatz in der Informatik. Seine Realisierung unterliegt jedoch einigen Schwierigkeiten: Denn auch wenn Technikentwicklung und Arbeitsgestaltung als »untrennbar« miteinander verbunden betrachtet werden, so fallen sie doch nicht unmittelbar in eins. Je größer die soziale, räumliche und zeitliche Differenz zwischen der Software-Entwicklung und der Anwendung ist, desto schwieriger wird eine angemessene Beschreibung und Spezifikation des realweltlichen Problemfeldes, auf das die Software sich beziehen soll. Ganz besonders deutlich wird dies bei Software, die für einen anonymen Markt entwickelt wird (Standardsoftware) oder bei Software-Entwicklungen, in deren Rahmen grundlagenforschungsrelevante Fragen im Zentrum stehen, deren

Anwendungsbereich sich noch nicht präzise vorhersagen läßt, und die zeitlich sehr stark vom späteren Einsatz entkoppelt sind. Da in diesen Fällen ein natürlicher Rückkopplungsprozeß (wie dies beispielsweise bei Software-Entwicklung, die in ein bestimmtes Anwendungsfeld eingebettet ist, der Fall ist) nicht zur Verfügung steht bzw. erst stark verzögert durch den Markt vermittelt wird, verfügen Software-Entwickler über keine andere Möglichkeit, sich der späteren Anwendungssituation zu nähern, als eine antizipierende *Modellbildung*. Derartige Modellbildungen sind jedoch - das ist in der Informatik bereits seit einigen Jahren kein Geheimnis mehr - *prinzipiell* unzulänglich, und zwar in mehrfacher Hinsicht: In bezug auf die zu beschreibende einzelne *Aufgabe,* in bezug auf den *Tätigkeitskomplex,* in den sie eingebettet ist, in bezug auf die *Personen*, die sie ausführen und die *organisatorischen Strukturen*.

Insbesondere Modelle, die über den formalen Zusammenhang einzelner, arbeitsteilig strukturierter *Aufgaben* hinausgehen und die kooperative *Arbeit* , also das mit der Aufgabenbewältigung verbundene *soziale Handeln,* abzubilden versuchen, scheitern oft an der realen Vielschichtigkeit des sozialen Systems, in dem diese Handlungen stattfinden. Vielfach diskutiert worden sind derartige Probleme in bezug auf die Versuche, potentielle *Benutzer* (-gruppen) modellhaft zu beschreiben (hinsichtlich ihrer individuellen Handlungsstile, Expertisegrad etc.). Ähnliche Schwierigkeiten treten auf, will man *Aufgaben* oder *Aufgabentypen* potentieller Benutzer antizipieren. Noch schwieriger wird es, nimmt man den Gesamtprozeß in den Blick. Läßt der inhaltliche Zusammenhang einzelner Aufgaben sich noch in Form von Ablaufplänen, Netzdarstellungen etc. beschreiben, so ist dies hinsichtlich der Aufgaben*bewältigung,* also des Umsetzens menschlicher Arbeit im Rahmen eines sozialen Netzwerkes, fraglich. Denn hier geht es um das Aufeinanderwirken von menschlichen »Personen«, nicht nur von »Aktionsträgern«. Hier spielen Faktoren eine Rolle, die zunächst mit dem fachlichen Zusammenhang der einzelnen Aufgaben kaum etwas zu tun haben, wie Sympathien oder Antipathien, Konkurrenzverhalten, partikulare Karriereerwartungen etc. Auch die Art der Kombination unterschiedlicher Aufgaben an einer Stelle beeinflußt die Form ihrer Bearbeitung. Einige der dort gebündelten Aufgaben stehen in einem engen Zusammenhang, andere wiederum besitzen eine größere Unabhängigkeit voneinander. Wie die Aufgaben kombiniert sind, zu welchen indvdiduellen Tätigkeitsbereichen sie zusammengefaßt werden, und in welchem Zusammenhang sie mit der Tätigkeit anderer organisatorischer Einheiten (Personen, Gruppen, Abteilungen etc.) stehen, ist erstens von Organisation zu Organisation unterschiedlich und zweitens einer hohen Dynamik ausgesetzt. Eine modellhafte Antizipation ist allein schon wegen der Fülle von Möglichkeiten (Komplexität) außerordentlich schwierig. Nahezu unmöglich wird dies, wenn man neben der Komplexität auch die Unbestimmtheit des Erlebens und Handelns der Individuen, und damit die Kontingenz organisatorischer Systeme in Betracht zieht.

2 Der Mythos vom rationalen Handeln in Organisationen

Der Charakter von Organisationen ist lange Zeit verklärt worden. Noch für Max WEBER galten sie als idealtypische Verkörperungen rationalen Handelns, die als zielorientiert geplante Systeme mit objektiv-versachlichter Struktur (mehr oder weniger dauerhaft) versehen sind [14]. In den älteren organisationswissenschaftlichen Auffassungen wurden Abweichungen vom Idealtypus als »informelle Phänomene« begriffen, die dann im Sinne einer Steuerung des Handelns der Organisationsmitglieder zum Gegenstand zusätzlicher »hygienischer« Maßnahmen wurden (z.B. Human-Relation-Ansatz). Neuere organisationswissenschaftliche Ansätze (aus soziologischer, psychologischer und betriebswirtschaftlicher Sicht) haben dieses Bild mittlerweile korrigiert. Im allgemeinen wird heute eher von einer *Kontingenz* [1] organisatorischer Strukturen und Prozesse ausgegangen. Folgende Punkte werden mehr in den Vordergrund gerückt:

- Organisationen werden als lebensweltlich konstituierte Handlungszusammenhänge mit Kulturen und Subkulturen aufgefaßt. In ihnen wird gearbeitet aber nicht nur. In ihnen wird auch gelebt und geliebt, geträumt, gekämpft, in ihnen werden Regeln aufgestellt und verletzt, es herrscht Ordnung und Chaos. Und dennoch (oder vielleicht gerade deshalb?) funktionieren sie.

- Die in Organigrammen und Ablaufplänen zum Ausdruck kommenden mechanistischen Betrachtungsweisen einer Organisation, die in ihnen dargestellten hierarchischen Beziehungen und formalen Strukturen bilden lediglich eine äußerliche Betrachtungsplattform. Über die tatsächlichen Handlungen, die eine Organisation ständig reproduzieren und evolutionieren, sagen sie wenig aus.

- Die für das Funktionieren von Organisationen relevanten Strukturen lassen sich eher in dem Aufeinanderwirken subjektiv interpretierter Vorstellungen der arbeitenden Individuen über die Arbeitsinhalte, der Verteilung von Kompetenzen, der Art und Weise des gegenseitigen Zusammenwirkens etc. suchen.

- Organisationen lassen sich als »selbstreferenzielle« oder »selbstreflexive« Systeme (LUHMANN) auffassen. Diese Sichtweise - die sich an dem Begriff »Autopoieses« von MATURANA orientiert - unterscheidet sich von dem klassischen kybernetischen Begriff der »Selbststeuerung« dadurch, daß »nicht nur die Relationen zwischen Elementen, sondern auch die Elemente selbst als Ergebnisse der laufenden Reproduktion des Systems aufgefaßt« werden [6].

---

[1] Ich verwende den Begriff »Kontingenz« hier im allgemeinen systemtheoretischen Sinne, wie er im *soziologischen* Sprachgebrauch üblich ist (vor allem bei LUHMANN oder auch PARSONS). Damit soll aber nicht der aus der betriebswirtschaftlich orientierten Organisationslehre bekannte »kontingenztheoretische Ansatz« referenziert werden (etwa bei KIESER & KUBICEK 1978).

- Insofern sind organisatorische Strukturen permanent in Bewegung, wodurch der dynamische Aspekt im Gegensatz zu früheren Auffassungen stärker in den Vordergrund gerückt wird.

- Organisatorische Strukturen sind nur zum Teil das Ergebnis zielorientierten, rationalen Planens und Handelns, sondern zum großen Teil das Resultat von internen, situativen Handlungskonstellationen [15], in denen unterschiedliche Interessen aufeinander einwirken.

- »Rationales Systemverhalten« läßt sich nicht auf eine Relation der Umweltdynamik zur Organisationsstruktur zurückführen. In der neueren organisationswissenschaftlichen Literatur wird ein Determinismus zwischen bestimmten Umweltsituationen und dem Systemverhalten kaum noch vertreten. Frühere Ansätze, idealtypische Relationen zwischen Kontextvariablen (z.B. Branchenzugehörigkeit, Marktsituation, Betriebsgröße, Technikformen etc.) und innerorganisatorischen Strukturvariablen (z.B. Form der Spezialisierung, Entscheidungszentralisierung etc.) zu identifizieren, sind weitgehend aufgegeben worden.

Die genannten Eigenschaften von Organisationen lassen den Versuch einer antizipierenden modellhaften Beschreibung organisatorischer Strukturen und Prozesse, an der die technische Gestaltung ausgerichtet werden kann, als ein zweifelhaftes Bemühen erscheinen. Beschreiben lassen sich zunächst einmal die formalen Elemente einer Organisation, wie z.B. die sektoralzielspezifische Abgrenzung von subsystemischen Einheiten, die formalen Kompetenzabgrenzungen, die hierarchischen Strukturen, die in Stellenplänen festgelegten Aufgaben, der im Rahmen von Leistungserstellungsprozessen sich vollziehende Material- oder Aktenfluß etc. Damit ist jedoch der *soziale* Prozeß kooperativer Arbeit noch nicht beschrieben. Vor allem die sogenannten informalen Elemente einer Organisation entziehen sich weitgehend einer Beschreibung. Gerade sie besitzen jedoch eine außerordentlich wichtige Funktion für den gesamten organisatorischen Prozeß. Denn in ihnen liegt die heute immer wichtiger werdende Quelle für möglichst schnelles und flexibles Reagieren auf veränderte Situationen (äußere Marktsituationen, innerbetriebliche Handlungskonstellationen etc.). Denn gerade das Überschreiten von Regeln, das Ausbrechen aus festen Rollenerwartungen einzelner Organisationsmitglieder, das situative Übernehmen von Verantwortung für ein bestimmtes Ereignis (z.B. für das Verhindern einer Havarie) macht überhaupt erst ein Reagieren auf unvorhergesehene Situationen möglich. Alles, was diesen informellen Bereich einschränkt, den Ermessens- und Handlungsspielraum der Mitglieder an festgelegte Regeln bindet, unterdrückt letztlich die flexiblen Entfaltungsmöglichkeiten von Organisationen.[2]

---

2 Hierin liegt beispielsweise die Wirksamkeit des »Dienstes nach Vorschrift«, den wir als eine streikähnliche Form von Tarifauseinandersetzungen in einigen Sektoren des öffentlichen Dienstes kennen.

Kooperative Konfiguration

Hier liegt ein gewisses Dilemma informationstechnischer Unterstützung kooperativer Arbeit. Denn im Gegensatz zu Organisationen, die als *soziales* System zu einer selbstreferenziellen Evolution fähig sind, ist Technik - und das gilt auch für Software - nur während ihres Entwicklungsprozesses wirklich flexibel. Spätestens mit der Implementation in das sozio-organisatorische System ist Technik starr, kann nur noch den einmal vorgegebenen Regeln folgen. Ihr Einsatz stärkt zunächst den formalen Handlungsbereich in Organisationen, indem sie dort Handlungs- und Verhaltensspielräume erweitern kann. Gleichzeitig werden aber die informalen, spontanen, regel- und rollenverletzenden Handlungen erschwert [1]. D.h. gerade derjenige Bereich in Organisationen, der die Autopoiesis ermöglicht, das flexible Potential organisatorischen Handelns, wird erschwert.

Hier setzt die Diskussion um die Flexibilität informationstechnischer Systemen ein. Denkbar ist eine Flexibilität, die sich in »Vielfältigkeit« äußert, d.h. einer Benutzung der Systeme nach bestimmten, vorher antizipierten, modellierten und technisch konstruierten Alternativen. Diese Lösung wäre jedoch auf die bereits in Zweifel gezogene antizipative Modellierung und Spezifizierung kooperativer Tätigkeiten angewiesen. Warum mir dieser Weg fragwürdig erscheint, möchte ich im folgenden begründen und anschließend für ein alternatives Konzept plädieren, das aus der Adaptivitätsdiskussion entstanden ist [9]. Bei dieser Diskussion geht es im Grunde darum, die »lebendige Phase« der Technik, ihre Entwicklungsphase, in die Anwendungsphase hinein zu verlängern. Die bisherigen Ansätze zur Realisierung dieser Anforderung, deren Spektrum von der Endbenutzerprogrammierung mit Hilfe von Sprachen der 4. Generation über applikationsinterne Programmier- und Makrosprachen und bis hin zu Formen der Adaptivität reicht, konnten allerdings die in sie gesetzten Erwartungen bislang nicht erfüllen. Die Gründe dafür liegen zum einen in noch unzureichenden technischen Lösungen, in der für Endbenutzer in Fachabteilungen zu schwierigen Aneignungsmöglichkeit und Handhabbarkeit der Anpassungswerkzeuge und in einigen kooperativen Problemen, mit denen Anpassungsmaßnahmen verbunden sind [2], [9]. Der im folgenden vorgeschlagene Ansatz versteht sich als ein Beitrag zur Überwindung dieser Schwierigkeiten.

3 Dimensionen von Bürotätigkeiten

Ansätze zur verallgemeinernden Beschreibung von Bürotätigkeiten knüpfen meistens an betriebssoziologische und betriebswirtschaftliche Typologisierungen an, die zum Zwecke der Generalisierung empirischer Ergebnisse über bestimmte Trends in der Arbeits- und Organisationsgestaltung oder als grobe Orientierungsmuster für die betriebliche Praxis entstanden sind. Eine der zentralen Kritikpunkte an ihnen ist, daß inhaltliche, formale und rollenspezifische Tätigkeitsdimensionen miteinander vermischt werden, und so zu einer Einschränkung ihrer Aussagekraft führen. So unterscheiden beispielsweise GOTTSCHALL/MICKLER/NEUBERT [3] zwischen »Routinetätigkeit« und »qualifizierter Sachbearbeitung«. Die Routinetätigkeit selbst wird noch differenziert in a) Massensachbearbeitung, b) routinisierte Zuarbeit und c) routinisierte Vorgangssachbearbeitung. SZYPERSKI u.a. [12] unterscheiden in einer *aufgaben*-bezogenen Typologie zwischen Führungsaufgaben, Fachaufgaben, Sachbearbeitung und Unterstützungsaufgaben. PICOT & REICHWALD [10] legen ebenfalls eine aufgabenbezogene Typologie vor, übrigens ein Charakteristikum nahezu aller betriebswirtschaftlichen Ansätze.[3] Sie unterscheiden drei durch den Aufgabenkontext bestimmte Aufgabentypen (Einzelfallaufgaben, sachbezogene Aufgaben und Routineaufgaben). Klassifikationsmerkmale sind die Komplexität der Problemstellung, der Bestimmtheitsgrad der erforderlichen Informationen, der Grad der Festlegung der Kooperationspartner und der Grad der Geregeltheit der Lösungswege. NIPPA [7] gelangt - aufbauend auf PICOT & REICHWALD - zu folgenden Stellen-Typen: 1. Managementstellen, 2. strategische Sachbearbeiterstellen, 3. administrative Sachbearbeiterstellen und 4. Ausführungsstellen.

Meines Erachtens sollte eine aussagekräftige Beschreibung von Bürotätigkeiten zwischen folgenden drei Dimensionen unterscheiden [8]:

a) eine *fachlich-inhaltliche Dimension* (sie bezieht sich auf den inhaltlichen Zweck der Arbeit und die dabei einzubringende fachliche Qualifikation. Historisch haben sich in verschiedenen Branchen bestimmte *Sachgebiete* herausgebildet. Nach ihnen wurde auch die Tätigkeit der Büroarbeiter segmentiert, wie z.B. die Bearbeitung von Krediten in einer Bank, die Verwaltung von Policen oder die Bearbeitung von Schadensfällen im Versicherungswesen);

b) eine *funktional-rollenspezifische Dimension* (sie bezieht sich auf Arbeitshandlungen, die - weitgehend unabhängig vom fachlich-inhaltlichen Ziel der organisatorischen Aufgabenstellung - auf das Funktionieren des Aufgabenbewältigungsablaufs gerichtet sind (z.B. Koordinationshandeln). Hierbei läßt sich ein breites Spektrum von dispositiven bis hin zu rein ausführenden Tätigkeiten identifizieren [13]);

c) eine *formal-prozessuale Dimension* (sie bezieht sich auf die informationsverarbeitenden Aktivitätsmuster, mit denen die beiden anderen Dimensionen in

---

[3] Eine Ausnahme bildet der Ansatz von NIPPA (1988), der versucht, die drei Aufgabentypen von PICOT & REICHWALD in eine Stellentypologie zu transferieren.

Zusammenhang stehen, also entweder zur Bewältigung fachlich-inhaltlicher oder rollenspezifischer Aufgaben. Bei der Bewältigung dieser Aufgaben wird [eigenes oder fremdes] Wissen verarbeitet, es werden Informationen gesammelt, generiert, gespeichert, ausgewertet, transformiert, modifiziert etc.).

Systeme mit dem Anspruch, allen möglichen Kombinationen zu genügen, die sich aus diesen drei Dimensionen ergeben, werden im allgemeinen als gescheitert angesehen. Die Leistungen dieser Systeme erstrecken sich zwar auf alle denkbaren *allgemeinen* Fälle, sind jedoch für *einzelne* Tätigkeiten meist suboptimal. Die Forderung nach aufgabenangemessenen Systemen hat in vielen Bereichen dazu geführt, stark spezialisierte, an bestimmte *fachlich-inhaltliche Tätigkeitstypen* gebundene Anwendungen zu entwickeln. Diese Systeme können hinsichtlich der anzuwendenen *Objektklassen* durchaus weit gefaßt sein (z.B. das Bearbeiten von Texten, Grafiken, Dateien etc.), lassen jedoch die *Bearbeitung* der Objekte nur innerhalb enger, durch die fachlich-inhaltliche Tätigkeitsdimension bestimmter Grenzen zu (beispielsweise eine Akquisitionshilfe für den Versicherungsaußendienst, ein Lagerverwaltungssystem etc.). Dadurch kann die Komplexität der Benutzung auf diejenigen Funktionen reduziert werden, die zur Bearbeitung der entsprechenden fachlich-inhaltlichen Aufgabe erforderlich sind. Ergebnis ist die Erhöhung der Aufgabenangemessenheit, aber eine Einschränkung der Flexibilität. Andere Produkte beschränken sich in ihrer Ausrichtung auf die *formal-prozessuale Dimension* (z.B. allgemeine Datenbanksysteme, Spread-Sheets, Textsysteme etc.) und lassen sowohl die fachlich-inhaltliche als auch die funktional-rollenspezifische Dimension weitgehend unbestimmt. Sie beschränken sich auf wenige Objekttypen (z.B. Text, Grafik, Daten etc.), deren Bearbeitungsmöglichkeiten jedoch extensiv für eine Vielzahl fachlich-inhaltlicher Aufgabentypen möglich ist. Da die meisten Aufgaben allerdings unterschiedliche Objekttypen erfordern (beispielsweise benötigt man zur Vorbereitung einer Tagung strukturierte Daten, Fließtexte, Grafiken etc.), ist der Benutzer im Rahmen seiner Tätigkeit gezwungen, mehrere Anwendungssysteme zu verwenden (oder sehr komplexe Multifunktionspakete). Der Aufgabenangemessenheit dieser Systeme sind durch die zur Verfügung stehenden Objekttypen Grenzen gesetzt. Dieser Ansatz ist einerseits flexibler, weil die Benutzung des Systems nicht beschränkt ist auf vordefinierte fachlich-inhaltliche Aufgabentypen, erhöht jedoch die kognitiven Anforderungen hinsichtlich der Erschließung und Benutzung von Systemleistungen.

Aus dieser Situationsbeschreibung läßt sich die Konsequenz ziehen, Systeme zu entwickeln, die ihre Aufgabenangemessenheit durch eine *situative* und *vor Ort* durchzuführende Anpassung in Hinsicht auf die fachlich-inhaltliche und/oder die funktional-rollenspezifische Dimension gewinnen. Eine solche Anpassung müßte aus Ausweitungen oder Eingrenzungen der erforderlichen Objekte und Spezialisierungen oder Generalisierungen der mit ihnen verbundenen Funktionalität bestehen. Konzeptionelle Überlegungen hierzu möchte ich weiter unten vorstellen.

4 Formen der Kooperation und Koordination

Die sachliche, räumliche, zeitliche und personelle Teilung der Arbeit macht ihre Kombination und kommunikative Verknüpfung zu funktional aufeinanderbezogenen Teilsystemen erforderlich. Denn erst durch dieses Zusammenwirken wird ein für die Gesamtorganisation verwertbares Arbeitsergebnis erzielt. Die Art des Zusammenwirkens (dabei kann es sich um mehr oder weniger abgegrenzte Tätigkeiten oder Teiltätigkeiten handeln) wird im allgemeinen als *Kooperation* bezeichnet. Das soziale Handeln, das primär auf dieses Zusammenwirken gerichtet ist (neben den auf die fachlich-inhaltlichen Probleme bezogenen Handlungselementen), nenne ich *Koordination*.

In der soziologischen Literatur wird seit der klassischen Studie von POPITZ u.a. [11] zwischen »teamartiger Kooperation« und »gefügeartiger Kooperation« unterschieden. *Teamartige Kooperation* zeichnet sich vor allem durch das gegenseitige Einwirken auf die Handlungen des Kooperationspartners aus. Es werden gemeinsame Verfahrensweisen miteinander abgestimmt, Ziele und Kooperationsregeln ausgehandelt. Gruppenarbeit, flexible Reaktionen, dynamische Veränderungen, relativ unstrukturierte Aufgaben sind charakteristische Eigenschaften von Tätigkeiten, in denen diese Form der Kooperation wirksam wird. Die aufeinanderbezogenen, sektoralzielspezifisch ausgerichteten individuellen Handlungen müssen ergänzt werden durch explizite auf das Zustandekommen der Kooperation ausgerichtete Handlungen. Teamartige Kooperation enthält somit immer einen mehr oder weniger hohen Anteil *koordinierenden* Handelns der Gruppenmitglieder untereinander, und zwar im Sinne einer *Selbstkoordination*.

Dagegen vollzieht sich die Zusammenarbeit bei der *gefügeartigen Kooperation* sehr stark durch die sachlichen und technischen Elemente des Leistungserstellungsprozesses vermittelt. Durch diese Vermittlung entsteht eine feste Zuordnung der Arbeitsplätze untereinander und eine zeitliche Ordnung von Arbeitshandlungen. Der kooperative Charakter der Arbeit besteht im Grunde nur darin, sich zwar auf die Arbeitshandlungen des anderen einzustellen, nicht aber direkt auf dessen Handlungen einzuwirken, wie dies etwa in der gefügeartigen Kooperation notwendig ist.[4]

---

4 Neben diesen beiden Grundformen der Kooperation unterscheiden KERN & SCHUMANN in ihrer Studie »Industriearbeit und Arbeiterbewußtsein« noch eine *linienartige Kooperation*, eine *kolonnenartige* und eine *technisch-kolonnenartige Kooperation*.

Kooperative Konfiguration

Diejenigen Aktivitäten, die funktional auf den Zweck der Verknüpfung von Teiltätigkeiten eingesetzt werden, sind in der Regel mit einem mehr oder weniger hohen Grad an Kontrollfunktionen verbunden. Wie hoch dieser Grad ist, richtet sich nach den (jeweils in bestimmten Situationen und von Organisation zu Organisation variierenden) Formen der Handlungskoordination. In Anlehnung an ZÜNDORF [16] lassen sich folgende Formen unterscheiden :

- Handlungskoordination durch diskursive *Verständigung* (v.a. in Problemdefinitionsphasen komplexer Entscheidungsprozesse)
- Handlungskoordination durch strategische oder konsensuelle *Einflußnahme* (z.B. bei der Erarbeitung von Problemlösungskonzepten im Anschluß an zuvor gefaßte Entscheidungen auf höherer Ebene)
- Handlungskoordination durch *Macht* (entweder direkte oder indirekt sprachlich vermittelte Befehlskommunikation oder über unpersönliche strukturierte Machtausübung, z.B. formal-technisch geregelte Handlungsabläufe)
- Handlungskoordination durch *Vertrauen* (v.a. im hochspezialisierten Arbeitskontexten ist das auf Vertrauen basierende Übernehmen von sektoralzielspezifischen Arbeitsergebnissen und Problemselektionen unverzichtbar).

Das Konzept des klassischen Taylorismus war es, die Koordination über eine weitgehende Versachlichung zu erreichen, also einer Unterform des Machtansatzes. Als versachlichte Koordinationsformen gelten:

- Weitgehende Normierung von Arbeitsabläufen und -verrichtungen;
- Fixierung der zu erledigenden Aufgaben, der anzuwendenden Verfahren und ihrer Abfolge;
- Verpflichtung zur Einhaltung festgelegter Organisationsregeln;
- technische Prozesse (z.B. Produktionsanlagen) und
- technisch festgelegte Handlungsabfolgen (z.B. standardisierte Formen der Aktenbearbeitung).

Von Ansätzen zu einer »sozialverträglichen Technikgestaltung« kann erwartet werden, daß sie enttaylorisierende Gestaltungsvorschläge enthalten, in denen eine Verlagerung von macht- in Richtung verständigungsorientierter Koordination ersichtlich ist. Das ist zunächst eine Frage der organisatorischen Strukturen und der Unternehmenskultur, aber umreißt auch Anforderungen an die Gestaltung der Technik. Die Systeme müssen in der Lage sein, dem Charakter einer Organisation als »soziales System« (mit lebensweltlichen Eigenschaften) zu folgen und den Besonderheiten *sozialer* Koordinationsprozesse (im Gegensatz zu versachlichten) zu entsprechen. Und das heißt in erster Linie, der Dynamik und relativen Unbestimmtheit organisatorischer Entwicklung, der immer wieder neu festzulegenden Arbeits- und Kooperationsformen, Kompetenzen etc. folgen zu können, ohne ihre Aufgabenangemessenheit zu verlieren. Mit anderen Worten dynamische, anpassungsfähige, im Anwendungsbereich immer wieder neu konfigurierbare und modifizierbare Systeme sind gefragt.

5 Anforderungen an ein Konzept der »kooperativen Konfiguration«

Aus den bisherigen Ausführungen ergibt sich die allgemeine Schlußfolgerung, daß für informationstechnisch gestützte Systeme, die dem kontingenten und komplexen Charakter von Organisationen entsprechen sollen, die *Konfigurierbarkeit* innerhalb des Anwendungsbereichs zu einem zentralen Gestaltungskriterium wird. Das hier im Ansatz vorgestellte Konzept legt den Schwerpunkt auf folgende Punkte:

Erstens: Hinsichtlich der Frage der *Orientierung* von Anpassungs- bzw. Modifizierungsleistungen sollen BenutzerInnen die Möglichkeit haben, Systemveränderungen an den unterschiedlichen Aufgaben auszurichten, die sich aus ihrem fachlich-inhaltlichen und funktional-rollenspezifischen Tätigkeitsspektrum ergeben. Die Organisation als Bedingungsumfeld für das individuelle Problemlösungshandeln wird damit in die Betrachtung einbezogen.

Zweitens: Hinsichtlich der Frage nach dem *Subjekt* der Anpassung (wer führt die Systemanpassungen durch?) geht der hier verfolgte Ansatz davon aus, daß Systemanpassungen nur zum Teil als individueller Prozeß durchgeführt werden, von ihrem Grundcharakter her jedoch als kooperative Prozesse zu betrachten sind, in dem die individuellen Handlungen aufgehoben sind. Die Kooperativität des Anpassungsprozesses muß somit von vornherein in die Gestaltungsüberlegungen einbezogen werden.

Drittens: Hinsichtlich der *Mittel*, mit denen die Systemanpassungen vorgenommen werden, soll den BenutzerInnen keine eigenständige Programmierarbeit zugemutet, ihnen aber geeignete Mittel zur Verfügung gestellt werden, um sich ihre technische Arbeitsumgebung je nach den aktuellen Aufgaben zu konfigurieren. Die Konfigurationsmöglichkeit soll sich auf alle Ebenen der Mensch-Maschine-Kommunikation beziehen. D.h. neben den in vielen Systemen schon ansatzweise realisierten Individualisierungsmöglichkeiten auf der Ebene der Operationen und der Ein-/Ausgabe-Ebene sollen alle zur Verfügung stehenden Objekte bzw. Objektklassen, alle Basisanwendungen und die mit ihnen in Zusammenhang stehenden Funktionen konfiguriert werden können.

5.1 Orientierung der Systemanpassung an Aufgabentypen

Gegenüber eher kognitivistisch orientierten Ansätzen, die sich vornehmlich an dem singulären Verhältnis zwischen Computer und persönlichen Merkmalen des Benutzers orientieren, wie z.B. persönlichen Lernstilen, Denk- und Arbeitsstilen etc. oder Stufen des Kenntnisgrades eines Benutzers über sein System, erscheint mir die Orientierung von Anpassungs- und Modifizierungsleistungen an den verschiedenen inhaltlich-fachlichen oder auch funktional-rollenspezifischen Aufgabentypen eines Benutzers als eine wichtige Anforderung. Eine daran orientierte Anpassungskonzeption müßte auf der freien Konfigurierbarkeit von Objekten bzw. Objektklassen (frei strukturierbarer Text, Sprache, Objekt- oder Rastergrafik, strukturierte Daten), Basisanwendungen (Objektbearbeitung, -verwaltung, -transport, -kommunikation, Organisationshilfen) und Funktionen (Bearbeitungsmethoden) basieren, die allerdings ohne Programmierkenntnisse durchführbar sein müßte. Durch die Konfiguration spezieller Objekte (inklusive der benötigten Basisanwendungen und Funktionen), die für bestimmte fachlich-inhaltliche Aufgabenstellungen adäquat sind, sollen Systemanpassungen *aufgabenbezogen* durchgeführt werden können. Inwieweit sie adäquat sind, entscheidet der Benutzer. Er hat auch die Möglichkeit die Konfigurationen anhand seiner eigenen Praxiserfahrungen zu überprüfen und ggf. zu modifizieren. Über die Verkettung von Objekten haben die BenutzerInnen auch die Möglichkeit, typische *Sequenzen* ihrer Problemlösehandlungen zu verbinden. Das heißt sie konfigurieren sich nicht nur idealtypische Objekte sondern auch idealtypische (jederzeit revidierbare) *Handlungsprozesse*.

Die Klassenbildung der verschiedenen Module in dem hier genannten Sinne soll nicht den herkömmlichen Objektklassen, wie z.B. Text, Grafik, Daten etc. folgen, sondern elementaren Aufgabentypen. D.h. es werden Aufgaben-Einheiten zu einem Modul zusammengefaßt, die einerseits größer als die herkömmlichen sind (d.h. sie erstrecken sich über unterschiedliche Objektklassen), andererseits aber kleiner sind (sie tragen nur einen Teil der mit herkömmlichen Objektklassen verbundenen Werkzeuge bzw. Methoden mit sich). Die Klassenbildung der Module muß empirisch bestimmt werden. Sie darf nicht zu speziell sein, da sonst das Zusammenstellen der Module durch den Benutzer zu komplex ist, darf aber auch nicht nicht zu allgemein sein, da sie sonst keine effiziente Aufgabenunterstützung bieten können und letztlich in das gleiche Dilemma führen, wie heutige Standardsysteme, die dann mit einer Vielzahl von Anpassungsleistungen überfüttert werden müssen.

5.2 Systemkonfiguration als individueller und kooperativer Prozeß

Unsere bisherigen Untersuchungen im Zusammenhang mit anpassungsfähigen Systemen haben uns zu der Überzeugung geführt, daß man sich Systemanpassungen in kooperativen Arbeitszusammenhängen nicht allein als individuelle Handlungen der BenutzerInnen vorstellen sollte, sondern als einen im Prinzip *kooperativ* verlaufenden Prozeß [9]. Ohne Zweifel wird es immer wieder kontinuierliche Verschiebungen geben zwischen Anpassungen, die von einem Benutzer autonom vorgenommen werden (können) und denjenigen, die als Ergebnis eines kooperativen Prozesses zustandekommen. Die technische Entwicklung mag dazu beitragen, die Möglichkeiten autonomer individueller Eingriffe zu erhöhen (z.B. verbesserte Hilfe-Komponenten, größere Transparenz etc.) aber der *kooperative Grundcharakter,* in dem - wie in jedem anderen kooperativen Zusammenhang - individuelle Leistungen aufgehoben sind, wird dadurch nicht berührt.

An diesem kooperativen Prozeß können Endbenutzer und Beratungspersonal auf unterschiedlichen Ebenen oder auch mehrere Endbenutzer autonom beteiligt sein. In welcher Form die Anpassungsleistungen konkret vorgenommen werden, ob mit oder ohne Hilfe des Beratungspersonals und mit welcher Reichweite, ist abhängig von einer Reihe von konkreten Bedingungen, wie z.B. das inhaltlich-fachliche Tätigkeitsspektrum der betreffenden BenutzerInnen, ihren konkreten Kooperationsformen und -erfordernissen im Betrieb, ihrer Position im Betrieb, dem Kenntnisgrad im Umgang mit den betreffenden Systemen, der organisatorischen Struktur des Unternehmens, der verfügbaren Technik u.a.m. All diese Einflußbedingungen sind von Unternehmen zu Unternehmen so unterschiedlich, daß sie sich nicht in einem allgemeinen Anpassungs-Konzept generalisieren lassen. Daraus folgt, daß bei allen Überlegungen zur technischen Unterstützung von Systemanpassungen von einem *kooperativen Prozeß,* in dem die Systemanpassungen in der Regel eingebunden sind, *der aber in seiner konkreten Verlaufsform nicht antizipiert werden kann,* auszugehen ist. Technische Anpassungskonzepte müssen somit Anpassungswerkzeuge in den Blick nehmen, die einen *sozialen Innovationsprozeß* zu unterstützen vermögen.

In den Vordergrund müssen dementsprechend Überlegungen treten, wie die existierenden Probleme bei der Nutzbarmachung von Anpassungsleistungen überwunden werden können, und zwar sowohl hinsichtlich der *kognitiven* Aspekte (z.B. größere Transparenz des Zugriffs auf Anpassungswerkzeuge, bessere Möglichkeiten des »interaktiven« und »explorativen« Lernens u.a.m.) als auch der *kooperativen* Aspekte (Kommunizierbarkeit der Anpassungsresultate, Eignung der Anpassungswerkzeuge für Gruppenprozesse u.a.m.) [9].

5.3 Komplexitätsreduktion und interaktives Lernen

Hinsichtlich des Erwerbs, der Repräsentation und der Aktivierung des für die Benutzung eines Systems relevanten Handlungswissens wird hier von einem *inter-*

Kooperative Konfiguration

aktionistischen Konzept ausgegangen. Die Aktivierung von Benutzungswissen erfolgt nicht durch das Abrufen des einmal gelernten und dann im Prinzip verfügbaren Wissens. Gerade bei hochkomplexen Systemen, wie sie ein integratives Bürosystem darstellt, sind immer wieder neue Lernprozesse erforderlich, vor allem dann, wenn Systemleistungen genutzt werden, die nicht routinisiert sind. Lernen erfolgt intentional während des Problemlösevorgangs, bei Fehlerentdeckung und -korrektur, inzidentell bei der beiläufigen Wahrnehmung, tutoriell oder aktiv und explorativ. Eine hohe Systemkomplexität kann diesen Lernvorgang behindern, da eine Verortung des Problems erschwert wird, und sich für den Benutzer Orientierungsschwierigkeiten beim Explorieren ergeben. Wenn Lernen als interaktiver Prozeß unterstützt werden soll, muß die Gesamtheit der zu erlernenden Elemente kontextbezogen auf den gerade zu bewältigenden Problemlösungsvorgang beschränkt werden. Allein mit Hilfe tutorieller Komponenten sind die damit verbundenen Probleme nicht zu überwinden. Denn der Benutzer muß seine Handlungsintentionen erstmal in der Komplexität der Systemfunktionen »verorten«, bevor er eine tutorielle Hilfe anfordern kann. Diese Verortung wird um so schwieriger, je komplexer die Mensch-Maschine-Schnittstelle ist. *Reduktion von Komplexität,* ohne jedoch die Leistungsmöglichkeiten des Systems einzuschränken, ist somit eine Prämisse des vorgeschlagenen Konzepts. Sie erleichtert den permanenten interaktiven Prozeß des (Neu-)Erwerbens von Handlungswissen.

5.4 Anforderungen an die Konfigurationswerkzeuge

Um den kooperativen Grundcharakter dieser Konzeption zu unterstützen, müßten die Konfigurationswerkzeuge so geschaffen sein, daß sie (neben den software-ergonomischen Anforderungen an Transparenz, kognitive Erschließbarkeit etc.) dazu beitragen, einen schrittweisen Lernprozeß in der Gruppe in Gang setzen, der die zunächst noch erforderliche Unterstützung von DV-Experten schrittweise abbaut durch eine Ausweitung der zunächst individuell unterschiedlichen Detailqualifikationen zu einer gruppenbezogenen Gesamtqualifikation. Ziel muß es sein, einen *sozialen Gruppenprozeß* in Gang zu setzen, in dem die Verteilung der Gesamtqualifikation auf die Schultern der Gruppenmitglieder unterstützt wird, und der den erforderlichen synergetischen Freisetzungsprozeß dieser Qualifikationen im Falle einer konkreten Problemlösung erlaubt. Um dies zu erreichen, muß vermieden werden, daß sich die alten Strukturen im Verhältnis von DV-Experten zu Fachexperten in einer Art Mikro-Kosmos reproduzieren (etwa in der Entwicklung von bestimmten Fachexperten mit besonderen DV-Kenntnssen zu einer Art »Mini-Berater« innerhalb der Gruppe).

D.h. die Anpassungswerkzeuge müssen Groupware-Charakter besitzen, die gerade denjenigen Bereich kooperativer Arbeit unterstützen, die die Stabilität »kollektiver

Denkwelten« in einer Gruppe aufbrechen (hier: die verinnerlichte Aufgabenteilung zwischen DV-Experten und Fachexperten) und verändern können. Ich denke dabei vor allem an systemseitige Unterstützungsformen für explorative und kommunizierbare Verfahren, in denen sowohl die *Resultate* von durchgeführten Konfigurationen der betreffenden Gruppe transparent gemacht werden können und der gegenseitige Austausch hinichtlich der Durchführung von Veränderungsmaßnahmen erleichtert wird (das gilt auch für die in Organisationen immer wieder neu auftauchende Frage, welche Systemelemente müssen standardisiert sein, und welche können frei konfiguriert werden).

Da die Konfiguration von Basisanwendungen, Objekten und Funktionen von den BenutzerInnen keine Programmierkenntnisse erfordern soll, müssen auf einer relativ hohen Ebene *Standards* gesetzt werden. Das kann in Form von vorstrukturierten Modulen geschehen, die die BenutzerInnen dann nur noch zusammensetzen. Das Zusammenstellen der Funktionalität erfolgt mit Hilfe eines Werkzeugkastens, mit dem die BenutzerInnen einen Zugang zu den vom System zur Verfügung gestellten Objektklassen, Basisanwendungen und Funktionen erhalten, die sie in speziellen (aufgabenorientierten) Systemversionen konfigurieren und ablegen können.

6 Literatur

[1] Falck, M.: Arbeit in der Organisation. Zur Rolle der Kommunikation als Arbeit in der Arbeit und als Gegenstand technischer Gestaltung. Berlin 1991

[2] Friedrich, J.: Adaptivität und Adaptierbarkeit informationstechnischer Systeme in der Arbeitswelt - zur Sozialverträglichkeit zweier Paradigmen. In: Reuter, A. (Hg.): Informatik auf dem Weg zum Anwender. 20. GI - Jahrestagung. Berlin 1990, S. 178-191

[3] Gottschall, K.; Mickler, O.; Neubert, J.: Computerunterstützte Verwaltung. Auswirkungen der Reorganisation von Routinearbeiten. Schriftenreihe "Humanisierung des Arbeitslebens, Band 60. Frankfurt am Main - New York 1985: Campus

[4] Kern, H.; Schumann, M.: Industriearbeit und Arbeiterbewußtsein. Band I und II. Frankfurt am Main 1970: EVA

[5] Kieser, A.; Kubicek, H.: Organisationstheorien. 2 Bände. Stuttgart 1978: Kohlhammer

[6] Luhmann, N.: Autopoiesis, Handlung und kommunikative Verständigung. In: Zeitschrift für Soziologie, Jg. 11 (1982), S. 366-379

[7] Nippa, M.: Gestaltungsgrundsätze für die Büroorganisation. Konzepte für eine informationsorientierte Unternehmensentwicklung unter Berücksichtigung neuer Bürokommunikationstechniken. Berlin 1988: E. Schmidt

[8] Paetau, M.: Mensch-Maschine-Kommunikation. Software, Gestaltungspotentiale, Sozialverträglichkeit. Frankfurt am Main - New York 1990: Campus

[9] Paetau, M.: Mensch-Maschine-Kommunikation im Spannungsfeld zwischen Individualisierung und Standardisierung. GMD-Arbeitspapier 520. Sankt Augustin 1991: GMD-Selbstverlag

[10] Picot, A.; Reichwald, R.: Bürokommunikation, Leitsätze für den Anwender. München 1984: CW-Publikationen

[11] Popitz, H.; Bahrdt, H.P.; Jüres, E.A.; Kesting, H. : Technik und Industriearbeit. Soziologische Untersuchungen in der Hüttenindustrie, Tübingen 1957

[12] Szyperski, N.; Grochla, E.; Höring, K.; Schmitz, P. : Bürosysteme in der Entwicklung-Studie zur Typologie und Gestaltung von Büroarbeitsplätzen. Braunschweig 1982: Vieweg

[13] Uhlig, R.P.; Farber, D.J.; Bair, J.H. : The Office of the Future. Communication and Computers. Amsterdam-New-York 1979: North Holland

[14] Weber, M.: Wirtschaft und Gesellschaft. 5. Aufl., Tübingen 1972: Mohr

[15] Weltz, F.: Wer wird Herr der Systeme? Der Einsatz neuer Bürotechnologie und die innerbetriebliche Handlungskonstellation. In: Seltz, R.; Mill, U.; Hildebrandt, E. (Hg.): Organisation als soziales System. Berlin 1986: Sigma

[16] Zündorf, L.: Macht, Einfluß, Vertrauen und Verständigung. Zum Problem der Handlungskoordinierung in Arbeitsorganisationen. In: Seltz, R.; Mill, U.; Hildebrandt, E. (Hg.): Organisation als soziales System. Berlin 1986: Sigma

Dr. Michael Paetau
GMD-Institut für Angewandte Informationstechnik
Schloß Birlinghoven, 5205 Sankt Augustin

Overview
-
A Key Concept in Computer Support for Cooperative Work

Gro Bjerknes and Karlheinz Kautz
University of Oslo

Abstract

Computer supported cooperative work is often discussed with the focus on the computer, and consequently less emphasis is put on support for cooperative work. By comparing system development and nursing, two cooperative work settings, we have found that *overview* - over work tasks, responsibilities and work objects - is an important aspect of work in both these occupations.

Although overview, as a general and abstract notion, is important for both system developers and nurses, its concrete contents varies considerably, due to differences in work tasks, work organization, and tradition. If computer systems represent an obstacle for achieving overview, they do not support cooperative work. Thus, computer systems can only support cooperative work to the extent they can be integrated in the existing information web that contributes to the achievement of overview in concrete work contexts.

1 Introduction

Our aim with this paper is neither to make a normative definition of cooperation with all its attributes, nor to classify cooperation in terms of different parameters, as e.g. [1], [2], [3] are doing it. We describe two work settings where cooperation actually takes place, system development and nursing. The aim of the description is to illustrate an important aspect of cooperation - overview.

The paper is based on practical experience. The knowledge in system development has been gained through a number of medium-sized projects with students over the last few years. In each case, groups of 10 - 15 students, working in a flat organizational stucture, were required to develop an interactive information system within a deadline of one year. These projects resulted in between 10,000 and 30,000 lines of implemented code complemented by accompanying documentation (cf. [4]).

The knowledge of nursing has been gained through participation in a project in the public health sector with the goal to develop computer systems for nurses' daily work. During four years three computer scientists and one social anthropologist were working on two different wards at two different hospitals. Nurses from the wards also participated in the project. The project succeeded in building a prototype of a computer system which fulfilled the project goal (cf. [5]).

The aim of this paper is to explain and argue for the following statement: To support cooperation by computer applications, we must design computer tools that support gaining and maintaining overview of people's particular work settings.

An overview is a kind of frame a person or a group of persons uses to make a "whole" out of single, differing tasks. In different work settings, the frame is formed on the basis of many, different sources of information. This means that, although the concept of overview is a general aspect of cooperative work, it differs in different work settings.

BANSLER and HAVN ([6]) have used the notion of operative image, introduced by OCHANINE in [7]. They describe operative image in a way that is similar to our notion of overview. According to them, an operative image plays a crucial role in situations where no single group member has the necessary skills or possesses enough information to understand and handle all aspects of a work process. However, the term operative image is a general one. Our notion of overview refers to concrete work settings.

Overview is important in system development and nursing. In addition to knowledge about system development in general, the actual system under construction, and an understanding about what the finished product is going to look like, the system developers need to know the general status of the project and who is in charge of what. The nurses need knowledge about nursing and the situation of the patients on a ward, but they also need to know how the work tasks are distributed.

Overview is not especially bound to cooperative work where people work closely together on parallel tasks. PERBY ([8]) describes how meteorologists at a small airport form and maintain what she calls "an inner weather picture", in our terms, an overview of the weather. The overview is formed on the basis of meteorological knowledge, maps, numerical weather forecasts and conversations with the meteorologist on the shift before and with pilots. All these different information sources are used to form an overview of the work objective, the weather.

Compared to the meteorologists, both system developers and nurses, in addition to the work objectives, need knowledge about responsibilities concerning the ongoing work. Furthermore, they need the opportunity to communicate with each other when doing things in parallel, in order to maintain overview.

The paper is organized in the following way: in sections two and three, we describe how overview is achieved and maintained in system development and nursing, respectively. In the last section we discuss some implications our findings have for computer support for cooperative work on the basis of the similarities and differences in the two work settings.

2 System Development

The goal of system development projects is to produce systems of high quality in an economical way. The quality aimed at covers both the technical standard and the users' acceptance of the systems.
To master the magnitude and complexity of the problems involved, system development is usually carried out on a team basis where the team members cooperate in different ways.

Basic models of work organization

Teamwork requires a division of labour, which in turn means decomposing tasks into subtasks. System development projects are organized in different ways with respect to project groups. These ways depend on the various perspectives applied by the persons involved.
If the emphasis is on production, i.e. if formalized procedures are used to construct programs, preference is usually given to a centralized, hierarchical group form (cf. [9]). There is a fixed and rigid distribution of work tasks in line with a high degree of specialization.
If, in contrast, the evolutionary nature (cf. [10]) of system development is taken into account, decentralized, flexible, and less strictly hierarchical group structures are used. In this case, group work is viewed as a social process based on mutual learning and discussion. Often, there is no sharp division between the different subtasks. It is also possible that the responsibility for tasks changes from time to time.

2.1 System Development in Student Projects

In the student projects, the work is based on flexible organization which does not follow strict hierarchical lines. The tasks are performed by several groups and subgroups.

The project plena, attended by all the developers, serve as forums for discussion and decision-making on overall design aspects and for coordination and assignment of the various tasks under the supervision of a project moderator. Small working groups and some individuals are assigned specific tasks. In addition, some members are delegated to special coordinating groups, if necessary. All project members take part in the different basic activities of system development - system requirement specification, system functional specification, system technical architecture specification and system implementation - and are involved in documenting the course of the project and the resulting decisions and products. They perform both administrative and operative tasks.

The groups are reorganized following the evaluation of the project's progress. After the completion and acceptance of an intermediate product, delivered in the form of a written document, the existing groups are dissolved and new groups are formed, each containing at least one member of each of the previous groups.

This may be illustrated by a concrete example. In the project, e.g. two groups are formed out of all the project members. One carries out a requirement analysis, while the other one works on a feasibility study examining existing hardware and software. Both groups work separately, but once a week meet in a plenum to keep each other informed. Here, one project member is given the role of project secretary and writes a protocol. The work results in two reports accepted by everyone.

Subsequently, four new groups are formed containing both analysis and feasibility study members. The new tasks are building a data model, proposing a functional kernel for the system aimed at, designing a use interface and determining test data for an acceptance test. As these tasks are strongly interconnected, in addition to the subgroups and the plena, a coordinating group is formed, consisting of members of each group. This group also meets at least once a week to discuss the work, accept it or reject it. Their members return to their basic groups to inform the other group members about the work of the other groups and of the consequences this has for their own work. When, finally, the tasks have been performed, new groups for the technical design are formed. Again, the different groups contain members from the four groups of the previous activities.

Overview

The project members have an overview of the project as a whole, even if they know their own working objectives better than those of the other project members. They have a basic understanding of the software system constructed and are usually well informed about the project status. In the projects different levels of overview can be found which are necessary to fulfill the different work tasks and which relate to different aspects of the project work. On a more general level, overview means knowing the current overall situation of a project. This concerns the actual goals and decisions that are and were made, the status and the progress of the intermediate and final product(s). In particular, it is important to know which project member is actually dealing with and responsible for a specific task. This helps to clarify the question who is performing a particular task, who is affected by it, and consequently, if necessary, who should be asked or notified. Another level of overview is therefore, more connected to the direct fulfillment of concrete working tasks. When programming a module, for example, it is important to know why a required set of parameters is defined as the technical interface to other modules. And, if this set is changed, it is crucial to know who has changed it and why. In short, overview means both overview of the product and overview of the process.

2.2 How is overview achieved and maintained?

Overview in system development is based on distributing the knowledge which is gathered through the development process. The way of organizing the student projects is spreading knowledge in the projects. The system developers have three means for exchanging information: documentation, especially the project folder, formal meetings, and informal communication. Official exchange and distribution of information takes place at formal meetings. Documents serve as a basis for discussion.

The project folder - an important document in system development

Four kinds of documents are used for information exchange in the system development projects: product documents, product accompanying documents, project documents, and protocols. All shared documents except the product documents are kept, in a chronological order, in a project folder.

Product documents describe the results of the different tasks. These documents are usually produced and used by all project members. Product accompanying documents give information about the actual work. They contain feasibility studies, intermediate unfinished solutions, but also rejected proposals and the reasoning behind the design decisions. Project documents describe the infrastructure of the project, e.g. rules for using software tools, rules about how to write documents, programming conventions, provided basic software and literature. They also contain a time schedule and a task distribution plan about who is responsible for which task up to which date. Protocols are written during meetings.

The project folder, unfortunately, is often unaccurate and incomplete. In addition, the developers take personal notes from meetings and from informal talks with colleagues. They also take such notes when they carrying out work tasks on their own.

Formal Meetings

An exchange of information, of relevance to the group as a whole, takes place during plenary project sessions. Discussions yield a wide variety of ideas and suggestions as a basis for decision-making concerning work tasks. The topics discussed at the project sessions are task oriented, i.e., besides fixing project schedules, tasks are defined and evaluated, and results are presented, coordinated and integrated. Meetings are also held by the coordinating groups and the working groups to perform their actual tasks.

Informal Communication

Besides official communication as a source of information, the project members have informal communication. New and essential information about project related material is generated and the need for information arises in specific work situations, and these are communicated either at once or on some suitable occasion. The groups use different communication channels for this. Direct personal talk is a frequently used communication means. But when this is not possible, communication also takes place through telephone or using electronic media like electronic mail.

2.3 Problems connected to achieving overview

In the student projects, various coordination and communication problems can be stated. A basic problem is the attitude towards communication. Meetings in the projects often have the purpose of problem solving and decision making. Information exchange is not a purpose in itself, it is more a side effect or a necessary condition for coordination and planning.

Moreover, private knowledge is communicated on an informal basis, although it might have relevance for all project members. The results of such communication are not explicitly recorded in written official documents, but are implicitly incorporated into various result documents. As a consequence, these are often hard to understand. Project work is especially hindered when project members change documents without informing each other that this was done and why it was done.

Failure to absorb information from documents recording the project's progress is frequently due to their not being stored at some common place, but rather distributed among the project members. In addition, documents tend to be incomplete and incorrect, and consequently are often of little use as a source of information. This is because documentation is frequently felt to be a burden, and therefore tends to be neglected. This also leads to situations where it is not always possible to determine precisely which document is associated with which version of the (intermediate) products.

But the communication structure in the student projects is flexible, so the students could find the information they need in spite of the quality of the documentation. Although it takes time, they eventually achieve overview.

From traditionally organized projects, problems related to lack of overview are reported. This was observed as early as 1970 by SCHWARTZ ([11]) and is still the case today (cf. e.g. [12]). In such projects, information about the work organization is sometimes hidden. Overview, is then often achieved through informal structures which emerge in the "underground" of the projects. These are very different from the official ones and often even violate official rules. Nevertheless, they are carefully maintained and frequently responsible for the fact that the projects do not fail totally (cf. [13]).

Discussions still take place as to the best way of documenting the product, i.e. the computer system. Although an understanding of the project history is reported as being important, once again (cf. e.g. [14]), there is no tradition in system development on how to do this. The consequence is that information, such as questions, answers and decisions about problems, is not normally recorded in written form, and consequently quite often forgotten. Difficulties in communication, the inadequate procurement, organization, and distribution of information, are the main causes of problems in system development (cf. [15]).

The traditions for documentation concern the product, in terms of specifications of various forms. There is a distribution problem, but also a collection problem: there is no or only little - explicitly recorded - knowledge about "relevant" information about the development process.

3 Nursing

In short terms, the goal of nursing is to give all patients on a ward the best treatment possible (cf. [16]). At the same time, the nurses are assistants to the medical doctors ([17]). That is, they have to carry out the orders of the medical doctors and to observe the effect of the given treatment. In addition to caring for the patients, a lot of planning and coordination is necessary to achieve the overall goal.

Basic models of work organization

There are three basic models for organizing the nursing work on a ward: round nursing, group nursing and primary care. Round nursing is task oriented. Each nurse has the responsibility for one task on the ward. Primary care is patient oriented. One nurse has to carry out all tasks associated with one patient. Usually the nurses are responsible for a small number of patients, as there are more patients than nurses on a ward. Group nursing is a mixture of the other two methods. In this case the responsibility lies with a group of nurses. They are responsible for carrying out several tasks, but only tasks related to one group of patients. This can be illustrated by different ways of distributing medicines. In round nursing, one nurse is responsible for giving all the patients the prescribed medicines. In group nursing, a group of nurses is responsible for their group of patients. They usually organize this by letting one nurse distribute the regular medicines, while all nurses give out additional medicines according to the patients' needs, e.g. pain-killers. In primary care, one nurse is responsible for giving all necessary medicines to his patient(s).

The organization of work is dependent on several factors, e.g. the ratio between nurses and nursing assistants, the average time a patient stays on the ward, the nursing philosophy that is followed on that ward, and the prestige the ward has among the medical staff in the hospital.

3.1 Nursing on a Cardiological Ward

We will go into detail on how the work is done on a specific ward, a cardiological ward at a municipal hospital.

In the cardiological ward, patients with heart diseases are treated, some of them are seriously ill. The very ill patients are monitored the whole day, and they are connected to heart-monitoring equipment on the ward, i.e. the heart curve of a patient is displayed in the room of the patient, and all heart curves are displayed in the heart monitoring central. The rest of the patients are not under intensive care. The work is organized according to group nursing, where one group, the inside team, is responsible for the patients in the intensive care rooms around the heart monitoring central, and the other group, the outside team, is responsible for the other patients on the ward.

In each group, one nurse has the primary responsibility for a few patients. In addition, the nurses have various tasks, like giving medicines, being a group leader etc. In the inside team, there are a lot of medicines to distribute, and the heart monitor displays must be watched continuously. The nurses have to be alert, as life-threatening situations occur very quickly. In addition, they have to take care of the relatives of the patients. In the outside team, they have slightly different tasks. The nurses have to get the patients out of bed according to a planned scheme, and they also have to inform the patients about medicines, food, physical activities etc., and consequences of being chronically ill.

Overview

Overview of the ward as a whole means knowledge of the total workload, i.e. how many patients are on the ward and how much care they need, in addition to knowledge of the qualifications of the (other) people on the shift, and who is in charge of the different tasks. Moreover, overview is connected to tasks, e.g. the responsibility for a patient or for leading the group. Thus the nurses know more about the patients in their own group, and especially their "own" patients than the other patients, and they pay special attention to information connected to their special task in the group. An example of information necessary for overview is if a patient asks for pain-killers, to know how much medicine the patient has already got, and the amount which is prescribed, in order to find out if or how much pain-killers the patient should be given.

3.2 How is overview achieved and maintained?

Overview in nursing is based on information exchange. The organization of work, combined with the information exchange pattern on the ward, gives the nurses overview of the ward as a whole. The nurses have three means of exchanging information: documentation, especially a document called the cardex, formal meetings, and informal communication. Exchange and distribution of information is planned, by arranging formal meetings where both collection and distribution of information are among the explicit goals of the meeting.

The cardex - an important document in nursing

Three basic kinds of documents are used on the ward: medicine cards, curve sheets, and a cardex. Medicine cards contain the kind and amount of medicine a patient should get. Curve sheets contain the monitored heart curves.

The cardex is the nurses' for each team, and there is one record for each patient, where the problems of the patient, the suggested treatment and observations are written down. The cardex is an important source of distributing information which is needed for planning, in addition to the overview it gives of the patients. The cardex is organized so that a quick glance at the first page of a patient record will give all relevant information about a patient. This is very useful in emergency situations. In addition, the reports in the cardex make it easy for nurses that have been absent for a while to get an overview of the development of the patients. In this way, the nurses have their own recorded patient history, different from the one in the medical record, and easier to read, because it is structured according to their needs. Because there is only one cardex for each group, the nurses write down the most important information of each patient on scraps of paper that they carry in their pockets. They use these notes during the work day as reminders and as a note-pad. What they note of importance will be included in the cardex later on, after the group meeting where information is collected and written in the cardex.

Formal Meetings

The nurses have a number of meetings during a shift, in order to exchange information and plan the work. The meetings are as follows: the report meeting, pre-round meeting, group meeting, and the joint report meeting. All meetings have in common that interruptions are permitted whenever anyone wants to know something. Often the secretary of the ward is used as a shield to protect against too many interruptions from outside the ward.

The report meeting is a meeting where one nurse from the former shift gives information about all the patients to those who start on the new shift. Report meeting are held three times a day, to secure that the nurses' information about the patients is kept up to date. The nurse who gives the report uses the cardex as her basis.

The pre-round meeting takes place, as the name indicates, before the round. All the medical doctors who are connected to the ward, the head nurse, and the two group leaders participate in this meeting where the treatment of the patients is discussed. The nurses report their impression of the patients and the effect of the given treatment, and the planned treatment is compared with lab results etc. The medical record and the cardex are important documents here. In addition, the head nurse uses a black book for writing down the orders of the medical doctors, both before and during the round. The group leaders use their notescraps. The groups plan their work on the basis of the orders given at the pre-round meetings and on the round.

The group meeting is less formal. This is the meeting where the group leader gathers information from the other nurses in the group in order to write the cardex.

The head nurse and the two group leaders participate at the "joint report meeting". This meeting has a twofold purpose, to control the documents and check them against each other so that the information about each patient is consistent, and to remind the group leaders of planned actions that have been forgotten. At this meeting they take all the "formal" documents and compare them with each other.

Informal Communication

The nurses do most of their work within the limited area of the ward. It is inherent in the nature of their tasks that they are all moving around a lot, between the patient rooms, the washing room, the store room, the ward office, and the heart monitoring central. Thus they frequently meet and talk to each other.

3.3 Problems connected to achieving overview

Nursing is an occupation with a long tradition of cooperation and information exchange. Thus information exchange functions well in nursing. But many nurses do not count these activities as nursing. Such activities are called administration, and most nurses think this part of their work takes much too much time from their real work, which is to care for and treat the patients. This is especially true for wards where few nurses are working.

Most nurses also complain about the paper work: when a new patient enters a ward, the same information has to be filled in several times on different forms. There can be up to thirteen forms for one patient, and every form must be filled in with basic patient information. As the forms are used in different contexts, they cannot be combined into one form. Thus, even if the information exchange works, the nurses have to pay for it in terms of time.

4 Some Consequences for Computer Support

So far, we have described what overview means, and how it is created and maintained in the two occupations. Overview involves the tasks and objects of work, and the task distribution, and is supported by the way the work is organized. It is achieved by means of information from different sources which is communicated through different channels.

4.1 A comparison of the work settings

System development and nursing differ in many respects. System development usually takes place in projects with relatively fixed starting and ending points. The duration of a system development project varies from some months to several years. Moreover the workobject, a computer system, is complex in the sense that it is an artifact that is designed. Furthermore, the construction itself develops in a way that can not be totally predicted. Informal meetings take place comparatively seldom. This is because the physical distance between the members in a system development project varies, and the tasks are often divided so that one person can do her/his task in front of a terminal or workstation. The informal meetings which take place are dependent upon one person taking the initiative, by phoning or paying a visit to a co-worker.

Nursing, on the other hand, is not restricted to a certain period of time. The nurses do not design artifacts, they nurse human beings. In our case, the focus of their interest, the functionality of the human heart, is relatively well understood, even if the curing process cannot be anticipated in total. The nurses do not have contact with their patients for months, but for three to ten days during which, however, very much can happen. As the nurses work physically close together, there is an ongoing informal communication during the whole shift, in addition to the regulated communication between the shifts.

Nevertheless, overview is important in both occupations; in system development to keep track of a changing product, and in nursing to save lives. Overview contributes to the common effort, by being a frame within which events can be interpreted, and for enabling work to be coordinated appropriately. In the two cases, we have seen that overview is achieved through documentation, formal meetings and informal communication.

In the two cases, the organization of work is designed to take care of information exchange. There are groups that have specific responsibilities and tasks. But there is also, what can be called, cross-group communication. In nursing, this way of organizing information exchange is quite common, but in system development there is a tendency towards forming isolated groups. In this sense the student projects are a little atypical, but the organization chosen there seems to be appropriate.

Cross-group communication is significant since it indicates that documentation is context dependent. There is a need for more information than can be captured in a document. In addition, cross-group communication provides a means for interaction between different groups.

The biggest difference we see between the two cases concerns the documentation of the process. In system development, documentation of the working processes is arbitrary and often private. Oral communication and documentation are unpopular activities which are disregarded and considered to be inferior (cf. [18]). So far, there is little tradition of exchanging information about the distribution of work tasks, so that the participants know where to seek information. Nor is there any tradition of publishing private information. This information is distributed only in informal meetings, although it could be valuable for the whole project if made public (cf. [19]). In nursing, however, report giving, both oral and written, is regarded to be a highly qualified task that can only be properly learned through practice.

In general, there seems to be more problems in system development than in nursing concerning the achievement and maintenance of overview. This can to some extent be traced back to differences in the work tasks, but it is also due to the different ways the two occupations recognize the importance of overview, and closely connected to this, the way they regard the value of documentation and information exchange.

4.2 How can computer systems support overview?

Computer systems can support overview by spreading information about the work objects and by facilitating information exchange. What does this mean for the cases of our study?

In system development, improved information exchange would strengthen overview. In general, information exchange in system development is very unstructured. By-passing bureaucracy which consists of rules that are not accepted by project groups, adds further to this tendency. It is therefore difficult to find out what information is actually distributed, and even more difficult to find out what information it would be useful to distribute. Thus, the first measure should be the reorganization of the information distribution, i.e. to impose an appropriate and accepted structure on the organization of work. One possibility would be arranging some meetings like the cross-communication groups described in our cases. The information exchange could then be supported by computer systems. As information exchange nowadays in system development is so unstructured, it seems reasonable that electronic mail, a medium without any features for structuring information cooperatively, is used in such settings. In more structured settings with certain communication traditions, a computer-based project folder with easy access to the shared knowledge and material may be useful in combination with an electronic mail system.

In the nursing case, the cardiological ward was provided with a computer based information system. The system contributed to distributing information about the patients. This system replaced the nurses' notescraps, and it contained more information about every patient than the notescraps, but it could in no way replace any other document. At first glance, the cardex and the related information forms appear to be obvious candidates for computerization. The nurses may benefit from a computer system that reduces the time spent writing the same information several times on different forms.

However, there are some arguments to be considered: first, it can be hard to build a computer system with the same flexible structure, representing the patient information in many different ways, as the cardex does, although window systems and multimedia make this more realistic in the near future. It will then be possible to support overview concerning patient information in connecting the cardex with heart curves and x-ray pictures. Secondly, the cardex is often used in combination with other documents. A computerized cardex makes no sense as long as the other forms are only on paper, because this makes it more difficult to compare and update the different forms.

In general, computer support for gaining overview has the same characteristics as software that we already know: if it is too structured, people will most likely work around it (cf. [4], [20]), and if it has too little structure, it will not provide useful information (cf. [21]).

General design principles

Finally, let us take a broader look beyond our specific cases. Although we can find work settings that appear to be similiar, we must nevertheless expect significant differences between them, because there always will be local differences in organization of work and communication (cf. [22]).

The dependency on the specific work setting indicates that it may be unsuccessful or even risky to develop computer systems that are supposed to be generally applicable in cooperative work settings. It is probably better to take the specific work setting as a starting point and build computer support for a specific organization. The same system can have different impacts in different use settings (cf. [23]), therefore computer systems for cooperative work have to be evaluated on the basis of the specific work situations, too. In order to improve cooperation it can be more beneficial to do something with the task and communication structure than to introduce a computer system.

To what extent are existing cooperation support systems useful?

Many general-purpose cooperation support systems exist, like meeting, coordination, information exchange and co-authoring systems. But none of these contribute to overview as such. Some of them are very abstract and do not fullfil the requirement specfic work settings are posing, other regulate cooperation by means of very inflexible and predefined rules.

However, e.g. a meeting system or an electronic mail system, together with other means of information exchange and recording, can be useful and contribute to overview in a specific setting, if they are adopted and integrated in the work context of the people who work together.

References

[1] G. O. Goodman and M. J. Abel. Communication and Collaboration: Facilitating Cooperative Work through Communication. *Office Technology and People*, 3(2):129-145, 1987.

[2] P. Sørgaard. A Cooperative Work Perspective on the Use and Development of Computer Artifacts. In P. Järvinen, editor, *Report of the 10th Information Systems Research Seminar in Scandinavia*, pages 719-734, University of Tampere, Finland, 1987.

[3] K. Schmidt. Analysis of Cooperative Work. Risø-M-2890, Risø National Laboratory, Roskilde, Denmark, 1990.

[4] G. Gryczan and K. Kautz. A Strategy for Cooperative Project Organisation. In *Experience with the Management of Software Projects 1989*, Oxford, New York, Beijing, Frankfurt, 1989. Pergamon Press. Proceedings of the 3rd IFAC/IFIP Workshop, Purdue, USA, November 1989.

[5] G. Bjerknes and T. Bratteteig. The Memoirs of two Survivors - or the evaluation of a computer system for cooperative work. In *Proceedings of the 2nd Conference on Computer-Supported Cooperative Work*, pages 167-177, Portland, Oregon, 1988.

[6] J. Bansler and E. Havn. The Nature of Software Work.In *Proceedings on the IFIP Conference on Information System, Work and Organization Design*. Elsevier Science Publishers, North-Holland, 1989.

[7] J. F. Troussier. Considerations on the Collective Dimension of Work. *New Technology Work and Employment*, 2(1):37-46, 1987.

[8] M.-L. Perby. Computerization and the Skill in Local Weather Forecasting. In G. Bjerknes, P. Ehn, and M. Kyng, editors, *Computers and Democracy*, pages 213-230. Avebury, Aldershot, Brookfield, Hongkong, Singapore, Sydney, 1987.

[9] H. D. Mills. Chief Programmer Teams : Principles and Procedures. Report no. FSC 71-5108, IBM Coporation, Gaithersburg, 1972.

[10] C. Floyd, F.-M. Reisin, and G. Schmidt.STEPS to Software Development with Users. In C. Ghezzi and J. A. McDermid, editors, *ESEC '89*, pages 48-64, Springer Verlag, Berlin, Heidelberg, New York, Tokio, 1989.

[11] J. I. Schwartz. Analyzing large-scale system development. In J. N. Buxton and B. Randell, editors, *Software Engineering Techniques*. NATO Science Committee, 1970. Proceedings of the Nato Conferences at Garmisch, Oct. 7-11, 1968.

[12] S. Bødker and J. Greenbaum. A Non Trivial Pursuit - Systems Development as Cooperation. In J. Kaasbøll, editor, *Report of the 11th Information Systems Research Seminar in Scandinavia*, pages 102-122, Research Report No. 116, University of Oslo, Norway, 1988.

[13] J. Pasch. Mehr Selbstorganisation in Softwareentwicklungsprojekten. *Softwaretechnik-Trends*, 9(2):42-55, Mitteilungen der Fachgruppe "Software-Engineering" der Gesellschaft für Informatik. September 1989.

[14] R. F. Mathis. The last 10 percent. *IEEE Transactions on Software Engineering*, 12(6), 1986.

[15] B. Curtis, H. Krasner, and N. Iscoe. A Field Study of the Software Design Process for Large Systems. *Communications of the ACM*, 31(11):1268-1287, November 1988.

[16] G. Bjerknes and T. Bratteteig. Å implementere en idé, (to implement an idea). Report No. 3 from the Florence project, Institute of Informatics, University of Oslo, Norway, 1987.

[17] E. Freidson. *Profession of Medicine*. Harper and Row, 1970.

[18] J. Strübing. Programmieren in einer betrieblichen Sonderkultur ? Überlegungen zu Arbeitsstil und Fachkultur in der Programmierarbeit. In Innovation, Subjektivität und Verantwortung - Probleme des Ingenieurhandelns, pages 109-124, Forschungsgruppe Rationalität des Ingenieurhandelns. Kassel, 1988.

[19] W. Dzida, A. Spittel, and K.-H. Sylla. Einsatz eines "Message System" bei der Software-Entwicklung- Ein Erfahrungsbericht. In H. Schauer and M. J. Tauber, editors, *Psychologie des Programmierens*. R. Oldenbourg Verlag, Wien, München, 1983.

[20] L. Gasser. The Integration of Computing and Routine Work. *ACM Transactions on Office Information Systems*, 4(3):205-225, 1986.

[21] G. Bjerknes and T. Bratteteig. Florence in Wonderland - System Development with Nurses. In G. Bjerknes, P. Ehn, and M. Kyng, editors, *Computers and Democracy*, pages 279-295. Avebury, Aldershot, Brookfield, Hongkong, Singapore, Sydney, 1987.

[22] T. Pape and K. Thoresen. Development of Common Systems by Prototyping. In G. Bjerknes, P. Ehn, and M. Kyng, editors, *Computers and Democracy*, pages 297-311. Avebury, Aldershot, Brookfield, Hongkong, Singapore, Sydney, 1987.

[23] R. Kling. Computerization as an Ongoing Social and Political Process. In G. Bjerknes, P.Ehn, and M. Kyng, editors, *Computers and Democracy*, pages 117-136. Avebury, Aldershot, Brookfield, Hongkong, Singapore, Sydney, 1987.

Gro Bjerknes, Karlheinz Kautz
University of Oslo, Dpt. Informatics
POBox 1080 Blindern, N-0316 Oslo 3, Norway

Die CATeam Raum Umgebung als Mensch-Computer Schnittstelle

Henrik Lewe, Helmut Krcmar
Universität Hohenheim

Zusammenfassung

Dieser Beitrag begründet, warum bei der Gestaltung von "elektronischen Sitzungsräumen", in denen computerunterstützte Gruppensitzungen stattfinden, große Aufmerksamkeit auf die Ergonomie und das Design vom Bildschirm bis zur gesamten physischen Umgebung gerichtet werden muß. Einige wichtige Bestandteile der Gestaltungsüberlegungen der Mensch-Computer Schnittstellen werden aufgezeigt und im Zusammenhang mit dem an der Universität Hohenheim im Aufbau befindlichen CATeam Raum beurteilt. Dabei werden auch die Möglichkeiten und Probleme der Integration von Videokonferenztechnologie in solche Sitzungsräume zur Einbindung von Sitzungsteilnehmern an verschiedenen Orten berücksichtigt.

1 Die CATeam Raum Umgebung

Im Rahmen des Computer Aided Team (CATeam) Forschungsprogramms an der Universität Hohenheim wird untersucht, inwiefern Informations- und Kommunikationstechnologien zur Unterstützung der Zusammenarbeit innerhalb von Arbeitsgruppen und Projektteams eingesetzt werden können. Aufbauend auf den früheren Ergebnissen der Computerunterstützung für Gruppen [4] stehen die unterschiedlichen Formen und Konzepte der Gruppenarbeit, die Konstruktion von Software-Werkzeugen für die Unterstützung dieser Arbeit und die Evaluation des Technologieeinsatzes im Zusammenhang mit der Produktivität der Gruppenarbeit im Mittelpunkt [6]. Um die Bewertung der Computerunterstützung in der Sitzungsphase vornehmen zu können, wird der CATeam Raum an der Universität Hohenheim eingerichtet [2].

Forschungsergebnisse in verschiedenen ähnlichen elektronischen Sitzungslabors in den USA lassen tendenziell erkennen, daß von der Technologieunterstützung positive Einflüsse auf Sitzungsverlauf und -ergebnis ausgehen können, auch wenn die Untersuchungen von teilweise weit auseinanderliegenden Voraussetzungen und

Annahmen zur Gruppenarbeit ausgehen [11]. Ein wichtiger Einflußfaktor auf die Ergebnisse ergibt sich allerdings aus der Arbeitsatmosphäre, die in den verschiedenen Sitzungslabors entsteht. Es ist deshalb erforderlich, die Technologie in diese Räume so zu integrieren sowie Ergonomie und Design in diesen Räumen so zu gestalten, daß möglichst positive Produktivitätswirkungen davon ausgehen können und die Gruppenarbeit dadurch möglichst nicht beeinträchtigt wird. Es geht um die Gestaltung der Schnittstellen zwischen mehreren Nutzern, dem Raum, in dem sie sich befinden, und den technischen Hilfsmitteln, die sie zur Bewältigung ihrer gemeinsamen Aufgabe benutzen.

2 Mensch-Computer Schnittstellen in elektronischen Sitzungslabors

Im Mittelpunkt der Überlegungen zur Gestaltung von Mensch-Computer Schnittstellen stand bisher *alles, was auf einen Bildschirm paßt*. Hier geht es vor allem darum, die Belange eines Individuums im Umgang mit seinem Computer zu berücksichtigen. Die Anzeige, Wortwahl, Farbgestaltung, Graphikeinsatz (Fenstertechnik, Ikonen), Dialoggestaltung, Dateneingabe und die technischen Lösungen zur Eingabe, Ausgabe und Steuerung (z.B. LCDs, Cursor-Bewegungen, Funktionstasten usw.) sind so zu gestalten, daß das Individuum bei der Bewältigung seiner Arbeitsaufgabe vom Computer Unterstützung erfährt.

Bei größeren, vernetzten Systemen, die die Zusammenarbeit mehrerer Personen ermöglichen, kommt neben der Interaktion des Individuums mit dem Computer zusätzlich *alles, was kommuniziert werden kann*, zum Tragen. Dies sind hauptsächlich die übertragenen Daten, die wiederum auf den Computerbildschirmen den Menschen präsentiert werden. Intelligente Mailsysteme, strukturierte Konversationsunterstützung, Shared-Window Systeme sowie Multi-Media-Konferenzen sind wichtige Beispiele für Systeme, die kooperierende Menschen unterstützen sollen. Es werden dabei verschiedene Einzel-Mensch-Computer Schnittstellen gekoppelt und "der Rechner nimmt im wesentlichen die Rolle eines vermittelnden Mediums ein" [3]. Es ist eine komplexe Aufgabe, aus der Vielfalt von Darstellungs- und Übermittlungsmöglichkeiten eine auf die Erfordernisse kooperierender Personen abgestimmte Gestalt der Mensch-Computer Schnittstellen herbeizuführen.

Schließlich beeinflußt auch *alles, was wahrgenommen werden kann*, wie die Individuen ihre mit Computertechnologie ausgestattete Umgebung annehmen und sie für die Bewältigung ihrer Teamaufgabe nutzbar machen. Es ist also erforderlich, der gesamten physischen Umgebung und der Einbindung des Menschen darin Aufmerksamkeit zu widmen, wenn die Zusammenarbeit zwischen Menschen mit ergonomisch gestalteter Technologie unterstützt werden soll [7].

Zu den wichtigsten miteinander verknüpften Bestandteilen der Gestaltungsüberlegungen der Mensch-Computer Schnittstellen in elektronischen Sitzungsräumen zählen:

Aspekt *Monitor*:
- Anpassung von Größe und Anordnung an die menschlichen Bedürfnisse
- Gestaltung der Anzeige, Wortwahl, Farbgestaltung, Graphikeinsatz (Fenstertechnik, Ikonen), Dialoggestaltung, Dateneingabe und technischen Lösungen zur Eingabe, Ausgabe und Steuerung unter Berücksichtigung besonderer Anforderungen, die sich aus dem multipersonalen Einsatz ergeben.

Aspekt *Tisch*:
- Die ergonomische Gestaltung des Tisches und seiner Oberfläche soll nicht beeinträchtigend auf Diskussionen wirken.
- Unterschiedliche Arbeitsweisen sollen ermöglicht werden:
  (1) reine Diskussionen
  (2) Papier- und Bleistiftarbeit
  (3) Computernutzung (inkl. mitgebrachtem Notebook-Rechner)
- Sitzanordnungen nehmen Einfluß auf die Arbeitsatmosphäre und legen variable Lösungen nahe.

Aspekt *Raum*:
- Grundrißgestaltung,
- Raumgröße und die darin unterzubringende
- Sitzungsteilnehmerzahl beeinflussen sich stark untereinander.
- Zahl gemeinsam benutzter und öffentlicher Anzeigegroßbildschirme ist teilweise abhängig von der gewählten Sitzanordnung.
- Ineinandergreifen der Blickebenen Monitor/Gesichter/Anzeigegroßbildschirm sollte gewährleistet sein.
- Erfordernisse von Beobachtungseinrichtungen sind zu berücksichtigen.

Aspekt *Informations- und Kommunikationstechnologien*:
- Vielfalt verfügbarer Medien und Einzeltechnologien mit
- nahtlosen Übergängen zwischen verschiedenen Informations- und Kommunikationstechnologien und
- Flexibilität ihrer Einsatzformen.

Diese Gestaltungsaspekte werden im Zusammenhang mit dem Hohenheimer CATeam Raum näher erörtert.

3 Gestaltung der Mensch-Computer Schnittstellen im Hohenheimer CATeam Raum

Der im Aufbau befindliche Hohenheimer CATeam Raum bietet eine Sitzungsumgebung mit Computerunterstützung. Der Raum war zu unterteilen in einen Bereich für die eigentliche Sitzung und einen Bereich für die Unterbringung der Technik und die forschungsbegleitende Beobachtung. In dem für 10-12 Sitzungsteilnehmer ausgelegten Sitzungsbereich erhält jeder Sitzungsteilnehmer am Konferenztisch jeweils direkten Zugang zu einem über ein Local Area Network (LAN) vernetzten Personal Computer. Ein breites Spektrum an Groupware [8] wird auf diesen Computern für die Teamarbeitsunterstützung verfügbar gemacht. Einzelne Bildschirminhalte können mittels Video-Beamer auf Großbildschirmen von allen Sitzungsteilnehmern gelesen werden. Die besonderen Anforderungen der Gestaltung von Mensch-Computer Schnittstellen in elektronischen Sitzungslabors werden berücksichtigt. Aufgegriffen wurden dabei vor allem die bei der Einrichtung amerikanischer Entscheidungsräume gemachten und in [1], [5], [9] und [10] dokumentierten Erfahrungen.

3.1 Überlegungen zur Gestaltung der Aspekte 'Monitor' und 'Tisch'

Bei der Monitor- und Konferenztisch-Gestaltung wurde Wert darauf gelegt, daß die persönlichen Bildschirme senkrecht zur Blickrichtung vor jedem Nutzer zur Verfügung stehen, wie Abb. 1 zeigt. Der Abstand des Monitors von der Tischkante wurde so gewählt, daß für die gegebene Auflösung noch eine gute Lesbarkeit des Monitors gewährleistet ist. Die leicht geneigten Bildschirme sind durch die überstehende Abdeckung nicht direkter Lichteinstrahlung ausgesetzt. Auf der verbleibenden Konferenztischfläche ist genügend Raum für die persönlichen

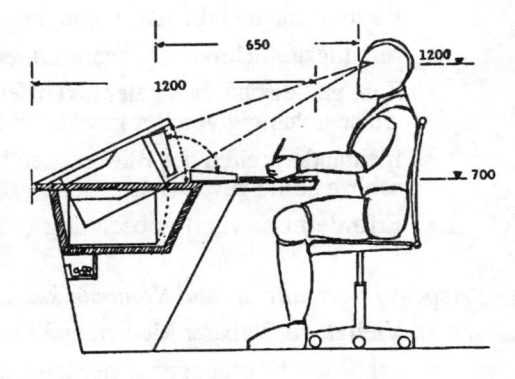

Abb. 1: Konferenztischquerschnitt (Angaben in mm)

Die CATeam Raum Umgebung als Mensch-Computer Schnittstelle 175

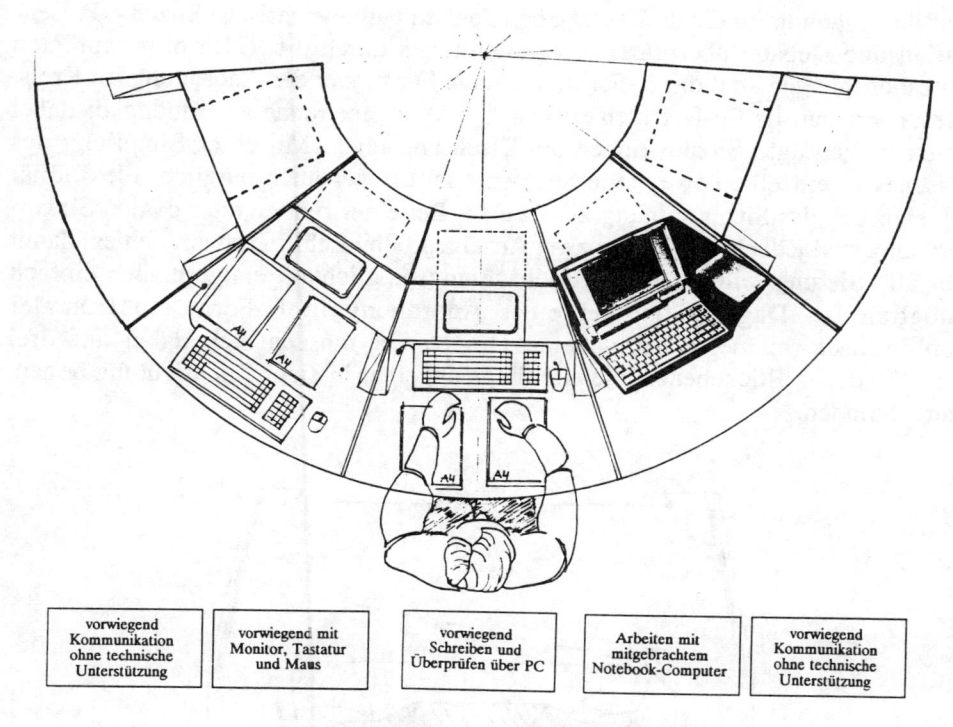

Abb. 2: Arbeitsweisen am CATeam Arbeitsplatz

Hilfsmittel wie Papier, Bleistift, Tastatur und Maus verfügbar. Deren Anordnung auf der Tischoberfläche ist beliebig und verwirklicht so eine flexible Unterstützung verschiedener Arbeitsweisen, wie in Abb. 2 dargestellt. Selbst die Einbeziehung eines vom Sitzungsteilnehmer mitgebrachten Laptop- oder Notebook-Computers ist vorgesehen, in dem die Anschlußvorrichtungen (Netzspannung und LAN-Adapter) dafür bereits in dem unter einer Klappe versteckten Stauraum für die Tastatur und Maus untergebracht sind.

Weiterhin wurden verschiedene Konferenztischformen

Sitzanordnung Teamarbeitsformen	Rund	Oval	U-Form
Parlamentarisch	–	o	+
Präsentation	o	o	+
Debatte	+	o	–
Empfohlene Anzahl an Großbildschirmen	2	2 - 3	1
Legende : + = besonders geeignet o = mittelmäßig geeignet – = kaum geeignet			

Abb. 3: Teamarbeitsformen und Sitzanordnungen

auf ihre Eignung für die drei Teamarbeitsformen parlamentarische Sitzung, Präsentation und Debatte überprüft. Die wesentlichen durch die Tischform geprägten Sitzanordnungen sind die U-Form, die ovale Form oder die Anordnung im Kreis. Besonders günstig für Debatten erweist sich dabei eine runde Anordnung, da dabei kaum bevorzugte Sitzpositionen am Tisch entstehen. Mit einer Einteilung des Tisches in einzelne bewegliche Segmente ist es aber auch möglich, Flexibilität hinsichtlich der Sitzanordnung zu erzielen. Bei einer runden oder ovalen Sitzanordnung sind jedoch mindestens zwei Anzeigegroßbildschirme zu empfehlen, damit für alle Sitzungsteilnehmer die Beobachtungsmöglichkeit einigermaßen einfach möglich ist. Dagegen ist bei einer Anordnung in U-Form ein frontaler Großbildschirm meist ausreichend. Die Nutzer müssen sich dabei auf drei verschiedenen Blickebenen, die allerdings ungefähr in einer Blickrichtung liegen, zurechtfinden.

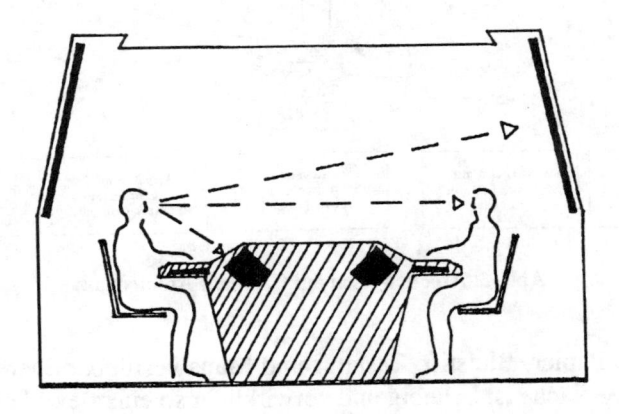

Abb. 4: Integration der verschiedenen Blickebenen

3.2 Überlegungen zur Gestaltung des Aspektes 'Raum'

Unter den Namen *Roman Church*, *Bistro*, *Classic Double*, *Winging It* und *Roundabout* wurden für den an der Universität Hohenheim für die CATeam Forschung verfügbaren Kellerraum mit Stützpfeiler in der Mitte verschiedene Raum- und Grundrißkonzepte entworfen. Eine detaillierte Darstellung der Alternativen kann FERWAGNER et. al. [2] sowie LEWE, KRCMAR [7] entnommen werden. Hier werden sie kurz charakterisiert.

Die Alternative *Roman Church* ist durch eine Kreuzform des Konferenzraumgrundrisses gekennzeichnet. Für den Konferenztisch ist die U-Form vorgesehen. An sei-

Die CATeam Raum Umgebung als Mensch-Computer Schnittstelle 177

nem vorderen Ende ist ein Großbildschirm untergebracht. Dieses Design spiegelt die Gestalt herkömmlicher Konferenzraumeinrichtungen wider. Im Gegensatz dazu zeichnet sich die *Bistro* Alternative dadurch aus, daß durch runde bewegliche Einzeltische, in die die gesamte Computerausrüstung integriert ist, die informelle Atmosphäre eines Bistros entstehen kann. Sämtliche Kabel werden zu einem Kabelanschlußhydranten in der Mitte des Raumes geführt. Beabsichtigt war die Anordnung der Tische in einem Dreiviertelkreis mit einem frontalen Großbildschirm. Für den Raumgrundriß wurde die kreisförmige Anordnung der Tische aufgegriffen. Bei der *Classic Double* Alternative gibt es den klassisch ovalen Konferenztisch wie er auch im Capture Lab [9] Verwendung fand. Es müssen aber mindestens zwei, für die Präsentationssituation eventuell auch noch ein dritter Großbildschirm bereitgehalten werden, damit eine gleichermaßen einfache Sicht von beiden Seiten des Tisches auf die gemeinsame Großanzeige gewährleistet ist. Komplikationen könnten bei dieser Lösung dann entstehen, wenn durch die Sitzanordnung Koalitionen von vorne herein nahegelegt werden. Ein sechseckiger Grundriß des Raumes läßt einen relativ großzügigen Konferenzbereich entstehen. Für die *Winging It* Alternative wurde vorgesehen, den ovalen Konferenztisch durch ein Umklappen von einzelnen Segmenten auf einer Seite des Tisches und das Herausfahren des mittleren Arbeitsplatzes sowohl die Debatten- als auch die Präsentationssituation zu unterstützen. Mit der *Roundabout* Lösung wurde durch einen kreisförmigen Tisch versucht, noch einen Schritt weiter in die Richtung der Unterstützung von Debatten zu gehen. Der Stützpfeiler im Raum wurde zu einer Säule verkleidet und in den ebenfalls runden Raum einbezogen, so daß ein sehr großer Konferenzraum und ein homogener Eindruck des Raum- und Tischdesigns entsteht. Von zwei Seiten her können Beobachtungen gemacht werden.

Die Gestaltungsvorschläge wurden im wesentlichen nach den Kriterien *Ausnutzung des gegebenen Raumes, Raumeindruck, mögliche Flexibilität in der Sitzanordnung und beim Forschungsprogramm, Neutralität auf gruppendynamische Aspekte wie Machtpositionen und Förderung von Koalitionen, Arbeitsplatzergonomie des Sitzungstisches und relative Kosten* bewertet. Eine übersicht darüber bietet die Tabelle in Abb. 6. Die in Abb. 5 im Grundriß skizzierte Roundabout Lösung schnitt demnach

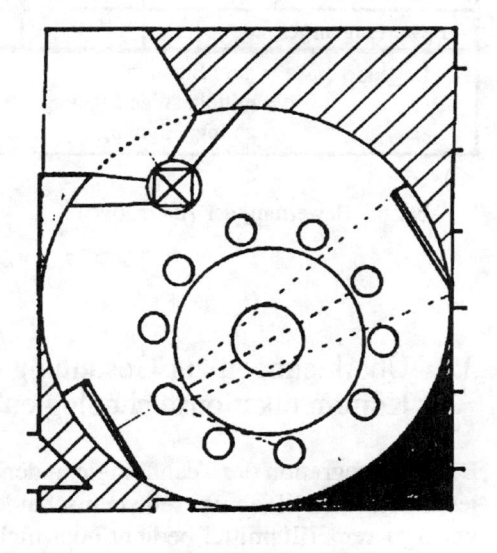

Abb. 5: Die Roundabout Alternative

den Anforderungen der Hohenheimer CATeam Forschung entsprechend am besten ab und ist für die Realisierung vorgesehen [2].

Alternative Wichtige Charakteristik	Roman Church	Bistro	Classic Double	Winging It	Round-about
Sitzanordnung	U	rund	oval	U/oval	rund
Zahl der Bildschirme	1	1	2 - 3	2	2
Bewertungskriterien					
Raumnutzung	o	+	+	+	+
Forschungsflexibilität	o	+	o	o	+
Raumeindruck	−	+	o	o	+
Flexibilität der Sitzordnung	−	+	o	+	+
Neutralität bezüglich der Machtposition und der Koalitionsbildung	−	+	−	o	+
Möglichkeit des "evolutionären" Wechsels zwischen Computerunterstützten und nicht-computerunterstützten Sitzungen	o	o	o	+	+
Arbeitsplatzergonomie	o	+	o	o	+
Relative Kosten (geschätzt)	gering	hoch	mittel	hoch	hoch
Bewertung insgesamt	−	+	o	o	+
Legende : + = gute Eignung o = mittelmäßige Eignung − = geringe Eignung					

Abb. 6: Bewertung der Alternativen

3.3 Überlegungen zur Gestaltung des Aspektes 'Informations- und Kommunikationstechnologien'

Bei der Integration der Technologie in den CATeam Raum steht im Mittelpunkt, daß jeder Sitzungsteilnehmer selbst entscheiden können soll, ob er sich eines der vielen verfügbaren Hilfsmittel bedient oder nicht. Sobald die Entscheidung zur Nutzung

Die CATeam Raum Umgebung als Mensch-Computer Schnittstelle   179

gefallen ist, ist der Zugang zur Technik so einfach wie möglich zu gestalten. Auf jeden Fall sollte die Technologie nicht im Wege stehen oder aufdringlich wirken. Dies bedeutete, daß die Monitore und Tastaturen so in den Sitzungstisch zu integrieren waren, daß sie bei Bedarf einfach zugeschaltet werden können, z. B. durch Hochklappen des Monitors wie in Abb.1 veranschaulicht. Abb. 7 zeigt ein Modell des Tisches, wie er realisiert wird. Die Monitore werden demnach nicht hochgeklappt, sondern schräg nach hinten in einem Schlitten hochgefahren. Tastatur, Maus und andere Anschlüsse befinden sich unter einer Klappe direkt vor dem Monitor und sind herausnehmbar. Die Technik wirkt kaum hemmend auf die Kommunikation, weil sich die ausgefahrenen Monitore nur wenige Zentimeter über der üblichen Tischhöhe befinden. Die Abdeckungen der Monitore bilden nach dem Herausfahren einen geschlossenen Ring.

Abb. 7: Modell des CATeam Tisches

Zur Ausstattung des CATeam Konferenzraumes gehören neben der Computertechnologie und den Großbildschirmen auch sonstige Hilfsmittel wie z. B. elektronische Tafeln, magnetische Schreibtafeln, Flipcharts, Overheadprojektoren, Video, Faxgerät, Scanner etc.

Insgesamt war es Ziel, im CATeam Raum eine freundliche Arbeitsatmosphäre ohne Technikdominanz entstehen zu lassen, die die zwischenmenschlichen Kontakte bei der computerunterstützten Gruppenarbeit erhält und stärkt.

4 Einbeziehung von Videokonferenztechnologie in die CATeam Raum Umgebung

Durch die Einbeziehung von Videokonferenztechnologie in die CATeam Raum Umgebung können einzelne Personen oder sogar Gruppen, die sich an anderen Orten aufhalten, in das Sitzungsgeschehen im CATeam Raum einbezogen werden. Verteilte Teamarbeit wird damit möglich. Dies kommt der bisher beobachtbaren Arbeit in Gruppen entgegen, bei der sich Phasen der Zusammenarbeit an bisher meist einem Ort und der örtlich verteilten Arbeit zur Bewältigung individueller Teilarbeitsaufgaben abwechseln.

Die bereits zuvor aufgeführten Gestaltungsaspekte der Mensch-Computer Schnittstelle sind um die Aspekte der Gestaltung der Mensch-Videokonferenzsystem Schnittstelle zu ergänzen. Im wesentlichen bestehen die folgenden Möglichkeiten der Einbeziehung der Videokonferenztechnik in Sitzungen:

Video-Conferencing: Bei dieser Art der Integration von Videokonferenztechnik wird ein gewöhnliches Videokonferenzsystem in den Sitzungsraum mit eingebaut. Videoaufnahmen von entfernten Sitzungsteilnehmern werden zusammen mit einem Audio-Signal übertragen. Die Arbeit im Sitzungsraum wird also durch eine Bewegtbild- und Tonübertragung mit dem Geschehen an anderen Orten gekoppelt. Ein digitale Verarbeitung der übertragenen Bilder ist nicht vorgesehen. Eine Speicherung kann aber über Rekorder erfolgen.

Integrated Video- and Computerconferencing: Auch hier besteht eine Verbindung zwischen verschiedenen Sitzungsorten durch eine Verbindung mittels analoger Videosignale. Zusätzlich können aber auch die Inhalte von Computerbildschirmen in analoge Video-Bilder umgewandelt über diese Verbindung übertragen werden. Somit sind Videobilder vom Sitzungsraum und von Bildschirminhalten in den verknüpften Sitzungsorten erhältlich.

Computer-Video-Conferencing: Bei dieser Art der Integration von Videokonferenztechnik werden Videoaufnahmen innerhalb eines Computernetzes übermittelt und in einem Fenster auf dem Monitor angezeigt. Die sonstige von den Teammitgliedern benutzte Software kann in weiteren Fenstern angezeigt werden und zusammen mit den digitalisierten Videobewegtbildern zwischen zwei über ein digitales Netz verbundene Sitzungsorte übertragen werden. Ohne Kompression setzt dies bei Nutzung öffentlicher Netze mindestens die Leistungsfähigkeit des nationalen Vorläufer Breitbandnetzes (VBN) für die Übertragungen voraus, um eine für die Nutzer annehmbare Qualität zu erzielen.

Die Verfügbarkeit von Videokonferenztechnik in elektronischen Sitzungsräumen erleichtert vor allem das kurzfristige Hinzuschalten von Experten oder kleineren Expertengruppen in einzelnen Sitzungsphasen. Es wird nicht erwartet, daß durch den Einsatz der Videokonferenztechnik das persönliche Zusammentreffen der Gruppenmitglieder ersetzt werden kann.

5 Schlußfolgerung

Die Zusammenarbeit von Menschen in elektronischen Sitzungsräumen kann positiv beeinflußt werden. Umgebungen, in denen computerunterstützte Teamarbeit stattfindet,

- erfordern ein sorgfältiges Abwägen aller Gestaltungsmöglichkeiten der Mensch- Computer Schnittstellen,
- sollten die Auffassung widerspiegeln, daß der Sitzungsraum als Ganzes als eine Mensch-Computer Schnittstelle zu verstehen ist und
- bieten wesentlich mehr als nur die technische Voraussetzung für effizientere und kooperativere Zusammenarbeit in Teams.

6 Literaturverzeichnis

[1] Dennis, A.; George, J.; Jessup, L.; Nunamaker, J.; Vogel, D.: Information Technology to Support Electronic Meetings. In: MIS Quarterly, 12(1988) no. 4, pp. 591-624

[2] Ferwagner, T.; Wang, Y.; Lewe, H.; Krcmar, H.: Experiences in Designing the Hohenheim CATeam Room. In: Bowers, J.; Benford, S. (Hrsg.): Studies in Computer Supported Cooperative Work: Theory, Practice and Design. Human Factors in Information Technology 8. North-Holland, Amsterdam-New York-Oxford-Tokyo 1991, pp. 251-265

[3] Herrmann, T.: Vernetzte Systeme und multimediale Anwendungen aus software-ergonomischer Sicht. In: Reuter, A. (Hrsg.): GI-20. Jahrestagung I: Informatik auf dem Weg zum Anwender. Stuttgart, 08.-12.10.1990, pp. 517-531

[4] Krcmar, H.: Computerunterstützung für Gruppen - Neue Entwicklungen bei Entscheidungsunterstützungssystemen. In: Information Management, 3(1988) no. 3, pp. 8-14

[5] Krcmar, H.: Besuchsbericht Sommer 1988: Labors für Computer-Supported Cooperative Work Forschung in den USA. Interner Arbeitsbericht des Lehrstuhls für Wirtschaftsinformatik an der Universität Hohenheim, Juli 1989

[6] Krcmar, H.: CSCW State of the Art. Past Achievements and Future Directions. Erscheint in: Proceedings of the IVth International Conference on Human-Computer Interaction (HCI), Stuttgart, 2.-6. September 1991

[7] Lewe, H.; Krcmar, H.: The CATeam Meeting Room Environment as a Human-Computer Interface. In: Gibbs, S.; Verrijn-Stuart, A. (Hrsg.): Multi-User Interfaces and Applications. Proceedings of the IFIP WG 8.4 Conference on Multi-User Interfaces and Applications. Heraklion, Kreta, Griechenland, 24.-26. September 1990. North-Holland, pp. 143-158

[8] Lewe, H.; Krcmar, H.: Groupware. Das aktuelle Schlagwort. Erscheint in: Informatik Spektrum.

[9] Mantei, M.: A Study of Executives Using a Computer Supported Meeting Environment. In: Decision Support Systems, (1989)

[10] Olson, G.; Olson, J.; Killey, L.; Mack, L.; Cornell, P.; Luchetti, R.: Designing Flexible Facilities for the Support of Collaboration. Erscheint in: Wagner, G. (Hrsg.): Computer Augmented Teamwork: A Guided Tour. Van Nostrand Rheinhold

[11] Pinsonneault, A.; Kraemer, K.: The Impact of Technological Support on Groups: An Assessment of the Empirical Research. In: Decision Support Systems, (1989) no. 5, pp. 197-216

Henrik Lewe, Helmut Krcmar
Universität Hohenheim, Institut für Betriebswirtschaftslehre (510H)
Lehrstuhl für Wirtschaftsinformatik
Postfach 70 05 62, D-7000 Stuttgart 70
E-Mail: lewe @ rus.uni-stuttgart.dbp.de, krcmar @ rus.uni-stuttgart.de

Standardsoftware als Basis eines Integrierten Electronic Meeting System

Otto Petrovic
Universität Graz

Zusammenfassung

Die vorliegende Arbeit versucht darzustellen, wie durch den Einsatz von Standardsoftware ein computerbasiertes System zur Unterstützung von Meetings realisiert werden kann. Hierfür wird zunächst untersucht, welche Belastung Meetings für Führungskräfte darstellen. Danach wird eine Grundtypologie vorhandener Electronic Meeting Systems (EMS) vorgestellt, welche der Kategorisierung bestehender Lösungsansätze dient.

Im nächsten Schritt werden auf Basis empirischer Befunde Anforderungen an ein 'Integriertes EMS' entwickelt, welche die Verbindung von zentraler und dezentraler Unterstützung, Akzeptanzüberlegungen sowie die Möglichkeit des Einsatzes von Standardsoftware umfassen. Darauf aufbauend wird das Konzept des 'Integrierten EMS auf Basis von Standardsoftware' vorgeschlagen, welches diesen Anforderungen gerecht wird. Zum Abschluß werden für die Unterstützung der einzelnen Meetingphasen adäquate Softwarekategorien vorgestellt und exemplarisch konkrete Produkte diskutiert.

1 Die Belastung durch Meetings und die Problemstellung der vorliegenden Arbeit

Vorliegende empirische Arbeiten zeigen deutlich, daß Führungskräfte einen beträchtlichen Teil ihrer Arbeitszeit in Meetings verbringen [22,15,10,17,16,9]. Die ersten Ergebnisse der vom Autor durchgeführten Studie 'Meeting Management von Führungskräften' zeigen, daß Führungskräfte 23% ihrer Arbeitszeit in Meetings verbringen. Dies sind pro Monat etwa 40 Arbeitsstunden. Die Teilnehmer bezeichnen 35% der Meetingzeit als ineffizient und sind mit 36% der Ergebnisse unzufrieden. Pro Monat werden je Führungskraft etwa 20.000 ÖS rein an Lohnkosten für Meetings ausgegeben, wobei der Zeit- und Kostenaufwand bei zunehmender Stellung im Unternehmen deutlich ansteigt.

Seit geraumer Zeit wird versucht, Meetings durch Informationstechnologie effektiver zu gestalten, wobei sich die Teilnehmer entweder in einem Raum oder an unterschiedlichen Orten befinden können. Es soll nun untersucht werden, ob eine *Integration dieser beiden Unterstützungsformen* sinnvoll ist und mit welcher *Standardsoftware* ein Integriertes EMS erstellt werden kann, das sowohl die Vor- und Nachbereitung, als auch die Durchführung von Meetings unterstützt.

2   Grundtypologien von EMS

Für die hier intendierten Ziele soll von zwei Hauptproblemen bei der Durchführung konventioneller Meetings ausgegangen werden:

* Alle Teilnehmer müssen gemeinsam an einem Ort zur selben Zeit anwesend sein und

* die Durchführung des Meetings weist oftmals einen geringen Effizienzgrad auf.

Aus dem ersten der beiden Problemfelder ergibt sich die Dimension der räumlichen und zeitlichen Anordnung der Unterstützung. Systeme welche zeitlich versetzte Kommunikation erlauben, werden als asynchrone Systeme bezeichnet. Kommunizieren die Teilnehmer alle zur selben Zeit, spricht man von einem synchronen EMS. Auch die räumliche Anordnung der Teilnehmer kann unterschiedlich sein. Befinden sich alle Teilnehmer in einem Raum, handelt es sich um ein zentrales, andernfalls um ein dezentrales EMS [21].

Dezentrale bzw. asynchrone Systeme sollen vorrangig die erstgenannte Problematik von Meetings - die Notwendigkeit der gleichzeitigen Anwesenheit der Teilnehmer an einem Ort - lösen. Die Grundvariante solcher Systeme ist das Computer Conferencing, welches in seiner erweiterten Form synchrone und asynchrone Kommunikation und die Übertragung von Texten, Sprache und Bildern erlaubt [5].

Zur zweiten Variante gehören Systeme, bei welchen sich alle Teilnehmer an einem Ort befinden und gleichzeitig miteinander kommunizieren. Solche Systeme sollen durch den Einsatz informationstechnologischer Verfahren primär dem zweiten Problembereich von Meetings - der mangelnden Effizienz der Durchführung - entgegentreten. Zu dieser Kategorie gehören Systeme, die meist als Electronic Decision Room (EDR) bezeichnet werden [20].

3 Die Forderung nach einem Integrierten EMS

Wie die Grundtypologien zeigen, basieren derzeit vorhandene EMS entweder auf einem dezentral-asynchronen bzw. -synchronen oder auf einem zentral-synchronen Konzept. Der folgende Abschnitt soll zeigen, daß eine Integration dieser beiden Typen notwendig ist, um Meetings in allen Phasen zu unterstützen.

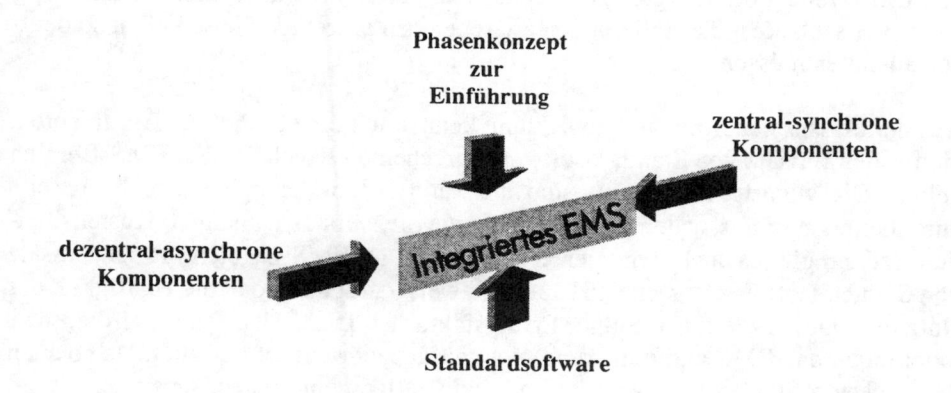

Abb. 1: Wesentliche Aspekte eines integrierten EMS

Interviews mit Managern, die ihre Meetings im zentral-synchronen EDR durchführten, zeigten, daß als Hauptnachteil die nach wie vor bestehende Notwendigkeit angesehen wird, die Teilnehmer zur selben Zeit in einen Raum zu bringen. Auch wurde der Wunsch geäußert, das System sowohl im EDR als auch im eigenen Büro zur Verfügung zu haben [19]. HILTZ [7] zeigt in seinem Vergleich von traditionellen face-to-face Meetings mit Computer Conferencing, daß die Kommunikation zwischen den Teilnehmern verstärkt aufgabenorientiert ist, wobei es zu einem Rückgang der sozial-emotionalen Komponente kommt. Dies führt dazu, daß die objektive Qualität der Ergebnisse steigt, die Übereinstimmung der Gruppenmitglieder jedoch zurückgeht. Durch das Fehlen der sozio-emotionalen Komponenten dürften auch die Aussagen von KRAEMER [12] erklärbar sein, der feststellte, daß bei Computer

Conferencing nur zu Beginn eine hinreichende Partizipation der Teilnehmer gegeben ist, welche danach im Zeitverlauf stark abnimmt. Seitens der Teilnehmer wird dies mit einer zu geringen Ähnlichkeit mit traditionellen Meetings begründet. Die Conclusio aus diesen Beispielen ist die Forderung, ein EMS *sowohl dezentral als auch zentral* zu gestalten, um einerseits eine Asynchronisierung des Arbeitsprozesses zu erreichen und andererseits die sozio-emotionale Komponente zu wahren.

APPLEGATE [1] weist darauf hin, daß die Akzeptanz für neue Technologien umso höher ist, je geringer die Änderungen bisheriger organisatorischer Abläufe sind. Gleichzeitig besteht jedoch die Gefahr, daß solche Innovationen nur einen geringen Nutzwert aufweisen. Anzustreben ist daher eine schrittweise Einführung eines EMS, was zwei wesentliche Vorteile aufweist. Ein Vorteil liegt darin, daß zunächst jene Bereiche unterstützt werden können, welche nur eine geringe Änderung des Arbeitsablaufes erfordern und gleichzeitig ein hohes Verbesserungspotential aufweisen. Der zweite Vorteil ergibt sich daraus, daß durch die schrittweise Veränderung des Arbeitsablaufes, die Änderungen zwischen den einzelnen Phasen nicht so deutlich ausfallen müssen.

Aus der klassischen Softwareentwicklung kennen wir eine Reihe von Argumenten, die für den Einsatz von Standardsoftware sprechen und auch für den EMS-Bereich gelten. Die wichtigsten hieraus sind die kurzfristige Verfügbarkeit, die bereits durchlaufenen umfassenden Testphasen sowie die weitaus günstigere Kostensituation. Jedoch gibt es auch Argumente, die speziell im EMS-Bereich für den Einsatz von Standardsoftware sprechen. HUBER [8] weist darauf hin, daß die Häufigkeit der Nutzung eines EMS ein wichtiger Erfolgsfaktor ist. Diese Häufigkeit wird erhöht, indem man das EMS aktivitäts- und nicht aufgabenorientiert gestaltet. Da es auch das Ziel von Standardsoftware ist, möglichst allgemein einsetzbar zu sein, wird diese Anforderung von Standardsoftware eher erfüllt als von spezialisierter Individualsoftware. Ein zweiter wesentlicher Aspekt ist die Forderung, daß die Benutzeroberfläche der EMS-Software den Standards der sonst vom Teilnehmer eingesetzten Software entspricht (MS-Windows, SAA-Konzept). Die Einhaltung dieser Standards ist ebenfalls eher bei Standardsoftware als bei Individualsoftware anzutreffen.

4 Das Konzept des Integrierten EMS auf Basis von Standardsoftware

Das Konzept des 'Integrierten EMS' versucht, den vier genannten Anforderungen gerecht zu werden. Ausgangspunkt sind hierbei die einzelnen Aufgaben, die in der

Vor- und Nachbereitung sowie der Durchführung von Meetings anfallen. Folgende Prämissen stellen die Eckpfeiler dieses Konzeptes dar:

* Das EMS soll dezentral-asynchrone Komponenten umfassen, damit nicht alle Meetingteilnehmer zur selben Zeit am selben Ort sein müssen.

* Das EMS soll face-to-face Komponenten umfassen, um die notwendigen sozio-emotionalen Elemente zu wahren.

* Das EMS soll aus der Sicht der Akzeptanz schrittweise eingeführt werden, wobei mit den Phasen der Vor- und Nachbereitung begonnen wird.

* Das EMS soll primär auf der Basis von Standardsoftware aufgebaut werden.

4.1 Schritt 1: Unterstützung der Terminabstimmung, der Ressourcenplanung und der Übermittlung der Ankündigung

Bei diesen Aufgaben handelt es sich um relativ einfach zu unterstützende Tätigkeiten, welche jedoch bereits ein hohes Potential zur Steigerung der Effektivität von Meetings besitzen.

Im Bereich der Terminabstimmung gilt es, einen Termin für das Meeting zu finden, welcher einerseits allen notwendigen Personen die Teilnahme ermöglicht und andererseits zu einer zeitgerechten Erledigung der anstehenden Themen führt. Die Ressourcenplanung umfaßt beispielsweise die Bereitstellung von Tagungsräumen, von Arbeitsunterlagen und der notwendigen technischen Ausstattung. Diese beiden Bereiche können dezentral-asynchron durch Standardsoftware aus dem Bereich der Gruppenterminkalender und des Projektmanagements unterstützt werden. Gruppenterminkalender dienen der Ermittlung von freien Terminen der Meetingteilnehmer und verfügen zum Teil auch über die Möglichkeit der Ressourcenverwaltung, andernfalls kann hierfür entsprechende Projektmanagement-Software herangezogen werden.

Nach der Terminfestlegung kann eine Ankündigung des Meetings an die Teilnehmer übermittelt werden. Diese sollte neben den Teilnehmern, dem Datum, dem Ort und der Agenda, auch Hinweise auf mitzubringende Unterlagen und auf die spezielle Rolle des jeweiligen Teilnehmers enthalten. Gerade der letzte Punkt soll begründen, warum eine Teilnahme eigentlich notwendig ist und somit ein genaues Durchdenken der Teilnehmerstruktur mitsichbringen. Auch diese Aufgabe kann dezentral-asynchron unterstützt werden, wobei sich hierfür Standardsoftware aus dem Bereich des Electronic Mail eignet.

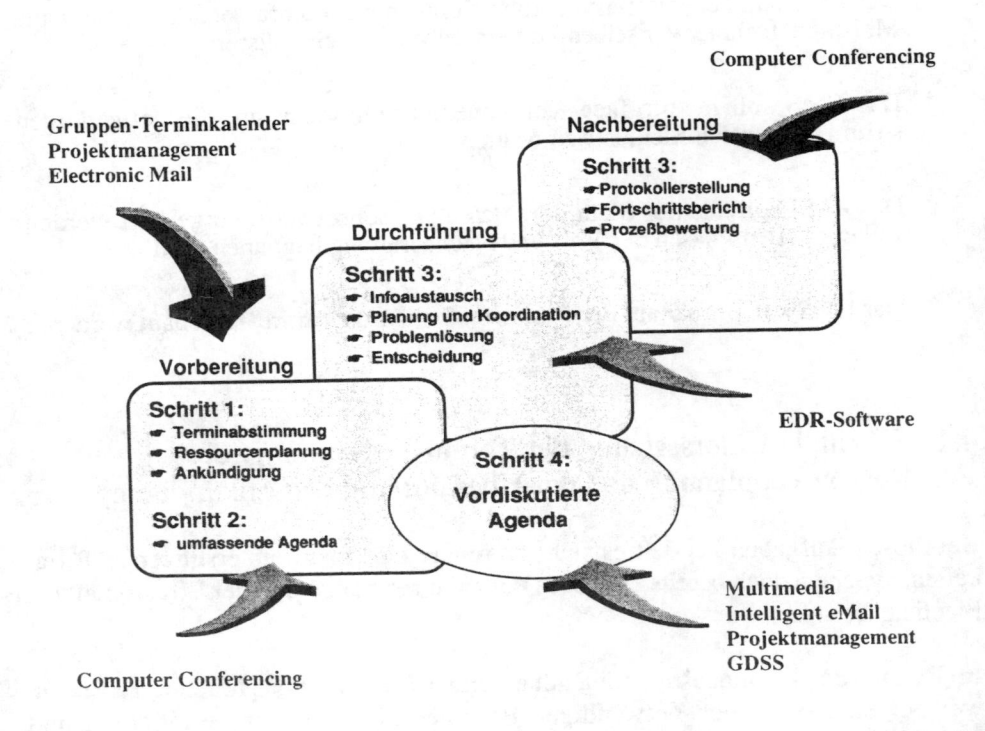

Abb. 2: Standardsoftware zur Realisierung eines Integrierten EMS

4.2 Schritt 2: Die Erstellung und Übermittlung der umfassenden Agenda

Haben sich die in Schritt 1 eingeführten Komponenten bewährt und innerhalb der Unternehmensorganisation etabliert, kann zur nächsten Phase übergegangen werden. Ziel dieser Phase ist eine klare Darstellung der einzelnen Tagesordnungspunkte (TOPs) in Form einer umfassenden Agenda. So kann jeder Teilnehmer - vorbehaltlich der Zustimmung des Sitzungsleiters - einen TOP einbringen. Hierbei sind für jeden TOP verbindlich anzuführen: eine kurze Beschreibung, der Name des Einbringers, der geplante Zeitaufwand, die benötigten Teilnehmer, die hieraus resultierenden Minutenkosten, der Typ (Infoaustausch, Planung und Koordination, Problemlösung, Entscheidung), die Fragen und Punkte, die zu klären sind, und die Definition des Zieles, das mit der Einbringung des TOPs erreicht werden soll. Für die Erstellung dieser umfassenden Agenda eignet sich besonders Standardsoftware aus dem Bereich des Computer Conferencing. So können die TOPs am elektronischen 'Schwarzen Brett' innerhalb einer bestimmten Frist eingebracht und vom Sitzungsleiter entsprechend selektiert und gruppiert werden.

4.3 Schritt 3: Die technologische Unterstützung der face-to-face Komponente und der Nachbereitung

Während die ersten beiden Schritte die Vorbereitungsphase dezentral-asynchron unterstützen, erfordert die face-to-face Komponente eine zentral-synchrone Unterstützung. Wesentlich ist hierbei, daß die in der Vorbereitungsphase erarbeitete Agenda stets sichtbar ist und auch eingehalten wird. Ziel sollte sein, daß jeder, der etwas beitragen kann, auch die Gelegenheit hierfür hat. Voraussetzung dafür ist jedoch, daß durch eine Deindividualisierung persönliche Animositäten und Hierarchiedenken abgebaut werden [4, 11]. Daneben sollten positive gruppendynamische Effekte genutzt werden sowie Schlußfolgerungen und getroffene Beschlüsse zusammenfassend wiederholt und mit den Zielen der Agenda verglichen werden. Für diese Unterstützung der face-to-face-Komponente in Form des EDR-Konzeptes eignet sich spezielle EDR-Software.

Ein wesentliches Ziel der Nachbereitungsphase ist die rasche Erstellung eines Protokolls, welches folgende Punkte für jeden TOP beinhalten soll: Kurze Beschreibung des TOPs, komprimierte Darstellung der eingebrachten Diskussionspunkte, die erlangten Ergebnisse, die notwendigen Handlungen, die Personen, die diese Handlungen durchführen, sowie Fristen für diese Handlungen. Für die Erstellung des Protokolls eignet sich EDR-Software, während für die notwendigen Fortschrittsberichte der beschlossenen Handlungen eine Projektmanagement-Software zum Einsatz kommen kann. Als letzter Punkt der Nachbereitung sollte eine Prozeßbewertung bezüglich des ganzen Meetingablaufes erfolgen, wofür sich eine dezentral-asynchrone Unterstützung in Form des Computer Conferencings eignet.

4.4 Schritt 4: Vordiskutierte Agenda

Ziel dieses Schrittes ist die Erweiterung der umfassenden Agenda um eine 'Vordiskussion' der einzelnen TOPs, was zu einer weiteren Dezentralisierung und Asynchronisierung des Meetingprozesses führt. Abhängig von der Art des TOPs (Infoaustausch, Planung und Koordination, Problemlösung, Entscheidung), haben die Teilnehmer die Möglichkeit, Informationen zu übermitteln, Planungs- und Koordinationsvorschläge einzubringen, Lösungsmöglichkeiten vorzuschlagen oder bei Entscheidungen ihre Wahl zu treffen. Während sich für den Informationsaustausch besonders multimediale Systeme und intelligente Electronic Mail-Systeme eignen [13, 25, 24], kann für den Planungs- und Koordinationsprozeß Projektmanagement-Software und für den Problemlösungs- und Entscheidungsprozeß Decision Support Software herangezogen werden.

5 Exemplarische Beispiele für Einsatzmöglichkeiten von Standardsoftware

5.1 Ein 'Group Information Manager' zur Terminabstimmung, Ressourcenplanung und Übermittlung der Ankündigung

Als Beispiel für einen Group Information Manager - einen um Gruppenfunktionen erweiterten Personal Information Manager - soll das unter der grafischen Benutzeroberfläche MS-Windows verfügbare System 'PackRat' [23] dienen. Die wesentlichen Funktionen umfassen einen elektronischen Kalender, Adreßverwaltung, Telefonmanagement, Funktionen für Meetings, To-Do-Listen, Scheckbuchverwaltung, Zeiterfassung, Dokumentenverfolgung, Notiz-Karteien und Ressourcenverwaltung. Jeder dieser Funktionsbereiche kann mit anderen verknüpft werden. Beispielsweise können einem Termin im elektronischen Kalender Personen aus der Adreßverwaltung und Ressourcen aus der Ressourcenverwaltung zugeordnet werden. Das System ist auf die Nutzung durch Gruppen im Local Area Network ausgelegt und verfügt über die Möglichkeit, Benutzergruppen mit entsprechenden Berechtigungen zu definieren.

Um eine *Terminabstimmung* für ein Meeting vorzunehmen, sind zunächst für jeden Meetingtyp 'Templates' anzulegen, welche die gewünschten Teilnehmer beinhalten. Um eine Terminabstimmung für ein bestimmtes Meeting vorzunehmen, ist das entsprechende Template aufzurufen, die geplante Dauer des Meetings und ein gewünschter Zeitraum für die Anberaumung anzugeben. Danach ermittelt das System durch die Durchsicht der Terminkalender der gewünschten Teilnehmer alle freien Termine und schlägt sie dem Leiter des Meetings vor, welcher einen bestimmten Termin auswählen kann. Dieser Terminvorschlag wird danach an alle Teilnehmer übermittelt, und der Termin in deren Terminkalender vermerkt. Der Leiter

Standardsoftware als Basis eines Integrierten EMS

des Meetings kann jederzeit überprüfen, ob die einzelnen Teilnehmer den Terminvorschlag angenommen oder abgelehnt haben, oder ob sie noch nicht geantwortet haben. Sobald der Leiter des Meetings den Termin endgültig festlegt, erhalten die Teilnehmer eine entsprechende Nachricht.

Zur *Ressourcenplanung* können die benötigten Hilfsmittel analog zu den Teilnehmern in dem 'Template' für das jeweilige Meeting festgelegt werden. Die Ressource wird nach Terminisierung des Meetings für den Meeting-Zeitraum reserviert. Über ein Gantt-Diagramm kann die Auslastung der einzelnen Ressourcen kontrolliert werden. Sowohl für die Teilnehmer als auch für die Ressourcen können Kostensätze angegeben werden, welche in Verbindung mit der Dauer des Meetings zur Ermittlung der Meeting-Kosten dienen.

Die *Übermittlung der Ankündigung* erfolgt auf zweierlei Arten. Zunächst werden die Teilnehmer nach der Festlegung des Termins automatisch über die endgültige Fixierung informiert. Zusätzlich kann noch eine detaillierte Ankündigung übermittelt werden, welche die weiter oben angeführten Inhalte aufweist.

5.2 Der Group Information Manager zur Erstellung einer umfassenden Agenda

Jeder der einen Tagesordnungspunkt (TOP) einbringen möchte, kann in PackRat eine entsprechende Indexkarte mit einem TOP-Template anlegen. Dieses Template dient der Eingabe der weiter oben angeführten Elemente der umfassenden Agenda. Nachdem der TOP angelegt wurde, wird er mit dem im Terminkalder festgehaltenen Meeting verbunden. Jeder Teilnehmer kann nun ersehen, welche TOPs bereits vorliegen, kann nähere Informationen darüber abrufen und ggf. Anmerkungen und Ergänzungen vornehmen. Das Feld für Anmerkungen ermöglicht es, bereits einen ersten Schritt in Richtung der 'vordiskutierten Agenda' zu gehen. Alle Informationen zu den TOP's können als Textdatei exportiert werden und in Programme importiert werden, welche zentral-synchrone Meetings in Form des Electronic Decision Rooms unterstützen.

5.3 Spezielle EDR-Software zur Unterstützung der face-to-face Komponente

GroupSystems [18] ist die kommerzielle Version des an der University of Arizona entwickelten EDR-Systems PLEXYS und ist das am meisten empirisch überprüfte EDR-System. Die Grundkonzeption von GroupSystems geht davon aus, daß jeder

Teilnehmer einen Personal Computer besitzt, und ein Public Screen von einem Koordinator gesteuert wird. In der Vorbereitung des EDR-Meetings wird im Hinblick auf die Agenda entschieden, welche der in Abb. 3 dargestellten Tools eingesetzt werden sollen. Die Agenda kann direkt als Textdatei aus anderen Programmen übernommen oder mittels GroupSystems erstellt werden. Das System ist für die Unterstützung der Durchführungsphase entwickelt worden, leistet aber auch wertvolle Hilfe für die Nachbereitungsphase. So kann beispielsweise mit dem Tool 'Group Writer' gemeinsam von allen Teilnehmern während der Sitzung ein Protokoll erstellt werden.

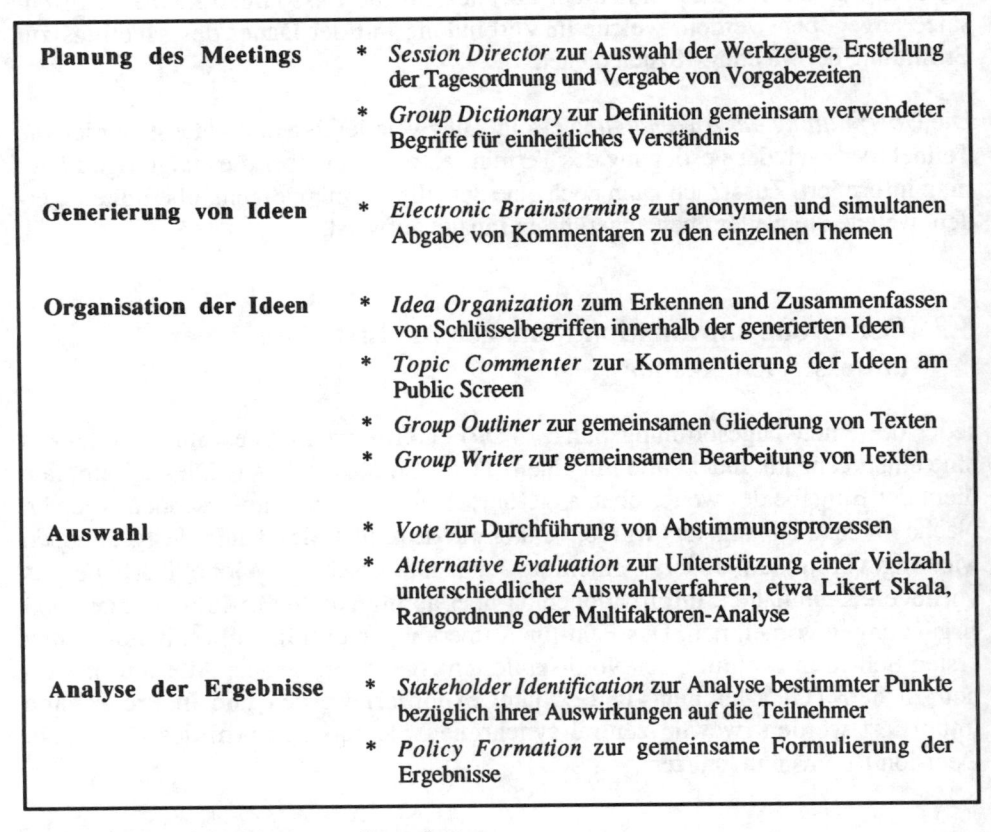

Planung des Meetings	* *Session Director* zur Auswahl der Werkzeuge, Erstellung der Tagesordnung und Vergabe von Vorgabezeiten
	* *Group Dictionary* zur Definition gemeinsam verwendeter Begriffe für einheitliches Verständnis
Generierung von Ideen	* *Electronic Brainstorming* zur anonymen und simultanen Abgabe von Kommentaren zu den einzelnen Themen
Organisation der Ideen	* *Idea Organization* zum Erkennen und Zusammenfassen von Schlüsselbegriffen innerhalb der generierten Ideen
	* *Topic Commenter* zur Kommentierung der Ideen am Public Screen
	* *Group Outliner* zur gemeinsamen Gliederung von Texten
	* *Group Writer* zur gemeinsamen Bearbeitung von Texten
Auswahl	* *Vote* zur Durchführung von Abstimmungsprozessen
	* *Alternative Evaluation* zur Unterstützung einer Vielzahl unterschiedlicher Auswahlverfahren, etwa Likert Skala, Rangordnung oder Multifaktoren-Analyse
Analyse der Ergebnisse	* *Stakeholder Identification* zur Analyse bestimmter Punkte bezüglich ihrer Auswirkungen auf die Teilnehmer
	* *Policy Formation* zur gemeinsame Formulierung der Ergebnisse

Abb. 3: Die Basisfunktionen von GroupSystems

5.4 Einsatzmöglichkeiten zweier eMail-Systeme

Das bereits seit 1985 verfügbare System 'The Coordinator' [25] umfaßt als Hauptkomponenten einen Gruppen-Terminkalender und ein intelligentes eMail. Der

Gruppen-Terminkalender besitzt ähnliche Funktionen wie sie bereits bei PackRat beschrieben wurden. Die Besonderheit von The Coordinator ist das auf Prinzipien der Sprechakt-Theorie basierte eMail. Hierbei wird jede Nachricht einer bestimmten Kategorie, etwa Information, Frage, Aufforderung oder Versprechen, zugeordnet. Dies erlaubt zwei zentrale Funktionen des Systems: Einerseits können die Nachrichten klassifiziert und entsprechend gruppiert werden, und andererseits kann eine Konversation strukturiert und nachvollziehbar gemacht werden. Dies wird dadurch erreicht, daß einzelnen Nachrichten nur bestimmte Nachrichtenarten folgen können. So muß beispielsweise einer Aufforderung zu einer bestimmten Aktion eine Annahme oder Ablehnung folgen. The Coordinator eignet sich i.b. zur Terminabstimmung, Ressourcenplanung und Übermittlung der Ankündigung innerhalb eines Integrierten EMS. Durch die Möglichkeit, mehrere Teilnehmer in den Konversationsprozeß einzubeziehen und bestimmte Aktionen zu delegieren, eignet sich The Coordinator auch zur Realisierung der vordiskutierten Agenda.

DaVinci eMail [3] zeichnet sich durch ein hohes Maß an Benutzerfreundlichkeit aus, was primär auf die Verfügbarkeit unter MS-Windows zurückzuführen ist. Neben den typischen Funktionen eines eMail-Systems, besitzt daVinci zahlreiche Gateways zu anderen eMail-Systemen, zu Faxkarten sowie zu voice mail und eignet sich dadurch gut für den Einsatz in WANs. In Verbindung mit HP NewWave können zahlreiche Anwendungen über die Macro-Sprache des 'Agent' realisiert werden. So kann etwa eingehende Post sortiert und weitergeleitet werden oder Meetings abhängig von den Antworten der Teilnehmer auf die Einladungen fixiert oder abgesagt werden. DaVinci eignet sich im Rahmen eines Integrierten EMS primär als zusätzliches Kommunikations-Werkzeug in der Vor- und Nachbereitungsphase der Meetings. So kann etwa die Ankündigung versandt, eine Diskussion zu einzelnen Punkten der Tagesordnung mit bestimmten Teilnehmern geführt oder das Sitzungsprotokoll durch daVinci übermittelt werden.

5.5 Einsatzmöglichkeiten zweier Entwicklungsumgebungen

Lotus Notes [14] stellt eine Umgebung für die Entwicklung von Groupware-Applikationen dar. Hierbei werden vier Basisfunktionen angeboten: Die effektive Verarbeitung von zusammengesetzten Dokumenten (Text, Grafik, Tabellen, Formulare), eine Datenbankkomponente zur Verwaltung dieser Dokumente, ein Verteilungsmechanismus für die Daten an verschiedene Standorte und ein spezielles Sicherheitssystem für den Zugriff und die Übertragung der Daten. Über 'Templates' - dies sind Vorlagen für die Generierung von Notes Applikationen - können spezielle Anwendungen realisiert werden. Auf diesem Wege wird prozedurales Wissen, z.B. der Dokumentlauf innerhalb einer Auftragsbearbeitung, und deklaratives Wissen, beispielsweise die notwendigen Inhalte einer Auftragsbestätigung, in das

System eingebracht. Lotus Notes eignet sich für die Unterstützung der asynchronen Komponente eines Integrierten EMS. Durch die hohe Flexibilität in der Erstellung von Anwendungen, kann nicht nur die Terminabstimmung und die Ressourcenplanung durchgeführt, die Ankündigung übermittelt und eine umfassende Agenda erstellt werden, sondern auch das Konzept der vordiskutierten Agenda implementiert werden. So können zusammengesetzte Dokumente als Diskussionsbeitrag eingebracht werden und über 'Hyperlinks' mit anderen Beiträgen oder vorhandenen Informationen verknüpft werden. Durch festgehaltenes prozedurales Wissen kann eine bestimmte Reihenfolge bei der Einbringung und der Bearbeitung von Diskussionsbeiträgen erreicht werden. Aufgrund der ausgefeilten Verteilungs- und Sicherheitsmechanismen eignet sich Lotus Notes besonders für den Einsatz in WANs und großen LANs.

Toolbook [2] ist eine auf der grafischen Benutzeroberfläche MS-Windows basierende Entwicklungsumgebung für Hypermedia-Anwendungen. Durch objektorientierte Funktionen können auf einfache Art Text und Grafik verbunden, Befehlsfolgen durch einen Recorder aufgezeichnet, Hyperlinks über hotwords und bottoms erstellt, Grafiken und Texte beliebig gestaltet, Datenbankfunktionen genutzt sowie eine umfassende Befehlssprache eingesetzt werden. Durch die Hypermedia-Komponenten eignet sich Toolbook primär für die Realisierung der vordiskutierten Agenda. So kann jeder Teilnehmer nicht nur einen TOP einbringen, sondern auch seine Diskussionsbeiträge hypermedial gestalten. Ist das Ziel des TOPs beispielsweise die Entscheidung über eine Kooperation mit einem anderen Unternehmen, so können neben Textinformationen über das Unternehmen und Grafiken über die Umsatzentwicklung auch Videos, die eine Unternehmenspräsentation beinhalten, oder digitalisierte Sprache, die Antworten zu bestimmten Themen umfaßt, eingebracht werden. Alle diese Informationen können untereinander oder mit bereits im Unternehmen vorhandenen Informationen mittels Hyperlinks verknüpft werden.

6 Schlußbemerkung

Die vorliegende Arbeit versuchte zu zeigen, daß Meetings eine massive Belastung für Führungskräfte darstellen und unterschiedlichste Anstrengungen unternommen werden, diese technologisch zu unterstützen. Aus empirischen Befunden mit diesen Lösungsansätzen kann der Bedarf nach einem 'Integrierten Electronic Meeting System' abgeleitet werden, welches die Vor- und Nachbereitung und auch die Durchführung unterstützt und sowohl dezentral-asynchrone als auch zentral-synchrone Unterstützung bietet. Daneben wurde auf die Bedeutung einer schrittweisen Einführung - beginnend bei der Vor- und Nachbereitung - hingewiesen und

Lösungsmöglichkeiten aus dem Bereich der Standardsoftware vorgestellt. Den Abschluß bildet die exemplarische Darstellung konkreter Produkte, welche für den Aufbau eines Integrierten EMS herangezogen werden können.

Wie diese Überlegungen zeigten, gibt es aus technologischer Sicht zahlreiche Lösungsmöglichkeiten für ein computergestütztes Meeting-Management. Den Engpaßfaktor stellt vermutlich nicht die Technologie dar, sondern vielmehr der Mangel an Einführungskonzepten. Noch wissen wir zuwenig über die organisatorischen Voraussetzungen und Auswirkungen von computergestütztem Meeting-Management, ebenso ist noch zuwenig über dessen Auswirkung auf die sozio-emotionale Komponente in Meetings bekannt. Es bedarf einer Weiterentwicklung der EMS-Forschung der 'ersten Generation': Es sollten unterschiedliche Systeme in unterschiedlichen Situationen und im Hinblick auf unterschiedliche Auswirkungen untersucht und allgemein gültige Aussagen über EMS angestrebt werden. Vielmehr benötigen wir die Überprüfung im betrieblichen Einsatz, wobei vor allem Unterschiede in der zu lösenden Aufgabe, der Gruppe, dem Kontext und des eingesetzten EMS beachtet werden und nicht zuletzt auch betriebswirtschaftliche Kosten-Nutzen-Kalküle angestellt werden.

7 Literatur

[1] Applegate, M. Lynda: Technology Support for Cooperative Work: A Framework for Studying Introduction and Assimilation in Organizations, in: Journal of Organizational Computing 1 (1991) no.1, pp.11-39

[2] Asymetrix Corporation: Using Toolbook, Bellevue 1989.

[3] Da Vinci Systems Corporation: Da Vinci eMail User's Guide, Raleigh 1990.

[4] DeSanctis, Gerardine & Gallupe, R. Brent: A Foundation for the Study of Group Decision Support Systems, in: Management Science 33 (1987) no.5, pp.589-609

[5] Ellis, C. A., Gibbs, S. J. & Rein, G. L.: Groupware - Some Issues and Experiences, in: Communication of the ACM 34 (1991) no.1, pp.39-58

[6] Grohowski, Ron et al.: Implementing Electronic Meeting Systems at IBM: Lessons Learned and Success Factors, in: MIS Quarterly 14 (1990) no.4, pp.369-383

[7] Hiltz, R. Starr, Johnson, J. Kenneth & Turoff, Murray: Experiments in Group Decision Making - Communication Process and Outcome in Face-to-Face Versus Computerized Conferences, in: Human Communication Research 13 (1986) no.2, pp.225-252

[8] Huber, George P.: Issues in the Design of Group Decision Support Systems, in: MIS Quarterly 8 (1984) no.3, pp.195-204

[9] Hymowitz, Carol: A Survival Guide to the Office Meeting, in: Wall Street Journal (1988) June 21, pp.35

[10] Ives, Blake & Olson, H. Margrethe: Manager or Technician? The Nature of the Information Systems Manager's Job, in: MIS Quarterly 5 (1981) no.4, pp.49-62

[11] Jessup, M. Leonhard, Connolly, Terry & Galegher, Jolene: The Effects of Anonymity on GDSS Group Process With an Idea-Generating Task, in: MIS Quarterly 14 (1990) no.3, pp.313-321

[12] Kraemer, Kenneth L. & King, John Leslie: Computer-Based Systems for Cooperative Work and Group Decision Making, in: ACM Computing Surveys 20 (1988) no.2, pp.115-146

[13] Malone, W. Thomas et al.: Intelligent Information-Sharing Systems, in: Communications of the ACM 30 (1987) no.5, pp.390-402

[14] Michalk, Gunter: Pilotprojekt: Workgroup Computing, in: Office Management (1991) no.6, pp.14-19

[15] Mintzberg, Henry: The Nature of Managerial Work, New York 1973.

[16] Mosvick, K. Roger & Nelson, B. Robert: We've Got to Start Meeting Like This!, Glenview 1987.

[17] Müller-Bölling, Detlef, Klautke, Elke & Ramme, Iris: Soziologische Studie durchleuchtet: Manager-Alltag, in: Bild der Wissenschaft (1989) no.1, pp.104-109

[18] Nunamaker, J.F. et al.: Electronic Meeting Systems to Support Group Work, in: Communications of the ACM 34 (1991) no.7, pp.40-61

[19] Nunamaker, Jay et.al.: Experiences at IBM with Group Support Systems: A Field Study, in: Decision Support Systems 5 (1989) no.2, pp.183-196

[20] Petrovic, Otto: Electronic Decision Room, in: io Management Zeitschrift 61 (erscheint 1992) no.3.

[21] Petrovic, Otto: Electronic Meeting Systems, in: Zeitschrift für Organisation (im Erscheinen).

[22] Petrovic, Otto: Meeting Management von Führungskräften - Teil 1: Das methodische Vorgehen, in: Arbeitspapiere des Institutes für Betriebswirtschaftslehre der Öffentlichen Verwaltung und Verwaltungswirtschaft an der Universität Graz (1991).

[23] Polaris Software: PackRat User's Reference Manual, Escondido 1990.

[24] Shepherd, Allan, Mayer, Niels & Kuchinsky, Allan: Strudel - An extensible electronic conversation toolkit, in: The Association for Computing Machinery (Hrsg.): Proceedings of the Conference on Computer-Supported Cooperative Work. Los Angeles 1990, S. 93-104

[25] Winograd, Terry: Where the Action Is, in: Byte 13 (1988) no.12, pp.256A-258

Diese Arbeit ist Teil des Forschungspojektes TIINA, welches vom Jubiläumsfond der Oesterreichischen Nationalbank (Nr. 3857) unterstützt wird.

Otto Petrovic
Universität Graz
Institut für Betriebswirtschaftslehre
der Öffentlichen Verwaltung und Verwaltungswirtschaft
Babenbergerstraße 10
A-8020 Graz

Telekonferenzsystem mit graphischer Dialogsteuerung

Petra Nietzer
Universität Ulm

Zusammenfassung

Das Leistungsmerkmal Telefonkonferenz wird „pur", so wie es in privaten Telekommunikationsanlagen und bald auch im öffentlichen ISDN-Netz angeboten wird, wegen mangelnder Arbeitsunterstützung kaum ernsthaft genutzt. In dieser Arbeit wird ein Telekonferenzsystem vorgestellt, das -mit Unterstützung eines Bürocomputers- die Telefonkonferenz um für Diskussionssitzungen unentbehrliche Elemente erweitert: ein Wortmeldungsprotokoll und die Möglichkeit der gemeinsamen Dokumentenbearbeitung. Die graphische Benutzerschnittstelle des Systems ist intuitiv bedienbar und ermöglicht auch Gelegenheitsbenutzern den sicheren Umgang mit dem System.

Warum benutzt niemand sein Telefon zum Konferenzgespräch?

Möchten sich zwei Personen an verschiedenen Orten kurz unterhalten, verwenden sie ganz selbstverständlich das Telefon. Möchten sich mehrere Personen kurz besprechen, benutzen sie in den seltensten Fällen die Telefonkonferenz, sondern verabreden ein gemeinsames Treffen. Und dies, obwohl heute fast jeder auf seinem Schreibtisch ein komfortables Telefon stehen hat, das eine Konferenzschaltung ermöglicht. Warum wird die so einfach verfügbare und vergleichsweise billige Telefonkonferenz für Besprechungen kaum genutzt?

Die Gesprächsteilnehmer am Telefon haben mit Schwierigkeiten zu kämpfen, die bei einem face-to-face-Treffen gar nicht auftreten. Der Gesprächsablauf regelt sich durch Mimik, Gestik und Blickkontakt unter den Teilnehmern ganz von selbst. Am Telefon jedoch ist nicht sofort erkennbar, wer an der Konferenz teilnimmt, wer gerade spricht, wer sprechen will, oder wer überhaupt noch zuhört (Stimmen am Telefon zu erkennen ist auch in einem digitalen Telefonnetz nicht einfach). Die Teilnehmer fallen sich gegenseitig unabsichtlich ins Wort, schweigsame Teilnehmer werden vergessen („Hat Herr Müller etwa schon aufgelegt?"). Vieles muß erst umständlich mit Worten statt einfach über Blickkontakt ausgehandelt werden. Dies alles macht ein telefonisches Konferenzgespräch zu einer mühsamen Angelegenheit.

Kaum ein Gruppentreffen kommt ohne schriftliche Dokumentation wie Texte oder Zeichnungen aus, die jedem vorliegen oder herumgereicht werden. Die Teilnehmer einer Telefonkonferenz müssen ihre Dokumente über Fax, E-Mail oder Dateitransfer an ihre Partner übermitteln. Dies muß bereits vorab geschehen, oder der Gesprächsverlauf wird immer wieder gestört (es dauert eine Weile, bis ein Fax nacheinander an fünf oder sechs Empfänger abgeschickt ist). Ein umständliches und nicht sehr produktives Vorgehen.

Ein konferenzfähiges Telefon allein genügt also nicht für eine benutzerfreundliche Telefonkonferenz. Ein System ist gefordert, das die Telefonkonferenz komfortabel aufbereitet und trotzdem noch einfach genug ist, daß sich der Benutzer auf sein eigentliches Ziel konzentrieren kann, nämlich eine erfolgreiche Gruppenarbeit zu leisten. Am modernen Büroarbeitsplatz steht neben dem digitalen Telefon fast immer auch ein Arbeitsplatzrechner, vielleicht sogar schon übers Telefon mit dem Telefonnetz verbunden. Warum also nicht die Möglichkeiten beider Geräte miteinander verbinden?

Ein Telekonferenzsystem mit Wortmeldung und Dokumentenbearbeitung

Das Telekonferenzsystem, das an der Fakultät für Informatik der Universität Ulm, Abteilung Verteilte Systeme, entwickelt wird, macht die Telefonkonferenz für den Anwender attraktiv. Es unterstützt ihn mit einem Wortmeldungsprotokoll und der Möglichkeit einer gemeinsamen Dokumentenbearbeitung.

Der Aufbau der Konferenzschaltung und die Kontrolle über die Telefonverbindungen geschieht, wie vorher auch, mit dem digitalen Telefon (das kann zum Beispiel bereits ein Computer mit Telefonanwendung sein). Auf dem Bürocomputer läuft das Telekonferenzsystem als Anwendungsprogramm neben den anderen Büroanwendungen. Telefonanwendung und Konferenzsystem kommunizieren über eine Softwareschnittstelle, genannt Abstract Personal Communications Manager (APCM) [2]. APCM ist ein Programmierinterface für Telekommunikationsanwendungen zur Kommunikationssoftware und Telefonnetz. Über diese Schnittstelle liefert die Kommunikationssoftware der Anwendersoftware Informationen über den Zustand der Konferenzschaltung, wie zum Beispiel welche Teilnehmer angeschaltet sind, wer hinzukommt, ob jemand aufgelegt hat. Und es werden Datenmeldungen der Anwendersoftware transparent weitergegeben.

Interaktive Benutzeroberfläche

Die Benutzeroberfläche des Telekonferenzsystems ist ein graphisches Fenstersystem und richtet sich nach den von SHNEIDERMAN [8] definierten und zum Beispiel auch von ZIEGLER und FÄHNRICH [9] beschriebenen Prinzipien der Direkten Manipulation:

- permanente Sichtbarkeit der jeweils interessierenden Objekte
- schnelle, umkehrbare, einstufige Benutzeraktionen mit unmittelbar sichtbarer Rückmeldung
- physische Aktionen (Maus, Tasten) statt komplexer Kommando

Das Bildschirmfenster, in dem die Teilnehmer der Telefonkonferenz mit ihren Attributen graphisch dargestellt werden, ist das „Telekonferenz"-Fenster. Jeder Teilnehmer der Konferenzschaltung, auch der lokale Teilnehmer, ist in diesem Fenster durch ein Icon symbolisiert (siehe Abbildung 1).

Abb. 1: Das „Telekonferenz"-Fenster

Der Benutzer selbst findet sich in der unteren Fensterhälfte dargestellt, seine Konferenzpartner sind in der oberen Fensterhälfte abgebildet. Jeder Benutzer kann sein Icon selbst bestimmen. Dies kann zum Beispiel ein Firmenlogo oder auch ein gescanntes Foto sein. Das Icon wird beim Aufbau der Konferenz an die anderen

Teilnehmer übertragen. Unter den Icons stehen die Namen oder die Anschlußnummern der Teilnehmer (im ISDN-Netz wird die Teilnehmeridentifikation sowieso übertragen, den Namen überträgt das intelligente Konferenzsystem selbst). Jeder erkennt auf einen Blick, wer seine Gesprächspartner sind. Kommt ein Teilnehmer neu zur Konferenz, erscheint sein Icon in den Telekonferenz-Fenstern aller Partner. Legt ein Teilnehmer auf, verschwindet auch sein Icon aus den Telekonferenz-Fenstern der anderen.

Wer spricht? – Wortmeldungsprotokoll

Der Blickkontakt, über den in Gesprächen ganz selbstverständlich wichtige Informationen zwischen den Partnern ausgetauscht werden, fehlt in einer Telefonkonferenz. Es ist für alle Beteiligten störend, nicht zu sehen, wer sprechen will, wer aufmerksam zuhört, wer vielleicht gerade unkonzentriert ist, oder wer zu einem Einwand ansetzen will. Um diesen Schwierigkeiten entgegenzuwirken, führt für einen reibungslosen Diskussionsverlauf das Konferenzsystem ein Wortmeldungsprotokoll durch. In diesem Protokoll wird für die Konferenzteilnehmer graphisch erkennbar gemacht, wer der aktuelle Rederechtinhaber ist und wer sich als nächstes zu Wort meldet (siehe Abbildung 2a): eine Sprechblase kennzeichnet den aktuellen Rederechtinhaber und ein gehobener Meldefinger die Wortmeldung eines Teilnehmers.

Abb. 2a: Wortmeldungsprotokoll

Telekonferenzsystem mit graphischer Dialogsteuerung 201

Der Ablauf des Wortmeldungsprotokolls wird über einen Softwareknopf gesteuert, den jeder Benutzer in seinem Konferenzfenster hat. Mit diesem Knopf kann der Benutzer nur die im momentanen Zustand mögliche Aktion auslösen. Mögliche Aktionen sind „Wortmeldung", „Meldung zurücknehmen" und „Rederecht abgeben". Wie in einer face-to-face-Diskussion auch, sollte sich jedes Diskussionsmitglied zu Wort melden. Dies erfolgt durch Drücken des Knopfes „Wortmeldung". Bei den Icons der Konferenzteilnehmer, die einen Redewunsch angemeldet haben, erscheint nun das Symbol des Melde-Zeigefingers und der Softwarebutton wechselt in die Funktion „Meldung zurücknehmen". War der Teilnehmer der einzige Redewillige, erhält er vom System sofort das Rederecht zugewiesen. Sein Meldezeigefinger-Icon wird durch eine Sprechblase ersetzt, solange er das Rederecht besitzt. Das Rederecht bleibt bei einem Teilnehmer, bis es dieser wieder durch Drücken des Softwarebuttons abgibt (siehe Abbildung 2b).

Abb. 2b: Wortmeldungsprotokoll

Haben mehrere Teilnehmer einen Redewunsch angemeldet, baut das System intern eine „Redeschlange" in der Reihenfolge der eingegangenen Wortmeldungen auf. Das Konferenzsystem überträgt den Redewilligen der Reihe nach das Rederecht. Dies erfolgt über ein Dialogfenster, in dem das System nachfrägt, ob der Teilnehmer das Rederecht noch haben möchte. Hat sich sein Diskussionsbeitrag inzwischen erledigt, kann er das Rederecht noch im Dialogfenster weitergeben. Davon abgesehen kann jeder Teilnehmer seine Wortmeldung zu jedem Zeitpunkt durch Drücken des Softwarebuttons wieder zurückziehen.

In einer nächsten Version des Telekonferenzsystems wird die automatische Rederechtzuweisung optional auch durch eine Gesprächsleitungsfunktion ersetzt werden können. Ein Teilnehmer erhält die Funktion eines Gesprächsleiters und kann dann durch Anklicken der Teilnehmericons das Rederecht vergeben und auch wieder entziehen.

Das Wortmeldungsprotokoll ist auf die Disziplin der Teilnehmer angewiesen. Das Telekonferenzsystem verhindert nämlich Zwischenrufe von Nicht-Redeberechtigten nicht, obwohl es technisch möglich wäre, nur dem Redeberechtigten das Mikrofon einzuschalten. Der Anwender soll durch eine solche Maßnahme nicht das Gefühl haben, vom Wortmeldungsprotokoll abhängig zu sein.

Auch kann der Benutzer beim Umgang mit dem Telekonferenzsystem am Zustand seiner Telefonverbindungen nichts „falsch" machen, wie sich selbst oder gar einen seiner Partner versehentlich aus der Konferenz zu werfen (wovor man bei manchen digitalen „Komfort"-Telefonen ja nie ganz sicher sein kann). Er muß sich, um solche Dinge tun zu können, explizit wieder der Telefonanwendung, beziehungsweise seinem Telefonapparat zuwenden. Ist die Telefonanwendung ebenfalls ein fensterorientiertes Programm, in dem die Telefonverbindungen mit Icons dargestellt werden, wie zum Beispiel in [7] beschrieben, kann allerdings folgender benutzerfeindliche Effekt auftreten: der Benutzer verwechselt durch die ähnliche graphische Darstellung Telefonapplikation und Telekonferenz und versucht erfolglos, im Telekonferenzsystem Telefonmerkmale zu aktivieren oder sucht in der Telefonapplikation nach nicht vorhandenen Konferenzfeatures. Dieses Problem tritt allgemein immer dann auf, wenn auf einem desktop-orientierten Bildschirm zu viele Fenster mit ähnlichen Applikationen aktiv sind (zum Beispiel DTP- und Textverarbeitungsprogramme).

Worüber wird gesprochen? – Gemeinsame Dokumente an der Pinnwand

In jeder Diskussionsrunde geht es um ein gemeinsames Thema, ein Dokument oder eine Zeichnung. Eine wichtige Forderung an ein Telefonkonferenzsystem ist deshalb die Möglichkeit, Dokumente eines beliebigen Teilnehmers allen anderen auf dem Bildschirm anzeigen zu können. Heute kann man auch davon ausgehen, daß Texte und Graphiken bereits auf Arbeitsplatzrechnern erstellt werden und diese Dokumente so ohne zusätzlichen Aufwand dem Telekonferenzsystem in computerlesbarer Form verfügbar sind.

Telekonferenzsystem mit graphischer Dialogsteuerung 203

Das zweite wichtige Fenster des Telekonferenzsystems ist das „Pinnwand"-Fenster (siehe Abbildung 3). Jedes Dokument, das sich an der Pinnwand befinde, ist von allen Telekonferenzteilnehmern einzusehen. Möchte ein Teilnehmer während der Telekonferenz ein Dokument seinen Partnern zugänglich machen, „heftet" er es über einen Menubefehl an die gemeinsame „Pinnwand". Jedes angepinnte Dokument erscheint nun bei jedem Teilnehmer als Dokumentenicon mit Dokumentnamen und Absender in der Kopfleiste seines Pinnwandfensters. Klickt der Benutzer ein Dokumentenicon an, wird der Inhalt des Dokuments im unteren Teil des Pinnwandfensters angezeigt. Das Dokument kann mit einem beliebigen Text- oder Graphikprogramm erstellt worden sein, mit der (leider) notwendigen Einschränkung, daß es in einem der vom Telekonferenzsystem unterstützten Dateiformate vorliegen muß.

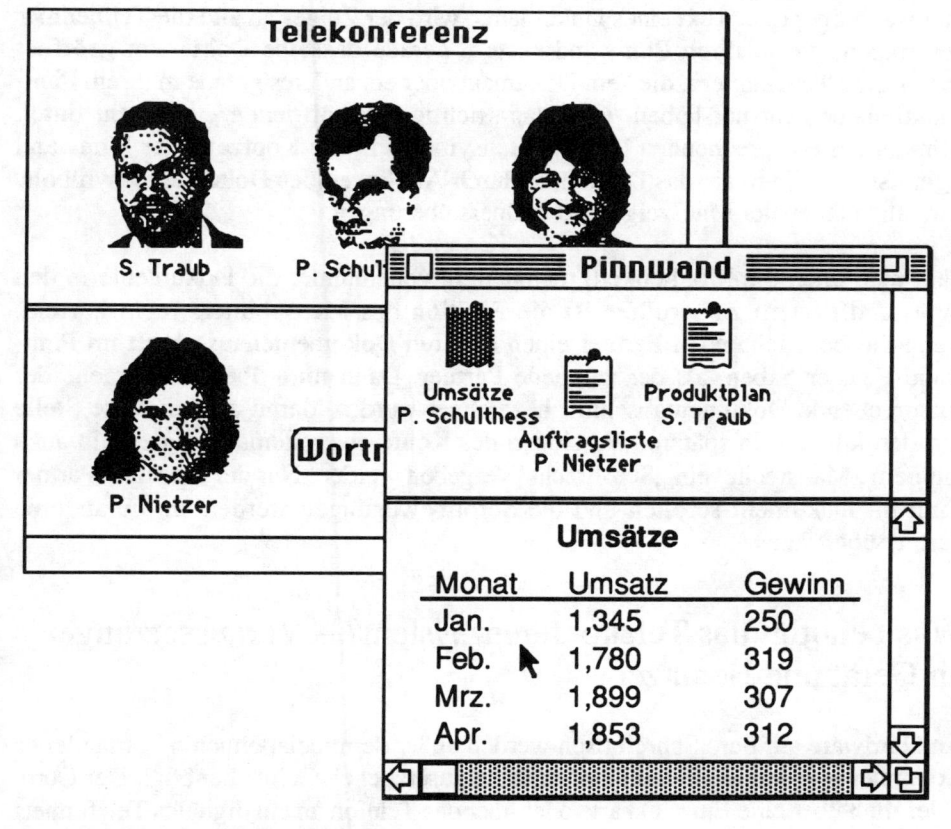

Abb. 3: Das „Pinnwand"-Fenster

Für einfache Dokumente und Notizen, die während der Konferenz erstellt werden, hat das Telekonferenzsystem einen persönlichen Notizen-Editor integriert. Jeder

Teilnehmer kann für sich während des Gesprächs, ohne die Konferenzanwendung verlassen zu müssen, kurze Notizen und Texte erstellen und diese nach demselben Prinzip wie oben an die Pinnwand heften.

Welches Detail ist gemeint? – Der Mauszeiger

Gemeinsam dasselbe Dokument zu sehen, nützt nicht viel, wenn die Gesprächspartner selbst keinen Sichtkontakt zueinander haben. Sie brauchen eine Möglichkeit, gegenseitig auf Details in den Dokumenten im Pinnwand-Fenster deuten zu können. Das gängigste Zeigeinstrument am Bürocomputer ist immer noch die Maus und der Bildschirm-Cursor. Der Besitzer des Rederechts (der mit der Sprechblase) hat im Telekonferenzsystem auch das „Mausrecht". Befindet sich sein Mauszeiger in seiner Pinnwand über dem Text eines Dokuments, wird der Zeiger an alle die Teilnehmer übertragen, die in ihren Pinnwandfenstern gerade dasselbe Dokument geöffnet haben. Den Teilnehmern, die kein Dokument oder ein anderes gerade in ihrem Pinnwandfenster geöffnet haben, wird das „richtige" zu öffnende Dokument durch Blinken des entsprechenden Dokumentensymbols in der Kopfzeile der Pinnwand signalisiert. Öffnen sie das Dokument durch Anklicken des Dokumentensymbols, wird auch ihnen der Mauszeiger des Redners übertragen.

Läßt man allen die Möglichkeit, unabhängig voneinander die Dokumente in den Pinnwandfenstern zu scrollen, ist die Position des Mauspointers nicht korrekt, wenn die beobachtenden Partner einen anderen Dokumentenausschnitt im Pinnwand-Fenster haben, als der zeigende Partner. Dann muß über die Sprache der entsprechende Dokumentabschnitt bezeichnet werden, damit alle an diese Stelle scrollen können. In späteren Versionen des Konferenzsystems wird deshalb auch mit dem „Mausrecht" ein „Scrollrecht" vergeben werden. Nur der zeigende Partner kann im Dokument scrollen und die Scrollbewegungen werden an die anderen Partner übertragen.

Was benötigt das Telekonferenzsystem? – Voraussetzungen an Gerät und Benutzer

An Hardware auf dem Schreibtisch werden außer dem meist ohnehin vorhandenen Computer und dem digitalen Telefon keine zusätzlichen Geräte benötigt. Der Computer muß über eine Einsteckkarte oder über das Telefon an ein digitales Telefonnetz angeschlossen sein. Das System wird sich nicht nur auf die Inhouse-Kommunikation über eine private Telekommunikationsanlage beschränken, sondern wird auch über das öffentliche ISDN-Netz betrieben werden können (sobald sich die Standardisierungsgremien über die Signalisierungsprotokolle einig geworden sind).

Der Anwender braucht für die Bedienung des Telekonferenzsystems nicht mehr technisches Wissen, als er es bereits hat, wenn er mit seinem Telefon und einem Computer mit graphischer Oberfläche umgehen kann. Das Telekonferenzsystem ist ein einfach bedienbares, interaktives System zur Unterstützung von Gruppenarbeit in einer Telefonkonferenz. Die graphische Visualisierung der Teilnehmer durch Icons am Bildschirm und die Einführung des Wortmeldungsprotokolls läßt das bei einer Telefonkonferenz sonst unvermeidliche Durcheinanderreden und das „Keiner-weiß-wer-dran-ist"-Gefühl erst gar nicht aufkommen. Das System beschränkt sich auf das wesentliche (nur ein Button für das Wortmeldeprotokoll). Auch der Gelegenheitsbenutzer kann sich auf das Gespräch und die gemeinsamen Dokumente konzentrieren und muß nicht hauptsächlich mit der Bedienung des Systems kämpfen.

Ein System zum „Anfassen"? – Prototyp und weiterer Ausbau des Telekonferenzsystems

Ein Prototyp des Telekonferenzsystems mit den beschriebenen Leistungsmerkmalen ist auf einem Apple Macintosh-Rechner implementiert. An diesem Prototyp wird getestet, ob die bereits implementierten Funktionen des Telekonferenzsystems auch tatsächlich für den Benutzer nützlich und intuitiv bedienbar sind. Weitere Systemmerkmale, wie die Erweiterung der Pinnwandfunktion zum gemeinsamen Editieren, das bereits erwähnte „Scrollrecht", die Einführung eines Konferenzleiters, Hilfe bei der Protokollerstellung, automatische Sprechererkennung, Sprechzeitenstatistiken oder komfortablere Tools für die gemeinsame Dokumentenbearbeitung werden implementiert und sollen dann in einer ersten Stufe in der Inhouse-Telekommunikation auf Anwenderakzeptanz getestet werden.

Literatur

[1] Mary Elwart-Keys, David Halonen, Marjorie Horton, Robert Kass, Paul Scott: User Interface Requirements For Face to Face Groupware, in: CHI Proceedings, Computer and Human Interaction Conference, 1990, pp 295-301.

[2] Konrad Froitzheim: Abstract Personal Communications Manager (APCM). Interne Mitteilung, Universität Ulm, 1991.

[3] Jack F. Gerissen, John Daamen: Inclusion of a „Sharing" Feature In Telecommunication Services, in: Proceedings of the 13th Int. Symp. on Human Factors in Telecommunications, 1990, pp 601-608.

[4] Hannes Lubich, Bernhard Plattner. A Proposed Model and Functionality Definition for a Collaborative Editing and Conferencing System, in: Multi-User Interfaces and Applications, S. Gibbs and A. A. Verrijn-Stuart (Hrsg.), Elsevier Science Publishers B. V. (North-Holland), 1990, pp 215-232.

[5] Belden Menkus. Why not try „Audio Teleconferencing"?, in: Modern Office Technology, Vol. 32, No 10, Okt. 1987, pp 124-126.

[6] Petra Nietzer. Telekonferenzen im ISDN – Attraktive Anwendung. net 44 (1990), Heft 12, v. Decker, Heidelberg, pp 524-529.

[7] Petra Nietzer, Peter Schulthess: Ein ISDN-Endgerät mit graphischer Telefonoberfläche, in: ITG Fachbericht 113, Kommunikation im ISDN, K.-H. Rosenbrock (Hrsg.), VDE, Berlin, 1990, pp 145-152.

[8] Ben Shneiderman. Direct Manipulation: A Step beyond Programming Languages. IEEE Computer, Vol. 16, Aug. 1983, pp 57-69.

[9] J. E. Ziegler, K.-P. Fähnrich: Direct Manipulation, in: Handbook of Human-Computer Interaction, M. Helander (Hrsg.), Elsevier Science Publishers B. V., North-Holland, 1988, pp 123-133.

Petra Nietzer
Universität Ulm
Fakultät für Informatik, Abt. Verteilte Systeme
Oberer Eselsberg, W-7900 Ulm

Wirklichkeitsgerechte Koordinierung kooperativer Bürovorgänge[1]

Bernhard Karbe
Norbert Ramsperger
IABG mbH, Ottobrunn

Zusammenfassung

Kooperative Bürovorgänge bilden häufig Sequenzen von Schritten, die durch verschiedene Bearbeiter in unterschiedlichen organisatorischen Rollen ausgeführt werden. In vielen Büros gibt es die Notwendigkeit zur Unterstützung bei Abweichungen von vordefinierten Wegen. Einige Bürovorgänge sind außerdem gar nicht formalisiert. ProMInanD modelliert Bürovorgänge durch Elektronische Umlaufmappen, die automatisch durch eine Büroorganisation wandern und beliebige Dokumente transportieren können. Anforderungen der Nutzer, Spezifikation von Bürovorgängen und ihre Steuerung werden beschrieben.

1 Einleitung

Nach wie vor bereitet es Schwierigkeiten, die Natur der Büroarbeit zu verstehen. Natürlich wird Büroarbeit im Detail von Sachbearbeitern und Vorgesetzten ausgeführt, die hier vereinfachend Bearbeiter genannt werden. Natürlich fügen sich diese Einzelaktivitäten in umfassendere Aktivitäten und schließlich in ein Ganzes. Dieses ist häufig organisiert in Form von Bürovorgängen. Dabei können an einem Bürovorgang mehrere Bearbeiter beteiligt sein oder auch nur einer. Das Vorgehen kann streng formalisiert oder völlig unstrukturiert sein. Die Tätigkeiten können blanke Routine oder hochkreativ sein. In der Regel kommen jedoch nach unseren Beobachtungen in großen Organisationen Mischformen vor. Schließlich unterliegen Büroorganisationen häufigen Veränderungen, insbesondere was die Aufbau- und

---

[1] Dieses Papier ist das Ergebnis des Projektes ProMInanD - *Extended Office Process Migration with Interactive Panel Displays.* ProMInanD wurde gefördert durch ESPRIT - *European Strategic Programme for Research and Development in Technologies.*

Ablauforganisation angeht, aber auch was die betriebliche Terminologie und die typischen Vorgehensweisen angeht.

ProMInanD ist ein System zur Steuerung von Vorgängen [5,6,7,8]. Von Anfang an war es das Ziel, sowohl formalisierte als auch unstrukturierte kooperative Bürovorgänge ebenso zu unterstützen wie Abweichungen von vordefinierten Formalismen, wobei außerdem der Veränderlichkeit der Büroumgebungen Rechnung zu tragen war. Das Vorgangsmodell sollte für den Endanwender einfach zu verstehen sein, wobei sich die Behandlung von Ausnahmesituationen harmonisch in das gewählte Konzept einfügen sollten. ProMInanD sollte sich dabei auf die Steuerung von Vorgängen konzentrieren.

In konventionellen Büros sind sogenannte Umlaufmappen das typische und bestbekannte Werkzeug, um kooperative Bürovorgänge zu organisieren [12]. Umlaufmappen enthalten beliebige Arten von Dokumenten und trennen streng zwischen dem Transportmittel Umlaufmappe einerseits und der inhaltlichen Arbeit auf den Dokumenten andererseits. Die Namen der beteiligten Bearbeiter oder Organisationseinheiten werden auf die Umlaufmappe geschrieben. Ein interner Botendienst sorgt für ihren Transport von einem Ausgangskorb zu dem Eingangskorb des nächsten Bearbeiters. Umlaufmappen sind außerordentlich flexibel. Ihre Nachteile sind ihre Langsamkeit und die Schwierigkeit, weitergeschickte Vorgänge in einer Organisation wieder aufzufinden.

2 Anforderungen aus der Praxis

In der Regel arbeiten bei der Durchführung von Büroaufgaben mehrere Mitarbeiter zusammen. Sie leisten ihre Beiträge entsprechend den von ihnen wahrgenommenen Funktionen. Die Unterstützung der Büroarbeit muß also einerseits die Erstellung individueller Beiträge abdecken und andererseits die Kooperation beim Ablauf von Vorgängen. Die Abläufe der verschiedenartigen Vorgänge sind durch Vorschriften geregelt, die einerseits spezifisch für die Organisation und andererseits auf die jeweilige Aufgaben bezogen sind. Je strikter diese Vorschriften sind, umso formalisierter sind die einzelnen Vorgänge. Trotzdem ist ein Büro voll von Ausnahmen: oft muß auf wechselnde Prioritäten oder unvorhergesehene Umstände reagiert werden. Außerdem ist zu berücksichtigen, daß Mitarbeiter Menschen sind, die Fehler machen können, die unterschiedliche Arbeitsstile haben, und die Stimmungen unterworfen sind. Eine praxisgerechte Unterstützung der Büroarbeit muß daher fähig sein, Ausnahmen jeder Art behandeln zu können. Das folgende Beispiel soll zeigen, wie Ausnahmen bereits bei ganz einfachen Aufgaben ins Spiel kommen können, die gemeinhin als voll formalisierbar gelten.

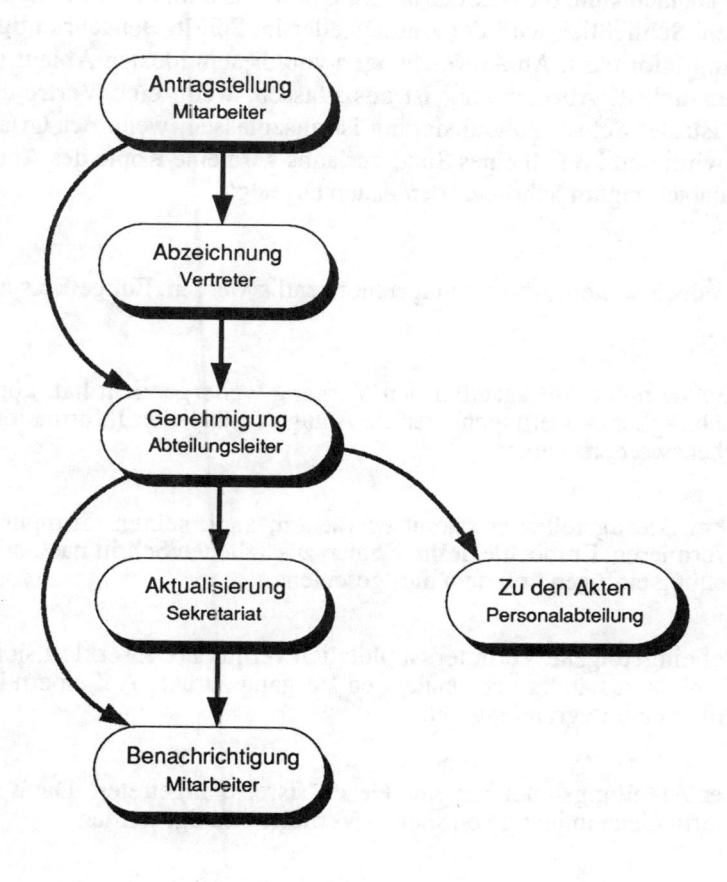

Wirklichkeitsgerechte Koordinierung kooperativer Bürovorgänge

Abb. 1: Büroaufgabe Urlaubsantrag

Als Beispiel ist eine Aufgabe gewählt, die überall auf der Welt wohl in jeder Organisation immer wieder durchzuführen ist, und die deshalb auch von allen verstanden wird, nämlich der Urlaubsantrag. Dessen Teilaufgaben - Schritte - und deren Aufeinanderfolge sind in Abbildung 1 dargestellt. Zu ihrer Durchführung wird ein fortzuschreibendes Urlaubsformular mittels einer Umlaufmappe an die beteiligten Mitarbeiter ausgeliefert. Der vorgesehene Ablauf beginnt beim Antragsteller in dem Schritt Antragstellung mit dem Eintrag der erforderlichen Daten einschließlich des Vertreters. Dieser bestätigt die Vertretung mit seiner Unterschrift im Schritt Abzeichnung. Der Abteilungsleiter stimmt dem Antrag im Schritt Genehmigung zu. Danach kann die Sekretärin ihre Urlaubsliste im Schritt Aktualisierung fortschreiben. Schließlich wird der Antragsteller im Schritt Benachrichtigung von dem Ausgang informiert. An Abweichungen von diesem idealen Ablauf sind vorgesehen: der Schritt Abzeichnung ist auszulassen, wenn eine Vertretung nicht notwendig ist; der Schritt Aktualisierung ist auszulassen, wenn der Urlaub nicht genehmigt wird; und im Fall eines Sonderurlaubs wird eine Kopie des Antrags von der Personalabteilung im Schritt Zu den Akten abgelegt.

Es können jedoch weitere Abweichungen notwendig werden. Einige Beispiele dafür sind:

– Nachdem der Antragsteller den Vorgang weitergereicht hat, können ihm nachträglich Änderungen oder die Anlage zusätzlicher Informationen wünschenswert erscheinen.

– Dem Antragsteller erscheint es ratsam, auch seinen Gruppenleiter zu informieren. Er möchte deshalb einen zusätzlichen Schritt nach der Antragstellung einfügen, mit dem dies geschieht.

– Der eingetragene Vertreter ist plötzlich verhindert. Er erklärt sich deshalb für nicht zuständig und sendet den Vorgang zurück. Auf einem Haftzettel teilt er eine Begründung mit.

– Der Abteilungsleiter hat eine Geschäftsreise angetreten. Dann sollte der Schritt Genehmigung von seinem Vertreter erledigt werden.

– Dem Abteilungsleiter kommen Zweifel, ob der Vertreter in dem eingetragenen Zeitraum die Aufgaben tatsächlich übernehmen kann. Deshalb schickt er den Vorgang als Rückfrage zurück. Auf einem Haftzettel erläutert er seine Zweifel.

– Der Abteilungsleiter möchte seine Entscheidung von der Meinung des Projektleiters abhängig machen. Also delegiert er den Vorgang an den Projektleiter mit der Bitte um Beantwortung.

– Der Abteilungsleiter will mit seiner Entscheidung noch warten. Deshalb legt er den Vorgang entweder auf den Stapel auf seinem Schreibtisch oder - bei einem voraussichtlich längerem Warten - auf Wiedervorlage zu einem ihm genehmen Termin.

- Um seinen Vertreter vom Ergebnis der Bearbeitung zu informieren, schickt ihm der Antragsteller eine Kopie des Formulars in seiner abschließenden Form.

Das Beispiel zeigt die Notwendigkeit von Ausnahmebehandlungen selbst für einfache formale Vorgänge. Zugleich gibt es Hinweise auf unterschiedliche Bereiche, die in einer Büroumgebung geeignet unterstützt werden müssen:

Unterstützung der Inhaltsbearbeitung

Diese erfordert den Einsatz geeigneter Applikationsprogramme zur Durchführung der einzelnen Schritte. In dem Beispiel könnte ein hinreichend mächtiges Formularsystem alle Schritte unterstützen. ProMInanD verwendet dafür ein eigenes Formularsystem, bietet darüber hinaus aber die Möglichkeit, beliebige Programme zu integrieren. Auf diese Weise können auch bereits vorhandene Programme genutzt und bereits integrierte leicht durch neue Versionen ersetzt werden. Nicht zuletzt hat der Mitarbeiter die Freiheit, unter mehreren für einen Schritt geeigneten Programmen auszuwählen, etwa seinen "Lieblingseditor".

Unterstützung am Schreibtisch

Der Mitarbeiter ist an die herkömmlichen Arbeitsmittel wie Umlaufmappe, Eingangskorb, Ausgangskorb, Stapel oder Schreibunterlage gewohnt. Eine elektronische Unterstützung des Schreibtisch sollte daher diese bewährten Arbeitsmittel widerspiegeln.

Unterstützung der Ablauforganisation und Kooperation

Ein Vorgang sollte möglichst automatisch durch die Büroorganisation zu den an der jeweiligen Aufgabe beteiligten Mitarbeitern wandern. Der Automatismus muß aber Raum für Ausnahmebehandlungen von der Art lassen, wie sie in dem Beispiel umrissen wurden. Außerdem besteht der Bedarf, völlig unformalisierte Vorgänge durchführen zu können. In allen Fällen muß es möglich sein, jederzeit Auskunft über den Verbleib von Vorgängen erhalten zu können.

Unterstützung der Büroorganisation

Büroorganisationen sind ständigen Veränderungen unterworfen: es wird umorganisiert, Mitarbeiter wechseln, neue Aufgaben kommen hinzu. Ein praxisgerechtes Bürosystem muß in der Lage sein, diese Veränderungen im laufenden Betrieb nicht nur zu verkraften, sondern auch zu unterstützen.

3 Die Elektronische Umlaufmappe

ProMInanD ersetzt die konventionelle Umlaufmappe durch ihr elektronisches Gegenstück, das naheliegenderweise mehr Funktionalität besitzt. Für jeden Typ von Vorgang gibt es einen eigenen Typ Elektronischer Umlaufmappe. Deshalb wird im folgenden auch vereinfachend von Vorgängen statt von elektronischen Umlaufmappen gesprochen.

Ein Vorgang besteht grundsätzlich aus zwei Teilen, seiner Beschreibung und seinem Inhalt. Seine Beschreibung enthält eine Vorgangsspezifikation und einen Status mit einer systemweit eindeutigen Identifikation, dem Bearbeitungszustand, einer vollständigen Historie aller bisherigen Schritte und beteiligten Bearbeiter, sowie Information über alle verwandten Vorgänge. Der Inhalt besteht aus drei Teilen:

- Ein Hauptteil enthält die Dokumente, die zur Bearbeitung des Vorgangs zwingend erforderlich sind. Diese werden insbesondere durch die Vorgangsspezifikation referenziert.

- In den Anhang können beteiligte Bearbeiter zusätzliche Dokumente, i.a. mit begründendem Charakter, nach Belieben einfügen.

- Ein optionaler Haftzettel enthält in der Regel nicht-formalisierbare Bearbeitungsanweisungen und -hinweise wie "Bitte um Rücksprache".

Eine Vorgangsspezifikation enthält neben der Beschreibung der erforderlichen Dokumente die Definition aller möglichen Abläufe, der beteiligten Bearbeiter und der Tätigkeiten.

Abläufe von Bürovorgängen werden beschrieben durch verschiedene Arten von Elementen (siehe Abbildung 2):

- Ein Schritt beschreibt, welcher Bearbeiter oder welche automatische Station welche Tätigkeit auszuführen hat. Daneben besitzt ein Schritt eine Reihe von Attributen, die Aussagen darüber machen, ob er im Ablauf verschieblich, wie notwendig er für den Gesamtablauf, ob er, z.B. im Fall eines Abbruchs eines Vorgangs, selbst (und wie) kompensierbar, ob er eine Kompensationsgrenze eines Vorgangs ist u.a.m [4].

- Eine Alternative beschreibt, auf Grund welcher Bedingung welche alternativen Abläufe in Frage kommen.

- Ein Startelement für abhängige Vorgänge beschreibt, welcher Vorgang als verwandter Vorgang zu starten ist, welchen Inhalt er besitzen soll und von welchem Typ er ist. Darüber hinaus macht es Aussagen über die Art der Verwandschaft.

- Ein Fragment schließlich enthält einen Teilablauf und, wie ein Schritt, Aussagen über seine Verschieblichkeit und seinen Grad der Notwendigkeit.

Tätigkeiten sind bestimmt durch Anwendungsprogramme. Es werden verschiedene Arten von Anwendungsprogrammen benötigt, nämlich Programme zur Bearbeitung und zur Kompensation von Schritten, zur Evaluation von alternativen Abläufen, sofern sie vom Vorgangsinhalt abhängen, zum Start und zum Zusammenführen paralleler verwandter Vorgänge. Vorgangsbeschreibungen enthalten in der Regel nur abstrakte Beschreibungen der verwendeten Programme. Zum jeweiligen Zeitpunkt der Verwendung an einem bestimmten Rechner wird festgestellt, welches konkrete Programm dort zur Verfügung steht. Durch dieses Vorgehen können beliebige Anwendungsprogramme von ProMInanD eingesetzt werden.

Die Tatsache, daß Büroorganisationen häufigen Veränderungen unterliegen, wird in ProMInanD in vielfältiger Weise berücksichtigt: Beteiligte Bearbeiter können jederzeit zusätzliche Schritte einfügen und ihre Arbeit delegieren. Schritte und Fragmente können, soweit zulässig, verschoben und übersprungen werden, wenn die Zeit zur Erreichung eines Termins drängt. Zukünftige, nur durch ihre Rolle definierte, Bearbeiter sind durch deren Namen konkretisierbar.

Bearbeiter können die Bearbeitung eines Schrittes aus Gründen fehlender Zuständigkeit oder aus Arbeitsüberlastung ablehnen oder mit einer Rückfrage an einen früheren Bearbeiter zurückschicken. In gewissen Grenzen können Vorgänge, die den eigenen Schreibtisch verlassen haben, zurückgeholt werden. Insbesondere können sie bei entsprechender Berechtigung zurückgesetzt und teilweise oder vollständig kompensiert werden.

Vermöge verschiedener Editoren sind Systemadministratoren jederzeit in der Lage, die Aufbauorganisation und den Satz an bekannten Bearbeiterrelationen zu verändern und neue Vorgangsspezifikationen zu erstellen sowie veraltete zu entfernen.

Büroaufgaben, die Parallelarbeit verschiedener Bearbeiter erfordern, werden modelliert durch voneinander abhängige parallele Vorgänge. Die Art der Verwandschaft kann dabei sehr verschieden sein: Ein abhängiger Vorgang kann freilaufend sein oder sein Ergebnis an den startenden Vorgang zurückliefern. Der Anlieferungszeitpunkt kann festgelegt sein als fester oder spätest möglicher. Der startende

Vorgang muß nicht notwendigerweise in seiner Bearbeitung durch Verzögerungen in anliefernden Vorgängen aufgehalten werden. Schließlich kann ein abhängiger Vorgang durchaus sinnvolle Resultate liefern, wenn sein startender zurückgesetzt und kompensiert worden ist.

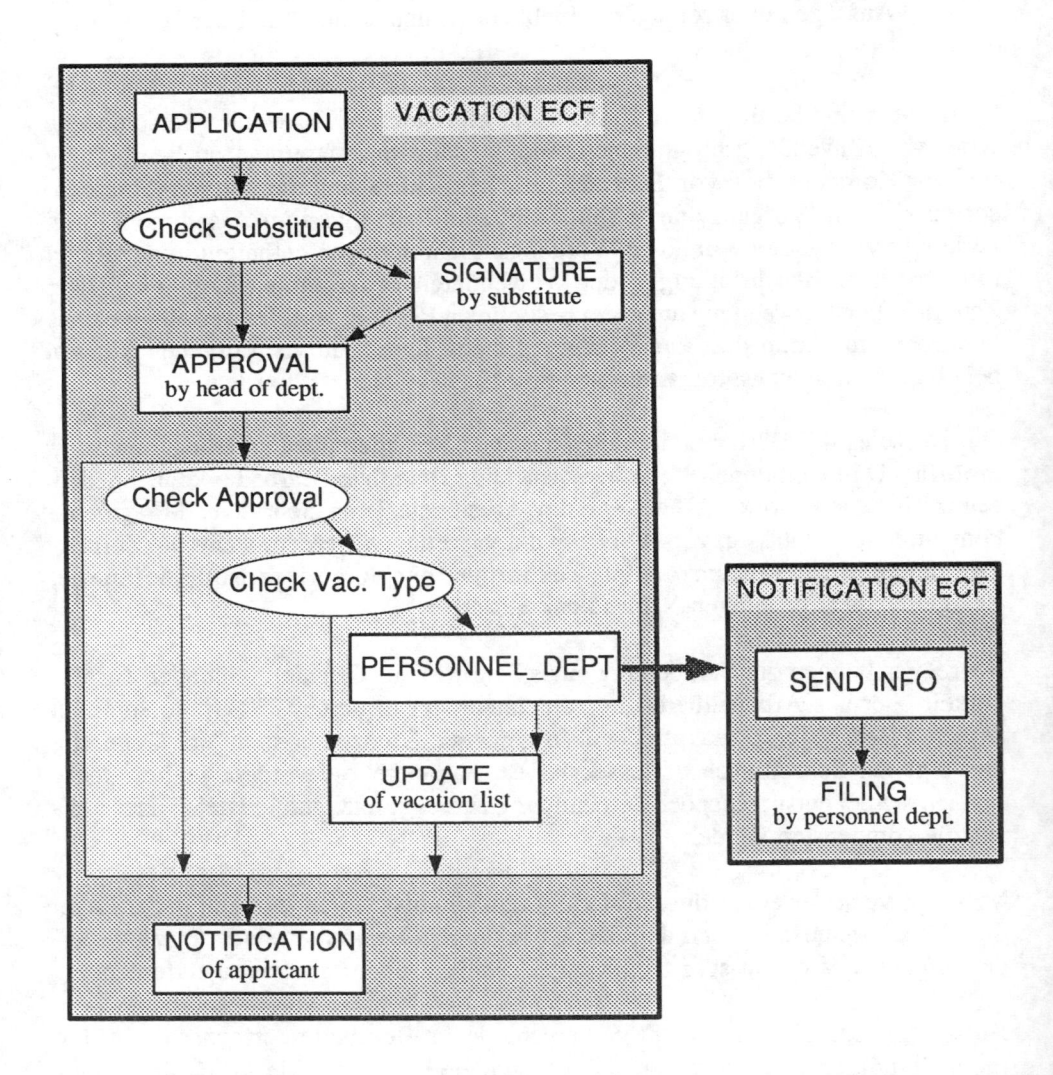

Abb. 2: Wanderungsspezifikation Urlaubsantrag

4 Die Aufbauorganisation

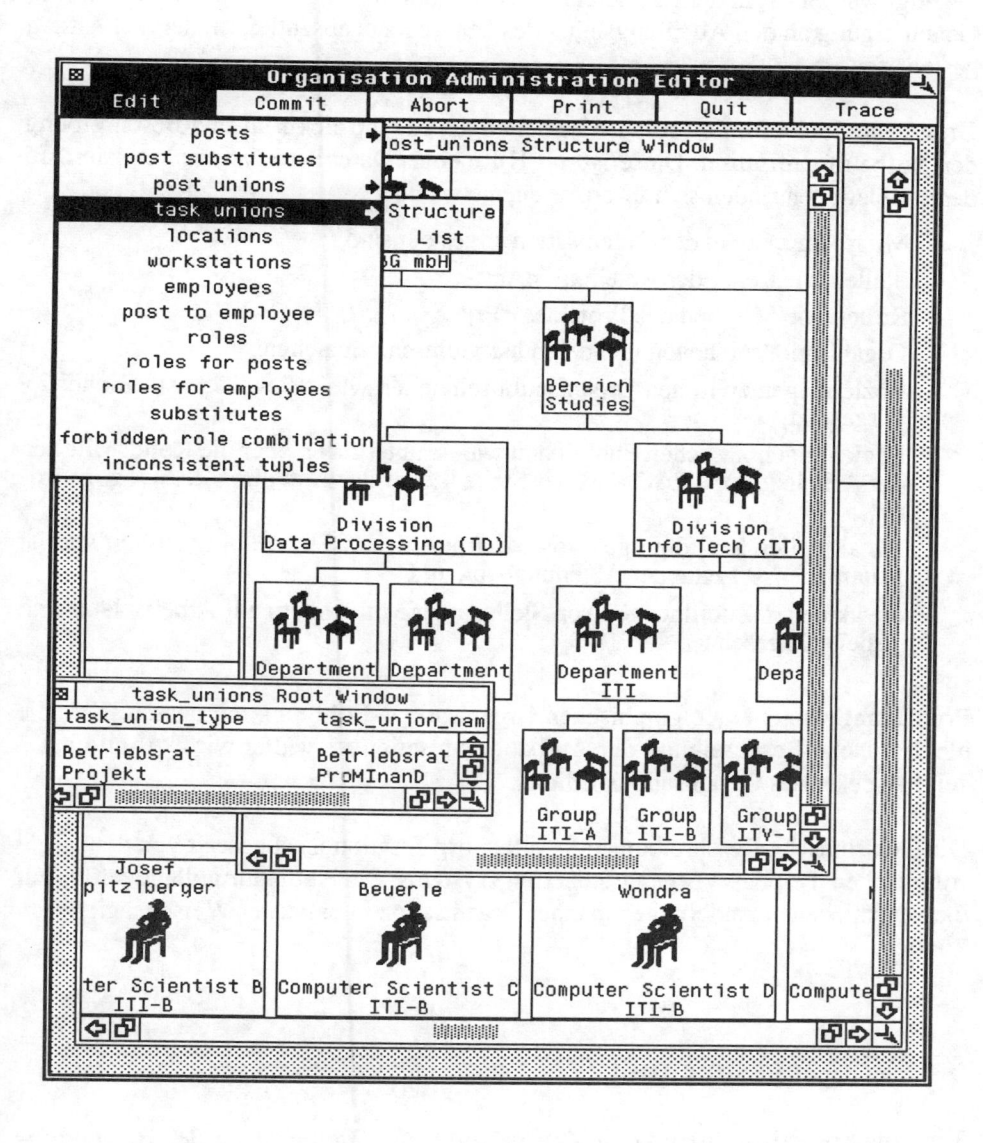

Abb 3: Organisations-Editor

Während der Wanderung einer elektronischen Umlaufmappe kann sich herausstellen, daß sie an einen Mitarbeiter ausgeliefert werden soll, der in einer bestimmten Beziehung zu einem anderen Mitarbeiter steht, der schon vorher an dem Vorgang beteiligt war. So ist in dem Beispiel des Urlaubsantrages der Vorgang in dem Schritt Genehmigung an den Abteilungsleiter des Mitarbeiters auszuliefern, der den Antrag gestellt hat.

Grundlage der Definition solcher Beziehungen ist eine elektronische Beschreibung der Aufbauorganisation. Diese ist mit Hilfe eines Datenbanksystems realisiert. In deren Relationen finden sich Informationen etwa über:

- Mitarbeiter, die in der Organisation angestellt sind,
- Stellen wie Leiter der Abteilung <Abt>,
- Rollen wie Mitglied des Projektes <Prj>,
- Organisationseinheiten und deren hierarchische Beziehungen,
- Beziehungen zwischen Organisationseinheiten wie <Einheit1> ist <Einheit2> vorgesetzt,
- Beziehungen zwischen Funktionen wie ist untergeben oder die Rolle 'Mitglied der Arbeitsgruppe <AG>' ist der Stelle 'Leiter der Abteilung <Abt>' zugeordnet,
- die aktuellen Zuordnungen von Mitarbeitern auf Stellen oder Rollen wie ist Mitarbeiter ist Leiter der Abteilung Abt, und
- die aktuellen Zuordnungen von Stellen oder Mitarbeitern auf Arbeitsplätze und Arbeitsplatzrechner.

ProMInanD bietet einen graphischen Organisations-Editor an, mit dessen Hilfe die elektronische Beschreibung der Aufbauorganisation verwaltet wird. Abbildung 3 zeigt Aspekte des Organisations-Editors.

Die elektronische Beschreibung der Aufbauorganisation ist abgesetzt von dem algorithmischen Teil des Vorgangssteuerungssystems. Sie ist die Grundlage dafür, auf die verschiedenen Änderungen in einer Organisation in einfacher Weise reagieren zu können.

5 Vorgangssteuerung

Vorgangsspezifikationen werden ausgewertet unmittelbar nach der Beendigung eines Schrittes vor dem Verlassen einer Bearbeiterstation. Der Vorgang wird danach zur zentralen Vorgangssteuerung versandt, die versucht, die für den nächsten Schritt geforderte Rolle einem Bearbeiter zuzuordnen. Dabei werden Informationen über aktuelle Vertretungen von Bearbeitern in gewissen Rollen ebenso wie ständige Stellenvertretungen berücksichtigt. Kann diese Rolle einem aktiven, d.h. derzeit arbeitenden und in dieser Rolle angemeldeten, Bearbeiter zugeordnet werden, wird der Vorgang an diesen versandt. Andernfalls verbleibt der Vorgang bei der Vorgangssteuerung, bis sich ein geeigneter Bearbeiter angemeldet hat.

Vorgänge besitzen also verschiedene globale Bearbeitungszustände, nämlich an einen Bearbeiter ausgeliefert, einem Bearbeiter zugeordnet, wandernd, beendet und zurückgesetzt. Nicht ausgelieferte Vorgänge sind einem Bearbeiter zugeordnet, wenn neben der Rolle auch der Name des Bearbeiters festgelegt ist, sonst ist der Vorgang wandernd. Zurückgesetzte Vorgänge sind vollständig kompensiert [4]. Normal beendete abhängige Vorgänge bleiben solange beendet (und damit eventuell kompensierbar), bis auch die sie startenden Vorgänge beendet sind. Danach sind sie frei zur Archivierung und verlassen die Vorgangssteuerung.

So ist für Bearbeiter jederzeit Information darüber verfügbar, wo und in welchem Bearbeitungszustand ein Vorgang sich gerade befindet. Sie wird bereitgestellt als Information des globalen Bearbeitungszustands, angereichert um Information über den nächsten Schritt. Verschiedene Ereignisse lösen Übergänge zwischen diesen Bearbeitungszuständen aus wie etwa: Auslieferung von Vorgängen, fernwirkende Operationen durch Bearbeiter wie Zurückholen oder Abbrechen, sowie Anmeldungen neuer Bearbeiter oder von Bearbeitern in weiteren Rollen. Die Vorgangssteuerung wacht darüber, daß Vorgänge so schnell wie möglich ausgeliefert werden.

Die Bestimmung des nächsten Bearbeiters direkt vor der Auslieferung macht es möglich, alle zwischenzeitlichen Veränderungen in der Aufbauorganisation zu berücksichtigen.

Der Transport zwischen zentraler Vorgangssteuerung und lokalen Bearbeiterstationen erfolgt unter Transaktionsschutz eines verteilten Datenbanksystems. Dadurch wird garantiert, daß Vorgänge nicht verloren gehen.

6 Zusammenfassung und Ausblick

Es wurde gezeigt, wie ProMInanD kooperative Bürovorgänge mit Hilfe Elektronischer Umlaufmappen unterstützt. Von entscheidender Bedeutung ist, daß Ausnahmebehandlung als wesentliches Entwurfsmerkmal schon in das Vorgangsmodell Eingang gefunden hat. Das unterscheidet ProMInanD von allen anderen vergleichbaren Ansätzen. Dabei wurde die volle Flexibilität der wohlbekannten konventionellen Umlaufmappe erreicht. Ungleich anderen Systemen [1,2,3,10,11] benutzt ProMInanD eine elektronische Beschreibung der Aufbauorganisation. In Kombination mit einem erweiterten Slot-Mechanismus [7,9] erlaubt diese, die Wanderung eines Vorgangs auf Grund von aktuellen Informationen zu steuern. Außerdem ermöglicht sie, auf Änderungen der Organisation flexibel zu reagieren. Ebenso ist die klare Trennung zwischen der Wanderung eines Vorgangs einerseits und der Bearbeitung seines Inhalts andererseits ein Merkmal von ProMInanD. ProMInanD befaßt sich hauptsächlich mit der Wanderung von Vorgängen, erlaubt aber, beliebige Programme zur Bearbeitung ihres Inhalts zu integrieren.

ProMInanD ist implementiert in Objective-C, verwendet eine graphische Nutzerschnittstelle und das verteilte relationale Datenbanksystem TransBase, das distribuierte Transaktionen mit Updates bietet. Die Vorgangssteuerung und die Bearbeiterschnittstelle sind in ihren wesentlichen Teilen fertig und einsatzfähig.

Danksagung: Dank gebührt Prof. Rudolf Bayer und seinen Studenten von der Technischen Universität München. Unter der Anleitung von Pavel Vogel haben die Studenten im Rahmen von Diplomarbeiten mit vielen Entwicklungs- und Implementierungsarbeiten zu ProMInanD beigetragen.

Literatur

[1] Aiello, L.; Nardi, D.; Panti, M.: Modeling the Office Structure: A First Step Towards the Office Expert System, Second SIGOA Conference on Office Information Systems, 1984

[2] Croft, W.B.; Lefkowitz, L.S.: Task Support in an Office System, ACM TOOIS v2n3, 1984

[3] Ellis, C.A.; Bernal, M.: OfficeTalk-D - An Experimental Office Information System, First SIGOA Conference on Office Information Systems, 1982

[4] Erfle, R.; Vogel, P.: Backtracking Office Procedures, wird erstellt

[5] Karbe, B.; Ramsperger, N.; Weiss, P.: Support of Cooperative Work by Electronic Circulation Folders, COIS90 - Conference on Office Information Systems, Cambridge, MA, April 1990

[6] Karbe, B.; Ramsperger, N.: Influence of Exception Handling on the Support of Cooperative Office Work, IFIP WG8.4 Conference on Multi-User Interfaces and Applications, Heraklion, Crete, Greece, September 1990

[7] Karbe, B.; Ramsperger, N.: Concepts and Implementation of Migrating Office Processes, GI Konferenz über Wissensbasierte Systeme - Verteilte Künstliche Intelligenz, München, Oktober 1991

[8] Karbe, B.; Ramsperger, N.: Advanced Task Allocation in ProMInanD, HCI'91, Stuttgart, Sept. 1991

[9] Kaye, A.R.; Karam, G.M.: Cooperating Knowledge-Based Assistants for the Office, ACM TOOIS, v5n4,1987

[10] Kreifelts, Th.: Coordination Procedures: A Model for Cooperative Office Processes, Kommunikation in verteilten Systemen - Anwendung und Betrieb, GI/NTG Fachtagung (ed. Spaniol, O.), 1984

[11] Kreifelts, Th.; Woetzel, G.: Distribution and Error Handling in an Office Procedure System, IFIP Conference on Office Systems - Methods and Tools, Pisa, 1986

[12] Plank, H.; Ramsperger, N.; Schwindt, B.: Schriftgut- und Kommunikationsanalyse im Auswärtigen Amt, IABG Bericht B-SZ 1462, 1985

Objective-C is a registered trademark of The Stepstone Corporation.

TransBase ist eingetragenes Warenzeichen der Firma TransAction.

Dr. Bernhard Karbe
Dr. Norbert Ramsperger
IABG mbH, Abt. ITV
Einsteinstr. 20, D-8012 Ottobrunn

Effekte der Nutzung eines Bürokommunikationssystems auf Arbeitsprozesse und -strukturen

Gudela Grote
ETH Zürich

Zusammenfassung

Im Rahmen eines Pilotprojekts zur Einführung eines Bürokommunikationssystems in einem grossen Schweizer Dienstleistungsunternehmen konnten die Auswirkungen der Nutzung des Systems auf Kommunikationsprozesse und die betroffenen Arbeitsprozesse und -strukturen untersucht werden. In einer ersten Phase war die Zielsetzung der Projektleitung vornehmlich orientiert an einer Steigerung der Effizienz von Kommunikationsprozessen in den bestehenden organisationalen Strukturen. Die Teilnehmer für das Kommunikationsnetz wurden zentral bestimmt mit wenig bis keinen Partizipationsmöglichkeiten für die betroffenen Organisationseinheiten. Es zeigte sich, dass das Kommunikationssystem insgesamt relativ wenig und vorrangig für einfache Anwendungen wie das Verschicken von kurzen Notizen verwendet wurde. Wichtige, die Nutzung einschränkende Faktoren waren - neben der geringen Benutzerfreundlichkeit des Systems - die bestehenden Regelungen hinsichtlich der Verteilung von Kompetenzen und der Arbeitsteilung zwischen Fachkräften und Sekretariat. Aufgrund dieser Erfahrungen wurde in der zweiten Phase des Projekts die Zielsetzung modifiziert: Effizienz und Effektivität von Arbeitsprozessen sollten gesteigert werden durch die Nutzung organisationaler Spielräume im Rahmen einer Anschlussstrategie, die Partizipationsmöglichkeiten für die betroffenen Organisationseinheiten beinhaltete. Mit diesem veränderten Vorgehen wie auch durch die zunehmende Erfahrung mit dem System wurde, zumindest ansatzweise, die systematische Entwicklung von situationsangepassten Anschluss- und Nutzungsvarianten erreicht. In einigen Fällen erfolgte auch eine gezielte Veränderung der gruppeninternen Arbeitsteilung und Kompetenzverteilung. Ein weiterreichender Abbau struktureller, organisatorischer und technischer Barrieren ist in dem Unternehmen jedoch notwendig, um die durch das System eröffneten Möglichkeiten für die Unterstützung aufgabenorientierter Abläufe und Strukturen optimal zu nutzen.

1 Einleitung

Bürokommunikationssysteme, verstanden als elektronische Hilfsmittel zum Versenden und Empfangen von Notizen und Dokumenten und zur Terminplanung, haben als augenfälligsten Vorteil, dass sie eine zeitlich unmittelbare Übertragung von Information mit der zeitlichen und räumlichen Entkoppelung der Kommunikationspartner kombinieren. Entsprechend werden diese Systeme zumeist mit der Absicht eingeführt, die Effizienz von Kommunikationsprozessen zu erhöhen. Dabei wird ausser acht gelassen, dass Kommunikationssysteme - genau wie andere Informationstechnologien - abhängig von der Art ihres Einsatzes weitreichende Auswirkungen auf Arbeitsprozesse und Organisationsstrukturen haben können (vgl. z.B. [1], [2]). So kann ein solches System in die existierenden Strukturen integriert werden mit der Absicht, Kommunikationsprozesse zu beschleunigen. Es kann jedoch ebenso als Ausgangspunkt für organisationalen Wandel benutzt werden mit dem Ziel, nicht nur die Effizienz, sondern auch die Effektivität der Organisation zu steigern. Der Begriff, der in Verbindung mit Bürokommunikation immer häufiger gebraucht wird, "computer-supported cooperative work", betont dieses umfassendere Verständnis.

Bisherige Untersuchungen haben gezeigt, dass Bürokommunikationssysteme sowohl die unmittelbaren Kommunikationsprozesse (z.B. [3], [4]) als auch die Abläufe und Strukturen, in die sie eingebettet sind, verändern können (z.B. [5] - [10]). Ein häufiges Ergebnis dieser Untersuchungen ist, dass elektronische Kommunikationsmedien die informelle Kommunikation über Abteilungs- und hierarchische Grenzen hinweg erleichtern, wodurch z.B. Dienstwege und die Arbeitsteilung zwischen Vorgesetzten, Mitarbeitern und Sekretariat beeinflusst werden können.

Die hier berichtete Untersuchung erfolgte im Rahmen eines Pilotprojekts zur Einführung eines Bürokommunikationssystems in einem grossen Dienstleistungsunternehmen. Auf der Grundlage des soziotechnischen Systemansatzes (vgl. [11] - [13]) wurden die Auswirkungen der Einführung sowohl auf einzelne Arbeitsplätze als auch auf Arbeitsgruppen analysiert. Zudem konnten zwei unterschiedliche Einführungsstrategien und ihre Effekte beobachtet werden, da die Projektleitung aufgrund der nach einem Jahr vorhandenen Erfahrungen das Vorgehen für die weitere Einführung modifizierte.

2 Das Untersuchungsfeld

In der Verwaltung eines grossen Dienstleistungsunternehmens sollen in den nächsten Jahren etwa 3500 Arbeitsplätze durch ein Bürokommunikationssystem vernetzt werden. Um erste Erfahrungen mit den Auswirkungen eines solchen Systems auf Kommunikationsprozesse und die betroffenen Arbeitsprozesse und -strukturen sammeln zu können, wurden schrittweise etwa 250 Beschäftigte durch mit einem Host-Rechner verbundene PCs vernetzt. Dabei handelte es sich grösstenteils um

Mitarbeiter[1], die in umfangreichen Bauprojekten tätig sind, die hohe Anforderungen an Kommunikation und Kooperation zwischen einer Vielzahl von Organisationseinheiten in der Hauptdirektion des Unternehmens sowie drei Regionaldirektionen stellen. Die meisten dieser Mitarbeiter sind hochspezialisierte und hierarchisch hochgestellte Fachkräfte verschiedener Berufsgebiete, v.a. Ingenieurwesen, Marketing und Rechtswesen. Zudem wurden meist die Sekretariate der beteiligten Organisationseinheiten einbezogen. Ausser den an diesen Projekten beteiligten Mitarbeitern wurden noch etwa 30 Computerspezialisten an das System angeschlossen, um Benutzerunterstützung und technischen Unterhalt sicherzustellen.

Das Pilotprojekt erstreckte sich über insgesamt drei Jahre. In den ersten anderthalb Jahren wurden etwa 150 Teilnehmer schrittweise an das System angeschlossen und in der Nutzung ausgebildet. Nach einem Einschnitt im Projekt, wo nochmals über die grundsätzliche Herangehensweise entschieden wurde, wurden weitere 100 Teilnehmer wiederum schrittweise angeschlossen und ausgebildet.

Nach einer kurzen Darstellung der verwendeten Untersuchungsmethoden und der Untersuchungsstichprobe werden die Ergebnisse getrennt für die beiden Projektphasen beschrieben und anschliessend zusammenfassend diskutiert.

3 Untersuchungsmethoden und -teilnehmer

Mit Hilfe von schriftlichen Befragungen, Interviews und Teilschichtbeobachtungen wurden die Nutzung des Kommunikationsmittels und damit einhergehende Veränderungen in Arbeitsinhalten, Arbeitsorganisation, Kommunikations- und Kooperationsstrukturen sowie Führung bei den angeschlossenen Mitarbeitern und einigen indirekt betroffenen Sekretariaten erfasst. Die erste schriftliche Befragung enthielt auch eine Selbstaufschreibung der Tätigkeiten während einer Woche. Die mündlichen und schriftlichen Befragungen erfolgten wiederholt zu insgesamt drei Zeitpunkten, um den Einführungsprozess verfolgen zu können. Das Vorgehen bei den ebenfalls durchgeführten "Gestaltungsmeetings" wird in Kapitel 5 näher erläutert. Durch eine gesonderte einmalige schriftliche Befragung der Benutzer sowie Expertenbeurteilungen wurde ausserdem die Benutzerfreundlichkeit der Software untersucht.

---

[1] Es wird im folgenden, wenn es nicht um einzelne weibliche Personen geht, die männliche Form verwendet. Dies entspricht grösstenteils der Realität, da die meisten an das System angeschlossenen Personen tatsächlich männlichen Geschlechts waren, mit Ausnahme einiger Sekretärinnen und Sachbearbeiterinnen sowie einer Sektionschefin.

In die schriftlichen Befragungen wurden - mit Ausnahme der Computerspezialisten und der Projektleitung des Pilotprojekts - alle an das Kommunikationsnetz angeschlossen Mitarbeiter einbezogen. Die Interviews und Beobachtungen wurden vor allem in zwei Teilgruppen durchgeführt, von denen die eine die Kerngruppe in den Bauprojekten (BAU) darstellte, während die andere Mitglieder einer relativ vollständig angeschlossenen Abteilung im Unternehmen enthielt (Abteilung Liegenschaften - LN).

Tabelle 1 gibt nähere Auskunft über die Art der erhobenen Daten und die Untersuchungsteilnehmer ("Alte" = die in der ersten Phase angeschlossenen Teilnehmer; "Neue" = die in der zweiten Phase angeschlossenen Teilnehmer). Als Folge des schrittweisen Anschlusses auch innerhalb der Projektphasen basieren die Antworten auf unterschiedlicher Dauer an praktischer Erfahrung mit dem Kommunikationssystem.

Methode	Teilnehmer				
	Fachkräfte/Hierarchiestufe			Sekretariat	Total
	1	2	3		
1. Phase: "Alte"					
Einzelinterview	11	14	10	12	47
Beobachtung	4	6	6	4	20
Fragebogen					
Arbeitssituation	11	15	11	11	48 (Rücklauf 63%)
Selbstaufschreibung	7	8	8	9	32 (Rücklauf 42%)
Software	13	17	19	5	54 (Rücklauf 80%)
2. Phase: "Alte"					
Einzelinterview	13	10	14	7	44
Gruppeninterview		in 7 Sektionen			26
Fragebogen	15	12	9	8	44 (Rücklauf 81%)
2. Phase: "Neue"					
Gestaltungsmeeting		in 8 Sektionen			47
Gruppeninterview		in 8 Sektionen			29
Fragebogen Vorher	2	12	22	9	45 (Rücklauf 61%)
Fragebogen Nachher	1	9	16	7	33 (Rücklauf 73%)

Anmerkung: Hierarchiestufe 1 = Sektions- und Abteilungschefs
2 = Gruppenleiter/Fachspezialisten *mit* Führungsverantwortung
3 = Fachspezialisten/Sachbearbeiter *ohne* Führungsverantwortung

Tab 1: Untersuchungsmethoden und -teilnehmer

4 Die erste Projektphase

In der ersten Projektphase war die Zielsetzung der Projektleitung vornehmlich orientiert an einer Steigerung der Effizienz von Kommunikationsprozessen in den bestehenden organisationalen Strukturen. Nachdem die Direktion des Unternehmens entschieden hatte, dass die bereits erwähnten Bauprojekte technisch unterstützt werden sollten, erfolgte die Auswahl der einzelnen Teilnehmer grösstenteils durch die die Projekte koordinierende Stabsstelle anhand ihrer eigenen Kommunikationsbedürfnisse. Die betroffenen Organisationseinheiten hatten wenig bis keine Partizipationsmöglichkeiten. Bis auf den allgemeinen Appell, das System intensiv und in vollem Umfang zu benutzen, wurden weder arbeitstechnische noch organisatorische Richtlinien für die Benutzung gegeben. Dieses Vorgehen hatte den Nebeneffekt für die Begleitforschung, dass die sich spontan entwickelnden Auswirkungen der Nutzung des Kommunikationssystems auf die individuelle Arbeitssituation und auf organisationale Prozesse untersucht werden konnten.

4.1 Benutzerfreundlichkeit der Software

Der Beurteilung der Benutzerfreundlichkeit des Systems wurden die Kriterien von BAITSCH, KATZ, SPINAS & ULICH [14] zugrunde gelegt (vgl. Tabelle 2). Expertenbeurteilungen (durch mehrere Informatikstudenten sowie Mitarbeiter des Instituts für Arbeitspsychologie) und die Befragung der Benutzer ergaben, dass das Systems insgesamt als eher benutzer*un*freundlich anzusehen ist. Tabelle 2 gibt einen Überblick über die Resultate.

Hinzu kam, dass die Ausbildung für die Nutzung des Systems zunächst ungenügend war, ebenso das vom Hersteller zur Verfügung gestellte Handbuch. Im Verlaufe des Projekts wurden diese beiden Probleme durch eine neu entwickelte Konzeption der Ausbildungskurse und ein neues Handbuch verringert. Ähnliches gilt für die von der Informatikabteilung angebotene Benutzerunterstützung sowie die technische Verfügbarkeit des Systems, die anfänglich unzureichend waren, sich aber in den drei Jahren des Projekts stark besserten.

4.2 Nutzung des Kommunikationssystems und ihre Effekte

Abbildung 1 zeigt die entstandenen Kommunikationsbeziehungen (die Dicke der Linien entspricht der Häufigkeit der Kontakte; fehlende Linien bedeuten, dass die technisch vorhandenen Verbindungen nicht genutzt werden). Trotz erschwerter Bedingungen für die ersten Teilnehmer wie ungenügende Schulung und nur allmählich steigender Vernetzungsgrad entwickelten sich relativ intensive Kontakte zwischen den zentral an den Bauprojekten beteiligten Gruppen. Das Kommunikationsmuster entsprach im wesentlichen den durch den Stand der Bauprojekte gegebenen Kooperationsbeziehungen, was darauf hinweist, dass das System für die Unterstützung der Sachaufgaben dieser Gruppen geeignet war und in die Arbeitsabläufe integriert werden konnte (für eine detaillierte Analyse der Unterschiede zwischen den BAU- und LN-Gruppen vgl. [15]).

Kriterium	Beurteilung
Aufgabenangemessenheit	insgesamt sinnvolles Hilfsmittel; die Funktionalität eher zu umfangreich (z.B. sehr komplexe Dokumentfunktionen)
Verfügbarkeit	Antwortzeiten zu lang (oftmals über 5 Sek.); Systemstörungen relativ häufig (etwa einmal pro Woche)
Transparenz	Übersichtlichkeit der Bildfolgen relativ gut; unklare Systemmeldungen; fehlende Statusinformationen
Konsistenz	Vorhersehbarkeit von Systemantworten relativ gut; inkonsistente Tastenbelegung und Maskenstruktur
Kompatibilität	viele Abkürzungen und Codes
Toleranz	keine UNDO-Funktion; starre Eingabevorschriften
Unterstützung	ungenügende Fehlermeldungen; help-System teilweise nützlich, aber mit zu langen, bildschirmfüllenden Texten ohne Sprungmöglichkeiten
Flexibilität/ Individualisierbarkeit	fehlende Sprungmöglichkeiten, um Bildfolgen abzukürzen; keine Möglichkeiten der Benutzeranpassung

Tab. 2: Benutzerfreundlichkeit des Kommunikationssystems

Abbildung 2 zeigt die Nutzungshäufigkeit für die verschiedenen Anwendungen des Kommunikationssystems. Notiz- und Terminkalenderfunktionen wurden am intensivsten genutzt, die komplexeren Funktionen sehr wenig. Dies entsprach auch der Einschätzung der grössten Eignung des Systems für kurze Mitteilungen an schwer erreichbare Partner. Dabei konnte das System aufgrund bestehender Kompetenzregelungen, die sich z.B. in den Regelungen für Unterschriftsnotwendigkeit und -berechtigung niederschlagen, eher für Mitteilungen mit informellem Charakter

Effekte der Nutzung eines Bürokommunikationssystems

(z.B. Informationsaustausch im Vorfeld offizieller Sitzungen) oder für Standardinformationen (z.B. Traktandenlisten) genutzt werden. Die Sekretariate nutzten die Kommunikationsfunktionen am seltensten, wobei angemerkt werden muss, dass mehr als die Hälfte der befragten Sekretärinnen und Sekretäre nicht selbst an das System angeschlossen waren und auch keine Ausbildung dafür erhalten hatten, sondern nach kurzer Einweisung Kommunikationsaufgaben für ihre Chefs übernahmen.

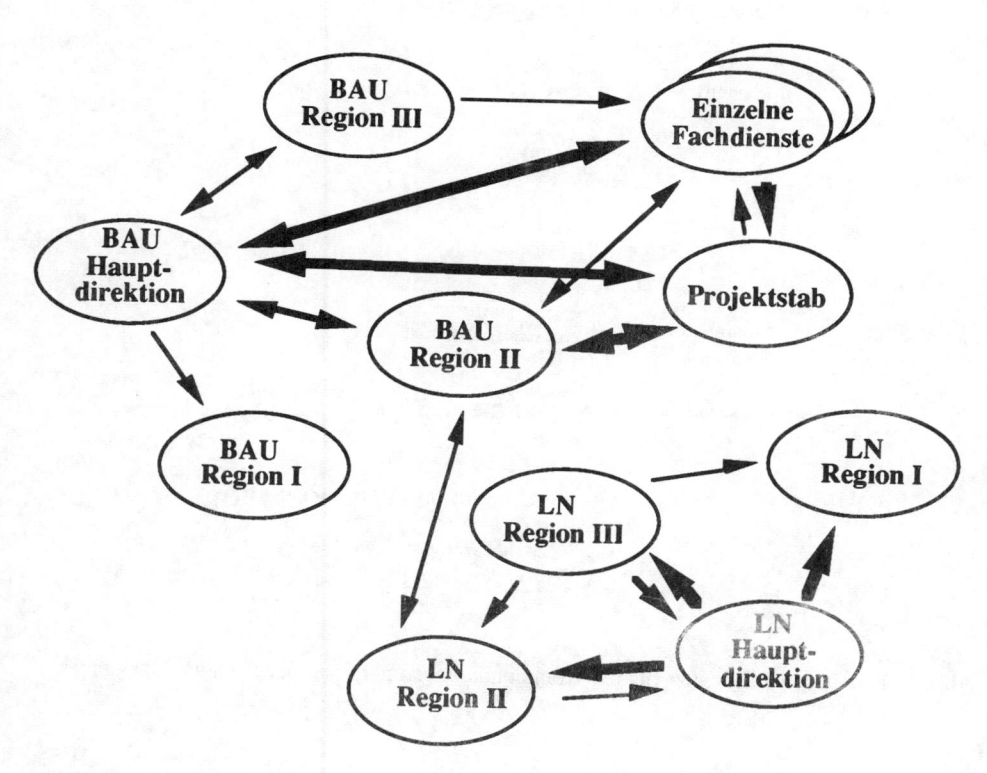

Abb. 1: Das nach einem Jahr entstandene Kommunikationsnetz

In Verbindung mit der Einführung des Systems ergaben sich einige Aufgabenverschiebungen: Zwanzig Fachkräfte der verschiedenen Hierarchiestufen und eine Sekretärin gaben an, dass sie neue Aufgaben wie eigene Terminplanung, Schreiben kürzerer Texte, Erstellen von Graphiken und "Pannenhilfe" für andere Benutzer des Systems übernommen hatten. Je zwei Fachkräfte und Sekretärinnen berichteten vom Wegfall von Aufgaben wie Handschreibarbeiten und "Hin und Her bei Terminplanung". Die Übernahme neuer Aufgaben wurde demnach sehr selten durch den Wegfall anderer Aufgaben kompensiert und wurde vielfach als zusätzliche Belastung empfunden. Einige Teilnehmer vermieden diese Mehrbelastung, indem sie die Nutzung des Systems an ihr Sekretariat delegierten.

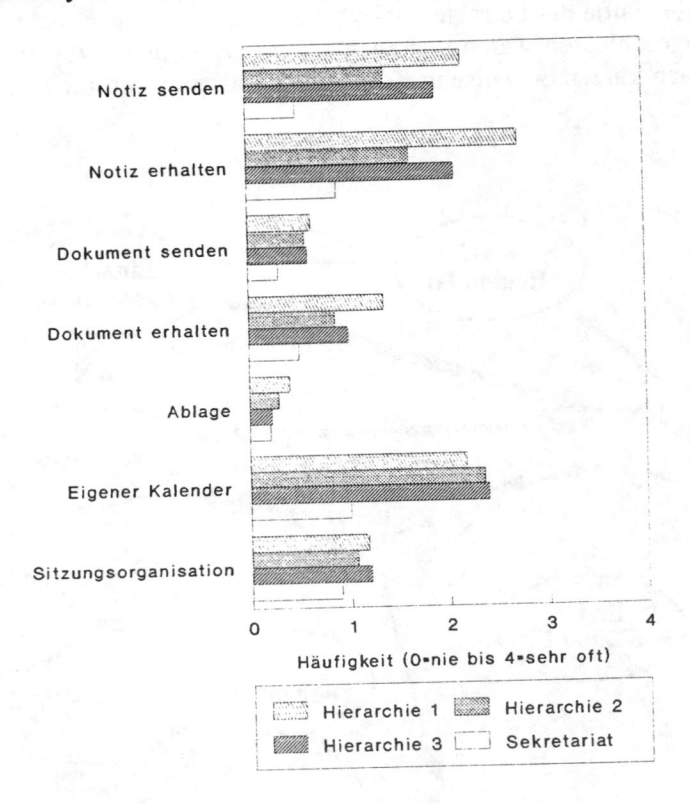

Abb. 2: Nutzungshäufigkeiten für die Kommunikationsfunktionen nach einem Jahr der Nutzung

5 Die zweite Projektphase

Aufgrund der in der ersten Phase gesammelten Erfahrungen wurde nach anderthalb Jahren die Zielsetzung des Pilotprojekts modifiziert: Effizienz und Effektivität von Arbeitsprozessen sollten gesteigert werden durch die Nutzung organisationaler Spielräume im Rahmen einer Anschlussstrategie, die Partizipationsmöglichkeiten für die betroffenen Organisationseinheiten beinhaltete. Die anzuschliessenden Organisationseinheiten wurden zwar wiederum anhand der Kommunikationsbeziehungen im Rahmen eines grösseren Bauprojekts bestimmt, diesmal wurden aber gemeinsam mit Mitgliedern dieser Einheiten Überlegungen zur Nutzung des Kommunikationssystems angestellt.

5.1 Partizipation der neuen Benutzer

Die neu an das Netz anzuschliessenden Organisationseinheiten hatten die Möglichkeit, in "Gestaltungsmeetings" ihre interne Arbeitsorganisation im Zusammenhang mit der Einführung der Technik zu überprüfen und gegebenenfalls zu verändern sowie über Anschluss- und Einsatzstrategie für das System in ihrer Gruppe zu entscheiden. Teilnehmer der Gestaltungsmeetings waren, da die Organisationseinheiten meist mehr als zehn Personen umfassten, nicht alle Mitglieder, sondern der Chef der Einheit, sein Stellvertreter, eine Sekretärin und zwei bis fünf Fachspezialisten oder Sachbearbeiter, die für den Anschluss in Frage kamen.

Die Meetings beinhalteten

- einen Informationsteil über Anlass, Art und Umfang der technischen Neuerung sowie über wichtige Erfahrungen aus der ersten Projektphase
- eine Beschreibung und Bewertung der eigenen Arbeitssituation durch die Anwesenden anhand vorgegebener Kriterien
- eine Analyse typischer Arbeitsabläufe hinsichtlich positiver Aspekte und Schwachstellen sowie
- eine gemeinsame Diskussion der Möglichkeiten, mit dem Kommunikationssystem die individuelle Arbeitssituation und die organisationalen Abläufe zu verbessern.

Zwei Entscheidungen wurden in allen Organisationseinheiten getroffen: (1) Wo vorhanden, wurde das Sekretariat in das Kommunikationsnetz einbezogen; (2) unabhängig von der hierarchischen Position wurden diejenigen Mitarbeiter angeschlossen, die aufgrund ihrer Kommunikationsbeziehungen den grössten Nutzen von der Einbindung in das Kommunikationsnetz haben würden. Damit wurden, zumindest ansatzweise, situationsangepasste Anschluss- und Nutzungsvarianten entwickelt. Allerdings wurden die vorhandenen Gestaltungsspielräume nur sehr zögernd genutzt, wofür u.a. die Ungewohntheit des gewählten partizipativen Vorgehens für die betroffenen Organisationsmitglieder und die die Diskussion dominierenden technischen Probleme wichtige Gründe waren.

5.2 Nutzung des Kommunikationssystems und ihre Effekte

Im Vergleich zur ersten Phase war das Kommunikationssystem stärker in bestehende Kommunikationsbeziehungen integriert worden. Mit diesem System stand den Teilnehmern ein zusätzliches Kommunikationsmittel zur Verfügung, das die anderen Medien nicht ersetzte, diese jedoch entlastete. Quantitativ gesehen war der Einsatz weiterhin bescheiden, und nur ein Bruchteil der Möglichkeiten des technischen Systems wurde genutzt. (Da die in den Abbildungen 1 und 2 gezeigten Kommunikationsmuster und Nutzungshäufigkeiten weiterhin galten, mit einem generellen leichten Anstieg der Nutzung, wird hier auf gesonderte Abbildungen verzichtet.)

Durch die zeitliche Entkopplung des Informationsaustauschs konnte jedoch eine teilweise bedeutsame Effizienzsteigerung erreicht werden. Dies war besonders dort der Fall, wo mehrere Partner an verschiedenen Standorten gemeinsame Aufgaben bearbeiten, bei denen viel informeller Austausch notwendig war. Das Kommunikationssystem wurde dort vor allem zum Versenden von Notizen eingesetzt, bei der Erarbeitung gemeinsamer schriftlicher Dokumente zum Teil auch für den intensiven Austausch und das Redigieren von Entwürfen bis hin zum fertigen Produkt. War zusätzlich zum Aufgabenbezug der Vernetzungsgrad, bezogen auf eine relativ abgrenzbare Aufgabe, hinreichend gross, wurde das System auch für den Austausch von Standarddokumenten wie Protokollen, Traktandenlisten etc. eingesetzt. Ein intensiverer Einsatz des Kommunikationssystems stiess aber nach wie vor auf Barrieren wie starr geregelte Informationsflüsse (z.B. Dienstwege), mangelnde Integration des Systems in formulargebundene Abläufe und Ablagesysteme und, nicht zuletzt, die weiterhin mangelnde Benutzerfreundlichkeit des Systems.

Trotz der insgesamt relativ geringen Nutzung zeigten sich zunehmend Effekte auf die interne Arbeitsorganisation in den angeschlossenen Organisationseinheiten wie auch auf die Kommunikationsflüsse zwischen Organisationseinheiten:

Die interne Arbeitsorganisation veränderte sich weiterhin vor allem durch die Verschiebung von Aufgaben zwischen Fachspezialisten und Sekretariat. In den neu angeschlossenen Organisationseinheiten wurden den Sekretariaten zunächst wieder hauptsächlich Aufgaben entzogen, die neu von den Fachspezialisten erledigt wurden (z.B. Erstellen versandfertiger Texte, Terminorganisation). In einigen Organisationseinheiten, besonders denen, die schon in der ersten Phase angeschlossen worden waren, wurde dieser Entwicklung jedoch zunehmend entgegengewirkt, indem auch neue Aufgaben, teils anspruchsvollerer Art, ins Sekretariat verlagert wurden. Dies deutet daraufhin, dass sich nach einer gewissen Praxis mit dem System eine Sensibilität bezüglich Fragen der Arbeitsorganisation entwickelte, die das Suchen nach neuen Regelungen förderte. Die Notwendigkeit für solche Regelungen wird auch deutlich anhand der bei den Sekretärinnen und Sekretären vorhandenen Befürchtung, zunehmend von Informationsflüssen abgekoppelt zu werden durch die häufigere direkte Kommunikation zwischen Fackkräften, ohne

"Umweg" über das Sekretariat. Alarmierend war zusätzlich die Tatsache, dass die Fachkräfte diese Beeinträchtigung der Informiertheit der Sekretariate selbst nicht wahrnahmen.

Die Kommunikationsflüsse zwischen Organisationseinheiten veränderten sich ansatzweise in Richtung eines häufigeren direkten Austauschs zwischen Mitarbeitern ohne Einschaltung des Dienstweges. Diese informellere Art der Kommunikation hatte auch schon vorher, nur inoffiziell gebilligt, bestanden. Sie wurde durch das System aber besonders gefördert, so dass einige Vorgesetzte sich bedroht zu fühlen begannen und die Nutzung des Systems einschränkende Regelungen einführten.

6 Zusammenfassende Bewertung der Ergebnisse

Tabelle 3 fasst die Ergebnisse der beiden Projektphasen getrennt für die Gruppe "Alte" (die in der ersten Phase angeschlossenen Teilnehmer) und die Gruppe "Neue" (die in der zweiten Phase angeschlossenen Teilnehmer) zusammen.

	"Alte"	"Neue"
Aufgabenmerkmale		hohe Komplexität hoher Informationsbedarf hoher Dokumentationsbedarf intensive abteilungsübergreifende Kooperation
	hohe Abwesenheitsquote	mittlere Abwesenheitsquote
Vernetzungsgrad		
BAU		projektbezogen hoch linienbezogen eher niedrig
LN		linienbezogen hoch
Dauer der Erfahrung mit dem System	18 - 24 Monate	4 - 9 Monate

Fortsetzung Tabelle 3.

	"Alte"	"Neue"
Partizipationsmöglichkeiten		
Anschlussentscheid	minimal	vorhanden, aber Entscheid oft durch Sektionschef
Entscheid über Einsatz	minimal	vorhanden, aber kaum genutzt

genutzte Funktionen des Systems		Notizen senden/empfangen
		Terminkalender
		   für eigene Arbeitsplanung
		   für Terminorganisation
		Dokumentenaustausch

Intensität der Nutzung des Systems		BAU: intensiv, abhängig vom
		      Aufgabenzusammenhang
		LN: schwächer, abhängig von
		      Linienposition und Aufgaben

	in wechselnden Gruppen intensiver Dokumentenaustausch	
Nutzungszweck		Austausch informeller Notizen und Standarddokumente; Terminorganisation
Veränderungen durch das System		
Aufgabenzusammenhang		Sekretariat und Fachspezialisten/Sachbearbeiter unabhängiger voneinander
Aufgabenverschiebungen	in beide Richtungen von und zum Sekretariat	v.a. weg vom Sekretariat zu Fachspezialisten und Sachbearbeitern
Informationsfluss		direkter mit häufigerem Umgehen des Sekretariats, seltener Abkürzung des Dienstwegs

Tab. 3. Ausgangsbedingungen für den Einsatz des Kommunikationssystems und die Effekte der Nutzung des Systems

Effekte der Nutzung eines Bürokommunikationssystems

Im Verlauf des dreijährigen Pilotprojekts ist das Kommunikationssystem zunehmend in die Arbeitsabläufe integriert worden, dies um so mehr, wenn Aufgabenerfordernisse und Vernetzungsgrad den Austausch informeller und Standardinformationen erforderten bzw. ermöglichten. Durch die vergrösserten Möglichkeiten für Partizipation bei Anschluss- und Einsatzentscheiden wie auch durch zunehmende Erfahrung mit dem System sind mehr und mehr Ansätze zu situationsangepassten Anschluss- und Nutzungsvarianten vorhanden, die eine erhöhte Effizienz, teilweise auch höhere Effektivität der Abläufe bewirken. Ein intensiverer Einsatz des Kommunikationssystems stösst aber nach wie vor auf mehrere Barrieren:

- strukturelle Barrieren durch starre, an Dienstwegen orientierte Regelungen des Informationsflusses,
- technisch-organisatorische Barrieren durch fehlende Hilfsmittel für die Integration des Informationsaustausches mit dem System in bestehende Ablagesysteme, formulargebundene Abläufe etc.
- technische Barrieren durch technische Probleme im System und geringe Benutzerfreundlichkeit.

Zudem ist das Problem der Aufgabenverschiebungen in den Organisationseinheiten mit tendenzieller Mehrbelastung für die Fachspezialisten und Sachbearbeiter sowie geringerer Aufgabenvielfalt und Abkopplung vom Informationsfluss in den Sekretariaten noch nicht hinreichend gelöst. Zum einen liegt dies sicher an der nur zögernden Nutzung von Gestaltungsspielräumen in den Organisationseinheiten, hier wäre ein langsameres Heranführen an Fragen der Arbeitsgestaltung und an einen gleichberechtigteren Umgang miteinander durch gezielte Schulungen notwendig; zum anderen müssen solche Fragen aber auch im Unternehmen insgesamt diskutiert werden, was bisher nur ansatzweise geschehen ist.

Die Ergebnisse machen deutlich, dass die Einführung eines Bürokommunikationssystems die Gelegenheit bietet, innerhalb von Organisationseinheiten wie auch abteilungsübergreifend Überlegungen zur Gestaltung von Abläufen und Strukturen anzustellen. Dienstwegregelungen und die gruppeninterne Aufgabenverteilung, vor allem zwischen Sekretariaten und den Fachkräften, sind herausragende Gestaltungsbereiche. Dabei ist zu berücksichtigen, dass tendenziell eher aufgabenorientierte, nicht hierarchiegebundene Arbeitsprozesse und Organisationsstrukturen unterstützt werden. Wird ein Kommunikationssystem in einer stark hierarchischen, mit vielfältigen Konflikten durch die Mischung von liniengebundenen und projektbezogenen Informations- und Entscheidungswegen behafteten Organisation eingeführt, wie im berichteten Fall, kann das gegebene Potential an Effizienz- und Effektivitätssteigerung erst ausgeschöpft werden, wenn die gleichzeitig eröffneten organisationalen Gestaltungsspielräume umfassend genutzt werden.

7 Literatur

[1] Troy, N.; Baitsch, C.; Katz, C.: Bürocomputer - Chance für die Organisationsgestaltung? Zürich 1986

[2] Ulich, E.: Psychologische Aspekte der Arbeit mit elektronischen Datenverarbeitungssystemen, in: Schweizerische Technische Zeitschrift 75 (1980), S. 66-68

[3] Sproull, L.; Kiesler, S.: Reducing social context cues: Electronic mail in organizational communication, in: Greif, I. (ed.): Computer-supported cooperative work: A book of readings. San Mateo, CA 1988, pp. 683-712

[4] Kiesler, S.; Siegel, J.; McGuire, T.W.: Social psychological aspects of computer-mediated communication, in: American Psychologist 39 (1984), pp. 1123-1134

[5] Carasik, R.P.; Grantham, C.E.: A case study of CSCW in a dispersed organization, in: Solowa, E.; Frye, D.; Sheppard, S.B. (eds.): CHI '88 Conference Proceedings. New York 1988, pp. 61-65

[6] Crowston, K.; Malone, T.W.; Lin, F.: Cognitive science and organizational design: A case study of computer conferencing, in: Greif, I. (ed.): Computer-supported cooperative work: A book of readings. San Mateo, CA 1988, pp. 683-712

[7] Mitrenga, B.; Zangl, H.: Bürokommunikation bei der Bundesanstalt für Arbeit in Nürnberg, in: Jahrbuch der Bürokommunikation 1(1985), S. 133-138

[8] Sorg, S.; Zangl, H.: Vorteile integrierter Bürosysteme für Führungskräfte - Erfahrungen aus einem Pilotprojekt, in : Jahrbuch der Bürokommunikation 2 (1986), S. 117-119

[9] Taillieu, T.: The impact of an integrated information network in a Belgian supermarket chain, in: Proceedings of the International Conference: Computer, Man and Organization II. Nivelles 1990

[10] Zuboff, S.: In the age of the smart machine. New York 1982

[11] Trist, E.L.: The evolution of socio-technical systems, in: Issues in the Quality of Working Life, Occasional paper No. 2. Ontario 1981

[12] Pava, C.H.P.: Managing new office technology. New York 1983

[13] Susman, G.I.: Autonomy at work. New York 1976

[14] Baitsch, C.; Katz, C.; Spinas, P.; Ulich, E.: Computerunterstützte Büroarbeit - Ein Leitfaden für Organisation und Gestaltung. Zürich 1989

[15] Grote, G; Baitsch, C.: Reciprocal effects between organizational culture and the implementation of an office communication system: a case study, in: Behaviour & Information Technology (in press)

Gudela Grote
Institut für Arbeitspsychologie, ETH Zürich
ETH-Zentrum, CH-8092 Zürich

Erfahrungen mit dem Bürovorgangssystem DOMINO

Thomas Kreifelts, Elke Hinrichs, Karl-Heinz Klein,
Peter Seuffert, Gerd Woetzel
Gesellschaft für Mathematik und Datenverarbeitung (GMD)

Zusammenfassung

Das Vorgangssystem DOMINO wurde mit einer neuen Benutzerschnittstelle ausgestattet und zur Unterstützung von Beschaffungsvorgängen eingesetzt. Wir beschreiben das System, die Benutzerschnittstelle und unsere Erfahrungen beim praktischen Einsatz des DOMINO-Systems. Wir gehen auch kurz auf die Konsequenzen für unsere weitere Arbeit ein.

1 Einführung

Das Vorgangssystem DOMINO dient zur Modellierung und Unterstützung arbeitsteiliger Abläufe in Organisationen. Im folgenden berichten wir über den ersten praktischen Einsatz des Systems. Unser Ziel dabei war, die Brauchbarkeit des DOMINO-Systems und die Anwendbarkeit des DOMINO-Vorgangsmodells zu überprüfen und von diesen Erfahrungen für künftige Entwicklungen und Forschungsarbeiten auf dem Gebiet der Gruppenunterstützung zu lernen, etwa in der Form neuer Anforderungen.

Ein erster DOMINO-Prototyp war 1984 fertiggestellt worden [1], 1987 eine zweite und funktional erweiterte Version [2]. Die Benutzerschnittstelle des ersten Prototyps war recht einfach (ein erweiterter Texteditor für alphanumerische Terminals), die Benutzerschnittstelle der zweiten Version war ein Experiment in Endbenutzerprogrammierung und war auf einer Lisp-Maschine implementiert [3]. 1989 begannen wir, nach praktischen Einsatzmöglichkeiten für DOMINO zu suchen, um von Erfahrungen mit unserem nunmehr recht stabilen Vorgangssystem für die Entwicklung neuer Systeme der Gruppenunterstützung zu profitieren. Die Benutzerschnittstellen der existierenden DOMINO-Prototypen waren für eine Büroumgebung nicht geeignet, deshalb war die Entwicklung einer neuen Schnittstelle eine wichtige Voraussetzung für den praktischen Test.

Da wir an einer möglichst schnellen, versuchsweisen Nutzung interessiert waren, entschieden wir uns für den Einsatz in der eigenen Organisation. Diese Entscheidung ist sicher nicht die beste, wenn man die Allgemeingültigkeit der Resultate betrachtet, aber auf der anderen Seite war so kein gesonderter Aufwand für die Implementierung des Systems notwendig, und die technische Systemumgebung - lokales Netz und Arbeitsstationen - war bekannt.

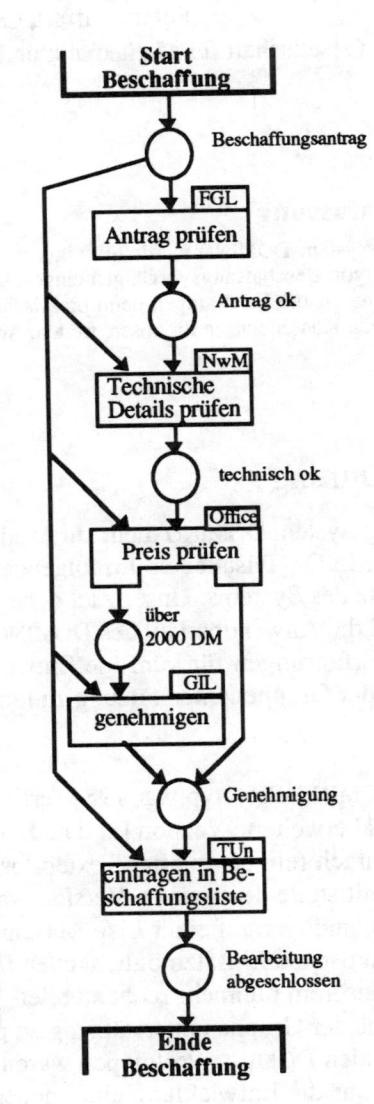

Rollen
FGL: Forschungsgruppenleiter
NwM: Netzwerk-Manager
GIL: Geschäftsf. Institutsleiter
TUn: Technische Unterstützung
Office: Pseudorolle für automatisierte Aktionen

Abb. 1: Grafische Darstellung eines Domino-Vorgangs

2 Das DOMINO-System

Das Anwendungsgebiet von DOMINO sind strukturierte, arbeitsteilige Abläufe im Büro. Vier Annahmen liegen dem Entwurf von DOMINO zugrunde:

(1) Jeder Mitarbeiter hat seinen eigenen Arbeitsbereich; Zusammenarbeit findet durch den Austausch von Nachrichten zwischen diesen Arbeitsbereichen statt (und nicht durch Arbeit in gemeinsamen Bereichen, d.h. nicht durch "information sharing").

(2) Die Nachrichten, die bei der Zusammenarbeit ausgetauscht werden, werden als "Sprechakte" einer aufgabenorientierten Konversation im Sinne von WINOGRAD und FLORES [4] aufgefaßt.

(3) Organisierte Zusammenarbeit in einer Gruppe von Mitarbeitern kann durch die Ein-/Ausgabebeziehungen zwischen den einzelnen elementaren Arbeitsschritten beschrieben werden; eine maschinelle Instanz kann daraufhin die Ausführung dieser Schritte unter Benutzung von Konversationen koordinieren.

(4) Die Angabe der Ein-/Ausgabebeziehungen zwischen den Arbeitsschritten stellt einen "idealen" Vorgang dar; Ausnahmen von dieser Beschreibung können im Rahmen der Konversationen durch die vermittelnde maschinelle Instanz geregelt werden.

DOMINO ist ein System zur Beschreibung und Automatisierung von arbeitsteiligen Bürovorgängen. Es ist in der Lage, eine Menge verschiedenartiger Vorgänge zu steuern und zu verwalten, die in einer speziellen anwendungsorientierten Sprache beschrieben werden. Eine Vorgangsbeschreibung gibt an, aus welchen Arbeitsschritten ("Aktionen") der Vorgang besteht und welche Abhängigkeiten es zwischen diesen Schritten in der Form von Informationen ("Formularen") gibt, die von den Aktionen während der Ausführung des Vorgangs benötigt und produziert werden. Die verschiedenen Aktionen des Vorgangs werden "Rollen" zugeordnet, die für ihre Durchführung verantwortlich sind; zur Ausführungszeit werden diese Rollen Personen zugewiesen, wobei von einer Organisationsdatenbank Gebrauch gemacht wird. Das zugrundeliegende Modell basiert auf Petri-Netzen und erlaubt die Spezifikation sequentieller, alternativer und nebenläufiger Bearbeitung. Vorgangsbeschreibungen haben auch eine grafische Darstellung. Ein Beispiel findet sich in Abbildung 1. Mit dem DOMINO-Vorgangscompiler werden die Vorgangsbeschreibungen auf Konsistenz überprüft und in ausführbare Form übersetzt.

DOMINO vermittelt und verwaltet die aufgabenorientierte Kommunikation, indem es die zuständigen Bearbeiter über anstehende Aufgaben informiert und deren Resultate automatisch weiterleitet. Damit koordiniert das System die Bearbeitung eines Vorgangs in der Gruppe der beteiligten Personen (Akteure). Es kann über den aktuellen

Stand des Vorgangs Auskunft geben und ermöglicht die Behandlung von Ausnahmesituationen etwa durch Weiterleitung von Aufgaben an andere Personen, z.B. zur Vertretung oder durch Rücksetzung des Vorgangs, z.B. zur Korrektur von beanstandeten Resultaten.

Die Ausführung eines Vorgangs wird auf Verlangen eines Benutzers gestartet, der dadurch der Initiator dieses bestimmten Vorgangs wird. Bei der Kommunikation zwischen dem Initiator, den anderen Akteuren und dem DOMINO-System werden Nachrichtentypen eingesetzt, die für die Vorgangsbearbeitung wichtig sind. Die Nachrichtentypen "Auftrag", "Erledigung", "Bestätigung" werden für den Normalfall verwendet, "Beanstandung", "Weiterleitung", "Storno" (und noch einige andere) für die Ausnahmebehandlung. Der Austausch dieser Nachrichten folgt Konventionen, die im CoPlanX-Protokoll niedergelegt sind. Die Verwendung dieser Auftrags-Konversation stellt eine konsistente Sicht des Vorgangszustands durch alle Beteiligten sicher.

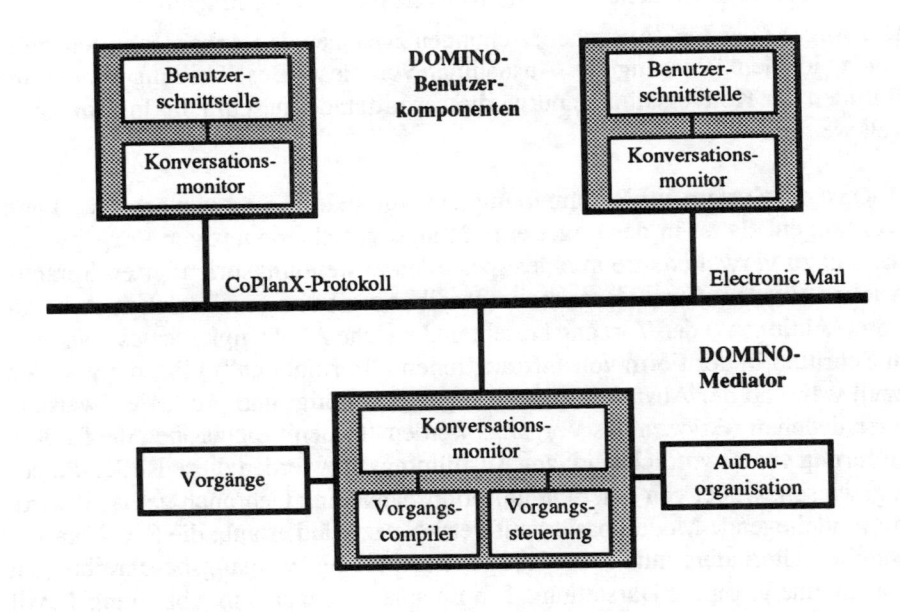

Abb. 2: Die Domino-Systemarchitektur

Das DOMINO-System besteht aus einer maschinellen Instanz ("Mediator") und Benutzerkomponenten, die über Elektronische Post miteinander kommunizieren. Der Mediator ist als ein völlig automatisierter Pseudo-Benutzer im Netz installiert. Er ist zuständig für die Übersetzung, Einrichtung und Ausführung der Vorgänge und besteht aus dem Vorgangscompiler, der Vorgangssteuerung und dem Konversationsmonitor. Alle diese Komponenten sind in C unter Unix implementiert. Eine experimentelle Organisationsdatenbank für die Rollenzuweisung bei der Vorgangsbearbeitung wurde in Prolog realisiert. Die Grobarchitektur des Systems ist in Abbildung 2 wiedergegeben.

Die Benutzerkomponenten für die lokale Unterstützung bei der Vorgangsbearbeitung werden für jeden Benutzer installiert. Sie bestehen aus einem Benutzerschnittstellen-Modul und dem Konversationsmonitor. Die Implementierung hängt von der Arbeitsumgebung ab, in der das DOMINO-System laufen soll. Im nächsten Abschnitt wird die Benutzerkomponente, die bei unserem experimentellen Einsatz des Systems verwendet wurde, und ihre Entwicklung detaillierter beschrieben.

3 Die Benutzerschnittstelle

3.1 Die Entwicklung der Benutzerschnittstelle

Für die neue Version von DOMINO war im wesentlichen eine lose Kopplung zwischen einem Rechner am Büroarbeitsplatz (einem Apple Macintosh in unserem Fall) und dem zentralen Vorgangssteuerungsknoten (auf einem Sun-Server unter Unix) zu entwickeln. Dazu wurde die Benutzerkomponente in einen Unix- und einen Macintosh-Teil aufgeteilt, und die Kommunikation zwischen diesen Teilen so gestaltet, daß eine konsistente Sicht auf den Vorgang gewährleistet war, selbst unter den Bedingungen einer zeitweise unterbrochenen Verbindung und möglichen Datenverlusten auf der Macintosh-Seite. Der Rest der Unix-Komponenten von DOMINO (Vorgangssteuerung, Vorgangscompiler, Konversationsmonitore) wurde unverändert übernommen.

Der Entwurf der eigentlichen Benutzerschnittstelle entstand in vielen Brainstorming-Diskussionen und konkretisierte sich schrittweise: von Bildschirm-Layouts auf Papier über informelle Beschreibungen der Funktionalität der Menüs und Funktionsknöpfe schließlich zu einem computerisierten Funktionsmuster ("Mock-Up") der neuen DOMINO-Benutzerschnittstelle.

Die Hauptcharakteristika der neuen Benutzerschnittstelle sind:
– Formularorientierung, d.h. jeder Vorgangstyp entspricht einem elektronischen Formular, das in den verschiedenen Stationen ausgefüllt wird, die es während des Vorgangs durchläuft.

- Angebot von informeller Kommunikation in freiem Format, d.h. zusätzlich zu der "offiziellen" Information des Vorgangsformulars können diesem beliebige Anlagen (Texte, Grafiken) und informelle Notizen (die elektronische Entsprechung des wohlbekannten Haftnotizzettels) hinzugefügt werden.
- Vereinfachung der ursprünglichen Auftragskonversation, d.h. statt der ursprünglichen 13 verschiedenen Nachrichtentypen werden dem Benutzer im wesentlichen nur drei Optionen angeboten: das Vorgangsformular zur nächsten Station weiterzuschicken, zu einer früheren Station zurückzuschicken oder es einem Vertreter zuzuleiten. In verschiedenen Bearbeitungskontexten wird die Bedeutung dieser Optionen (vorwärts, zurück, "zur Seite") entsprechend angepaßt. Diese Entscheidung bedeutet zusammen mit der Formularorientierung letzten Endes, daß das ursprüngliche netzartige Vorgangsmodell auf Benutzerebene durch das Modell "Wanderndes Formular" ersetzt wird.

Die Notwendigkeit, bereits in einer frühen Entwurfsphase über computerisierte Mock-Ups zu verfügen, führte zum Einsatz von HyperCard. Im weiteren Verlauf wurde dann beschlossen, die gesamte Macintosh-Seite der neuen Benutzerkomponente in HyperCard zu realisieren. In dieser Form wurde DOMINO auf der Systems '89 in München mit guter Resonanz präsentiert, was die Schnittstelle und die Brauchbarkeit des Systems betraf. Nachdem die Benutzerschnittstelle bezüglich grafischer Qualität, Layout und Leichtigkeit der Benutzung noch leicht verbessert und die Unix-Mac-Kommunikation auf schnellere und sicherere Protokolle (MacTCP, TCP/IP) umgestellt worden war, wurde der praktische Test des Systems begonnen.

3.2 Die Beschreibung der Benutzerschnittstelle

Im folgenden beschreiben wir die DOMINO-Benutzerschnittstelle, wie sie zur Zeit in Betrieb ist. Da der Macintosh-Bildschirm eher klein ist, besteht die Schnittstelle aus mehreren vollen Bildschirm-Layouts, zwischen denen der Benutzer hin- und herschalten kann. Ein Schirminhalt besteht - von oben nach unten - aus einem Menübalken, einem Informationsfenster, das den größten Teil des Schirms einnimmt, und einer Reihe von Knöpfen für die häufiger benutzten Funktionen.

Die Benutzerschnittstelle besteht aus dem Hauptbildschirm mit einem Überblick über die laufenden Vorgänge, dem Vorgangsformularbildschirm mit den Daten eines Vorgangs und einigen Hilfsbildschirmen, z.B. für die Verfolgung von Vorgängen, das Starten eines neuen Vorgangs, den Dateneintrag in ein persönliches Profil oder die Auswahl von Anlagen.

Erfahrungen mit dem Bürovorgangssystem DOMINO 241

Der Hauptbildschirm gibt einen Überblick über diejenigen Vorgänge, an denen der Benutzer z.Zt. beteiligt ist (s. Abbildung 3). Das erste Zeichen einer jeden Zeile gibt den Zustand des Vorgangs aus der Sicht des jeweiligen Benutzers an:

- (•) das Formular muß bearbeitet werden,
- (*) das Formular hat sich verändert (neue Daten),
- (√) der Vorgang wurde erfolgreich beendet,
- (†) der Vorgang wurde anderweitig beendet (z.B. storniert),
- ( ) es wird keine Aktion vom Benutzer erwartet, der Vorgang läuft noch.

Der rechte Teil des Bildschirms zeigt detailliertere Angaben zu dem jeweils selektierten Vorgang an. Der Hauptbildschirm bietet noch weitere Funktionen an wie das Updaten der Vorgangsformulare, wenn neue DOMINO-Nachrichten angekommen sind, das Starten neuer Vorgänge, das Speichern/Vernichten von Vorgängen, die beendet worden sind, das Sortieren der Vorgänge und das Suchen nach bestimmten Vorgängen. Durch Doppelklicken von einem Vorgangseintrag in der Liste wird das entsprechende Formular geöffnet.

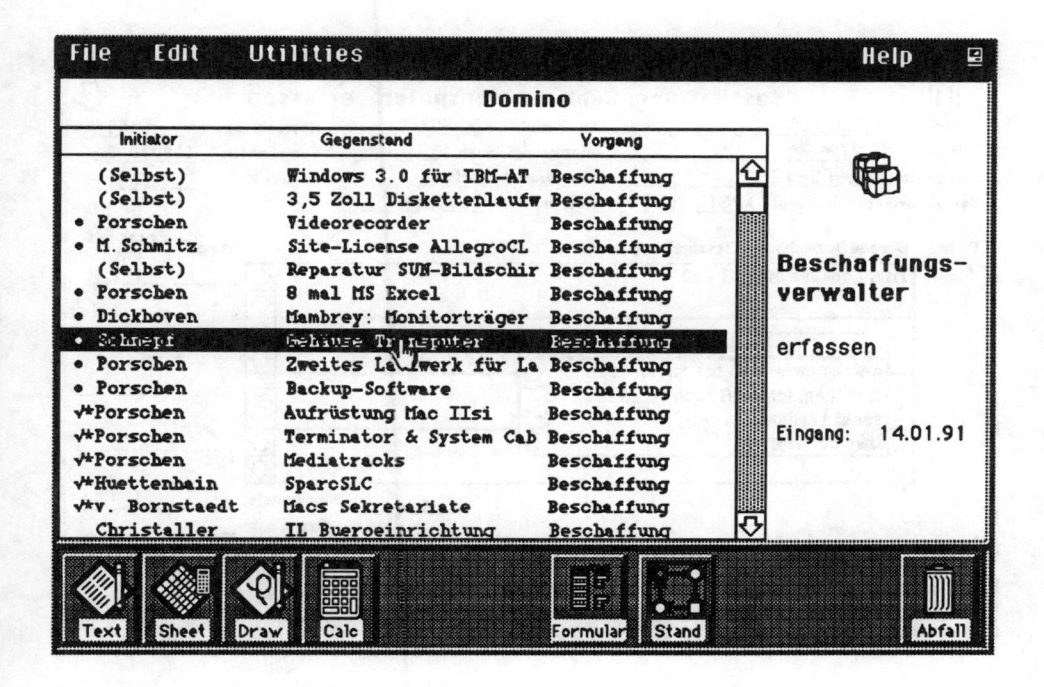

Abb. 3: Domino-Benutzerschnittstelle: Vorgangsüberblick

Der Formularbildschirm enthält die Information, die für einen Vorgang relevant ist (s. Abbbildung 4). Er kann auch aus mehreren aufeinander folgenden Bildschirmen bestehen, wenn die Daten nicht auf einen Schirm passen, wie es bei dem Beschaffungsformular von Abbildung 4 der Fall ist. Das Ausfüllen wird erleichtert durch das Einsetzen von Defaultwerten aus dem Benutzerprofil, das Anbieten von Pop-Up-Menüs mit geeigneter Auswahl, automatische Berechnungen und Plausibilitätsüberprüfungen. Beliebige Anlagen und informelle Notizen können dem Vorgangsformular hinzugefügt werden. Beanstandungen können an jedes Formularfeld angehängt werden.

Das Dispositions-Menü ("dispose") bietet die Aktionen an, die der Benutzer mit dem Formular unternehmen kann; die Menü-Kommandos werden dynamisch dem jeweiligen Kontext angepaßt. Wenn z.B. ein Formular zur Genehmigung vorliegt, kann der Benutzer unter folgenden Optionen auswählen: genehmigen und das Formular weiterleiten, oder beanstanden und zurücksenden. Mit dem "Stand"-Knopf kann die lokale Bearbeitungsgeschichte und die augenblickliche Bearbeitungsstation des Formulars angefordert werden.

Abb 4: Domino-Benutzerschnittstelle: Ein Beschaffungsformular

4 Das Einsatzfeld

Als Einsatzfeld für den DOMINO-Versuch wurde unser eigenes Forschungsinstitut ausgewählt. Dort arbeiten ungefähr 120 Wissenschaftler, eingeteilt in fünf Forschungsgruppen. An der Spitze des Instituts steht ein geschäftsführender Institutsleiter, die Forschungsgruppen werden von Forschungsgruppenleitern geleitet. Die Kandidaten für einen DOMINO-Test waren die Verwaltungsvorgänge, die mit Dienstreisen, Beschaffungen, Urlaub u.ä. zusammenhängen. Der Beschaffungsvorgang ergab sich als die geeignetste Anwendung, weil er mehrere Bearbeitungsschritte im Institut umfaßt. Ein Test mit den anderen Vorgängen wäre nur sinnvoll gewesen, wenn auch die Verwaltungsabteilung teilgenommen hätte; dies jedoch stellte sich aus technischen Gründen als zu schwierig heraus (inkompatible Computernetze und -systeme). Obwohl DOMINO zur Bearbeitung verschiedenartiger Vorgänge gedacht ist, mußte die praktische Erprobung mit einem einzigen Vorgangstyp stattfinden.

Der institutsinterne Beschaffungsvorgang besteht aus vier Schritten: der Genehmigung auf den beiden Leitungsebenen, einer technischen Prüfung und schließlich der verwaltungsmäßigen Erfassung (vgl. auch Abbildung 1). Nachdem ein Beschaffungsantrag vom Antragsteller (dem "Initiator") ausgefüllt worden ist, muß er zunächst vom zuständigen Forschungsgruppenleiter unterschrieben werden, der über einen eigenen Beschaffungsetat verfügt. Dann wird der Antrag dem Netzwerk-Manager zugeleitet. Dieser ist für die Überprüfung der technischen Details der beantragten Beschaffung und ihrer Übereinstimmung mit der Beschaffungspolitik des Instituts verantwortlich, z.B. Kompatibilität mit existierenden Computersystemen. Der dritte Schritt, die Genehmigung durch den geschäftsführenden Institutsleiter, ist nur erforderlich, wenn die Beschaffungssumme 2000 DM übersteigt. Andernfalls ist die Unterschrift des Forschungsgruppenleiters ausreichend. Im folgenden und letzten Schritt erfaßt der Verantwortliche für technische Unterstützung den Vorgang, weil er für den Beschaffungsetat des Instituts und das Inventar der technischen Ausrüstung verantwortlich ist. Nun verläßt der Antrag das Institut und wird in die Beschaffungsabteilung geleitet, die die eigentliche Beschaffung ausführt. Der elektronische DOMINO-Vorgang endet an diesem Punkt, und im letzten Schritt wird ein Papierformular, das die Daten des DOMINO-Vorgangs enthält, zusammen mit etwaigen Anlagen ausgedruckt. Dies Formular wird vor dem Absenden noch vom Forschungsgruppenleiter oder Institutsleiter unterschrieben.

Nach der Installation dieses Beschaffungsvorgangs im DOMINO-System wurde ein erster dreimonatiger Test mit einer kleinen Gruppe künftiger Benutzer durchgeführt, allerdings nur mit fiktiven Beschaffungen. Das Ergebnis war eine Reihe von kleineren technischen und organisatorischen Modifikationen (abgesehen von der Beseitigung einer ganzen Anzahl von Fehlern).

Da die Mehrzahl der Mitarbeiter im Institut sehr selten oder nie eine Beschaffung beantragten, wurden als "Beschaffer" pro Forschungsgruppe je nach Größe zwischen zwei und sechs Mitarbeiter ausgewählt, die Vorgänge auch für diejenigen Mitarbeiter initiieren, die sehr selten mit Beschaffungen zu tun haben. Dies ergab schließlich eine Benutzergruppe von ungefähr 25 Personen. Diese Gruppe hatte die Möglichkeit, das System drei Wochen lang auszuprobieren, und seit Mitte Oktober 1990 ist DOMINO im Einsatz für die Beschaffungen in unserem Institut.

5 Die Erfahrungen

In diesem Abschnitt berichten wir über unsere Erfahrungen in den ersten Monaten der Einführung des (neuen) DOMINO-Systems. Dies kann man nicht eigentlich als Systemevaluation bezeichnen, da unser Experiment in vielfacher Hinsicht zu eingeschränkt war: der Benutzerkreis war sehr eng, es gab nur einen Vorgangstyp statt einer Vielzahl von Typen, die Zeitspanne war eher kurz, und die Benutzungsintensität war recht inhomogen innerhalb der Benutzergruppe.

Wir glauben jedoch, daß trotz dieser Einschränkungen die qualitativen Beurteilungen, die wir während dieses Experiments aus den positiven wie negativen Erfahrungen gewonnen haben, durchaus aussagekräftig sind. Sie sollten aus den oben angegebenen Gründen nicht überbewertet werden, doch stellen sie erste Antworten auf Fragen dar, die wir bezüglich des DOMINO-Systems hatten: Wie gut ist die Benutzerschnittstelle? Zeigen sich die potentiellen Vorteile eines Vorgangssystems auch in der Praxis? Sind die DOMINO-Modelle für Spezifikation und Abwicklung von Vorgängen angemessen für die Praxis? Für die Beantwortung dieser Fragen haben wir keinen systematischen quantitativen Ansatz gewählt, sondern ein eher informelles Vorgehen mit individuellen Gesprächen und Benutzertreffen. Während der Installation des Systems gaben Mitglieder des Entwicklungsteams eine kurze Einführung ins System. Bei verschiedenen Gelegenheiten fanden weitere Diskussionen mit Benutzern statt, etwa wenn ein Benutzer Schwierigkeiten mit dem System hatte, ein Fehler auftauchte oder eine neue Systemversion installiert wurde. Zusätzlich fanden zwei Benutzertreffen statt, auf denen Fragen, Vorschläge und Erfahrungen diskutiert wurden. Nun zu den Beobachtungen selbst:

Benutzeroberfläche. Die Benutzerschnittstelle wurde allgemein als selbsterklärend und einfach in der Benutzung empfunden. Manchmal wurde fehlender Kontext kritisiert: "Wer führt den nächsten Bearbeitungsschritt aus?" "An wen geht eine Beanstandung?" "Was habe ich bereits mit dem Vorgang gemacht?" (Letzteres besonders bei Benutzern, die bei ihrer Arbeit mit dem System häufig unterbrochen werden.)

Vorgangsverfolgung. Die besseren Möglichkeiten, Vorgänge nachzuverfolgen, wurden positiv bewertet: jederzeit läßt sich von jedem am Vorgang Beteiligten feststellen, wo sich der Vorgang gerade zur Bearbeitung befindet. Dies wäre natürlich von noch höherem Wert gewesen, wenn die Beschaffungsabteilung ebenfalls mit in den Vorgang eingebunden gewesen wäre.

Einheitliche Bearbeitung von Beschaffungen. Einer der größten Vorteile von Bürovorgangssystemen ist die einheitliche, vollständige und konsistente Behandlung von Vorgängen, die bei Beschaffungen auch zu einer aktuelleren Budgetüberwachung führt. Dies kann jedoch nur dann zum Tragen kommen, wenn das elektronische Vorgangssystem durchgängig benutzt wird. Dies war jedoch in der ersten Zeit der Einführung von DOMINO nicht der Fall, weil gleichzeitig auch herkömmliche Papierformulare im Umlauf waren. Dadurch entstand Mehrarbeit und die Vorteile einer DOMINO-Benutzung wurden verringert.

DOMINO-Vorgangsmodell. Das netzbasierte DOMINO-Vorgangsmodell mit seinen nebenläufigen und alternativen Aktionssträngen scheint zumindest für den getesteten Beschaffungsvorgang zu komplex zu sein. Für diesen Vorgang, der als ein hierarchisch organisiertes Genehmigungsverfahren charakterisiert werden kann, hätte ein einfaches sequentielles Vorgangsmodell genügt. Des weiteren erlauben die strikten Ein-/Ausgabebeziehungen zwischen den Bearbeitungsschritten eines Vorgangs nicht, daß Daten, die in einem Schritt produziert wurden, in einem nachfolgenden Schritt geändert werden. Während dies auf der einen Seite gegen unbefugte Änderung von Vorgangsdaten schützt, ist es auf der anderen Seite erforderlich, den Vorgang auf den Bearbeitungsschritt zurückzusetzen, in dem die zu ändernden Daten eingegeben wurden. Diese Eigenschaft des System wurde oft diskutiert, und wir mußten sie in einigen als besonders störend empfundenen Fällen außer Kraft setzen. Dies kann natürlich in anderen Anwendungsumgebungen auch anders empfunden werden.

DOMINO-Verarbeitungsmodell. Das konversationsbasierte Modell von DOMINO für die Abwicklung von Vorgängen bietet einige Möglichkeiten der Ausnahmebehandlung. Zusätzlich zum normalen Ablauf kann der Vorgang zurückgesetzt werden, wenn ein Teilnehmer etwa fehlende Preise oder ungenügende Begründungen beanstandet oder der Initiator den gesamten Vorgang storniert. Diese Behandlung von Ausnahmefällen wurde jedoch als nicht flexibel genug angesehen.

Integration von informeller Kommunikation. Die von uns zusätzlich bereitgestellten Möglichkeiten zur informellen Kommunikation (Notizen, Mitteilungen, Anlagen) wurden zwar geschätzt, aber insbesondere Führungskräfte fühlten sich in dem eher starren Vorgangssystem in ihren Möglichkeiten eingeschränkt. Am häufigsten wurde die fehlende Möglichkeit bedauert, eine beliebige andere Person an der Bearbeitung des Vorgangs zu beteiligen, ohne daß dies "offiziell" sichtbar wird (ad-hoc-Kommentar). Allgemein wurde ein gleitender Übergang von der Vorgangsbearbeitung zu informelleren Arten der elektronischen Kommunikation gewünscht, etwa die Möglichkeit, das Vorgangsformular losgelöst vom Vorgang anderen Personen zur Information zuzuschicken.

Gruppierung von Vorgängen. Im DOMINO-System wird jedes Vorgangsexemplar separat behandelt. Demgegenüber bestand bei den Benutzern der Bedarf, Vorgänge zur gemeinsamen Bearbeitung zu Gruppen zusammenzufassen, etwa um sie gemeinsam zu archivieren, sie auf dieselbe Art zu behandeln (z.B. sie mit dem gleichen Grund zu beanstanden) oder einfach um einen lokalen Kontext herzustellen, der für Budgetierung oder Vorgangsverfolgung wichtig ist.

Fehlende Integration anderer Systeme. Während dies ein allgemeines Problem bei Gruppenunterstützungssystemen zu sein scheint, beklagten DOMINO-Benutzer besonders zwei Punkte:

(1) Ein Tabellenkalkulationsprogramm, das viel im Zusammenhang mit Beschaffungen in unserem Institut benutzt wird, konnte nur über einen nicht allzu komfortablen Kopier-Mechanismus mit dem Beschaffungsvorgang "integriert" werden (dasselbe hätte auch für andere Programme und Vorgangstypen zugetroffen).

(2) DOMINO-Nachrichten werden getrennt von der normalen Elektronischen Post gehalten - der Benutzer muß die Programme wechseln um eine Nachricht mit der Elektronischen Post zu versenden, die einen Vorgang betrifft.

Medienspezifische Kommunikationsprobleme. Die gleichzeitige Verwendung des elektronischen und des Papiermediums stellte sich als Problem heraus. Die Notwendigkeit hierfür lag teils an dem begrenzten Einsatzfeld von DOMINO und teils daran, daß häufig Zusatzdokumente wie Prospekte dem Beschaffungsantrag beigefügt werden. Wenn ein Beschaffungsvorgang das Institut verläßt, muß ein entsprechendes Formular zusammen mit möglichen Anlagen gedruckt, z.Zt. auch noch unterschrieben und dann zusammen mit eventuellen Originalprospekten an die Beschaffungsabteilung verschickt werden. Dieser Medienbruch in der Vorgangsbearbeitung führte zu einigem Zusatzaufwand, der den möglichen Nutzen eines Vorgangssystems mindert. Lösungen für diese Art von Problemen wären die Akzeptanz elektronischer Unterschriften, ein größerer Einsatzbereich in der Organisation und einfach zu benutzende Scanner.

Ein anderes Problem entstand durch die Benutzung des Computermediums selbst. Die Kommunikation wird hier indirekter und gleichzeitig expliziter. Es kam besonders bei "negativen" Kommunikationsakten, etwa Beanstandungen, zu einem gewissen Unbehagen der Benutzer. Sogar in der ersten Testphase probierten die Benutzer nicht spontan alle Systemfunktionen aus, wie es bei anderen Einbenutzer-Anwendungen auf dem Macintosh üblich ist. Der Hauptgrund ist hier sicherlich darin zu suchen, daß das gegenwärtige System kaum Information über den Ablauf von Vorgängen bereitstellt. Infolgedessen befinden sich manche Benutzer wohl im Zweifel, wer für den nächsten Bearbeitungsschritt zuständig ist, oder wer genau nun eine bestimmte Beanstandung oder einen Kommentar erhält.

6 Zusammenfassung und Ausblick

Wir haben die neue Version unseres Vorgangssystems DOMINO vorgestellt, das über eine formularorientierte Benutzerschnittstelle verfügt und auf einem Netz von persönlichen Arbeitsplatzrechnern und Unix-Servern läuft. Wir haben dieses System für den Beschaffungsvorgang in unserem Institut eingesetzt. Wir glauben, daß sich der Aufwand für die Entwicklung der neuen DOMINO-Version und für die Einführung des Systems gemessen an den Reaktionen unserer Benutzer mit ihrer vielfältigen positiven wie negativen Kritik gelohnt hat.

Unsere ersten Erfahrungen zeigen, daß wir ein leicht zu benutzendes Vorgangssystem entwickelt haben, das die potentiellen Vorteile eines solchen Systems demonstrieren kann. Die Erfahrungen zeigen aber auch eine ganze Reihe von Problemen auf. Während einige dieser Probleme dem beschränkten Einsatzfeld in der Organisation zugeschrieben werden können oder dem anfänglichen wechselweisen Gebrauch von Papier- und elektronischen Formularen, deuten doch andere Probleme auf Schwachstellen des Systems hin, die folgendermaßen zusammengefaßt werden können:

- Das DOMINO-Modell für Vorgänge und ihre Abwicklung mit seinem vorstrukturierten Netz von Aktionen und seinen vorgegebenen Möglichkeiten der Ausnahmebehandlung stellte sich als zu starr und in einiger Hinsicht auch uneffektiv heraus.

- Das Fehlen eines leichten Übergangs zu informellen oder einfacheren Arten der Kommunikation und Kooperation wurde als Mangel empfunden.

- Die Umgebung für die Vorgangsbearbeitung konnte nicht vom Benutzer gestaltet werden, z.B. um Vorgänge individuell zu gruppieren oder persönlich präferierte Werkzeuge zu integrieren.
- Der Organisations- und Gruppenkontext wurde nicht angemessen dargestellt.

Einige dieser Schwächen könnten innerhalb des Systems oder in seiner Umgebung abgestellt werden, z.B. könnte die CoPlanX-Konversation so erweitert werden, daß die oben erwähnte Möglichkeit des ad-hoc-Kommentars mit eingeschlossen wäre, oder Elektronische Post und einfachere Gruppenunterstützungswerkzeuge könnten in die DOMINO-Umgebung integriert werden. Wir haben in der Tat begonnen, solche einfacheren Werkzeuge wie Umlaufmappen und Rundfragen mit Rückantwort zu implementieren. Umlaufmappen werden nacheinander einer Reihe von Personen zugestellt und können beliebige Dokumente enthalten[1]. Rundfragen mit Rückantwort werden parallel an eine Menge von Personen gerichtet, und das entsprechende Werkzeug überwacht den Rückfluß der Antworten. Wir beabsichtigen, diese neuen Werkzeuge, Elektronische Post und DOMINO, zu integrieren und sie in dieser Form in unserer Testumgebung einzusetzen.

Unsere Erfahrungen legen auch einen weiteren Schluß nahe, daß nämlich ein Bedarf für flexiblere Werkzeuge zur Gruppenunterstützung besteht. Diese Werkzeuge ergänzen Vorgangssysteme wie DOMINO und eignen sich besser dazu, als Medium für die Organisation der Arbeit von Gruppen als auch Einzelpersonen zu dienen, vor allem in Bereichen, wo vorstrukturierte Abläufe nicht vorherrschen. Unsere derzeitige Forschung befaßt sich mit solchen Werkzeuge zur Koordinierung verteilter Arbeit, wobei die obigen Punkte im Vordergrund stehen: Flexibilität und Gestaltbarkeit, leichter Übergang zu informeller Kommunikation und bessere Übersicht über die individuelle Arbeit und ihren Gruppenzusammenhang.

Auf diese Weise haben unsere Erfahrungen mit DOMINO zu unserer Forschungsrichtung im CSCW-Bereich beigetragen: von vorstrukturierter Zusammenarbeit zu unstrukturierten oder gestaltbaren, veränderbaren Mustern der Zusammenarbeit, von der Bearbeitung offizieller Vorgänge zur Koordination der täglichen Arbeit in einer reichhaltigen Umgebung, die verschiedene Sichten auf Aufgaben gestattet und den Gruppenkontext explizit sichtbar macht, und schließlich von einem Koordinationsmodell, das weitgehend auf dem Paradigma der formalisierten Konversation beruht, zu einem Modell, das immer noch Elemente der strukturierten Interaktion enthält, aber daneben auch nicht formalisierte Kommunikation und Möglichkeiten der Computer-Konferenz und der Bearbeitung gemeinsamer Informationsbestände aufweist.

---

1 Wir legen ein einfacheres Ablaufmodell als das der Umlaufmappen von KARBE und RAMSPERGER [5] zugrunde.

Wir möchten an dieser Stelle unseren DOMINO-Benutzern für ihre Bereitschaft danken, an unserem Experiment teilzunehmen, und besonders Dr. Peter Hoschka für viele wertvolle Beiträge zur Gestaltung der Benutzerschnittstelle.

7 Literatur

[1] Kreifelts, Th.; Licht, U.; Seuffert, P.; Woetzel, G.: DOMINO: A system for the specification and automation of cooperative office processes, in: Myhrhaug, B.; Wilson, D. R. (eds.): Proc. EUROMICRO '84, North-Holland, Amsterdam, 1984, pp. 33-41

[2] Kreifelts, Th.; Woetzel, G.: Distribution and exception handling in an office procedure system, in: Bracchi, G.; Tsichritzis, D. (eds.): Office Systems: Methods and Tools, Proc. IFIP WG 8.4 Work. Conf. on Methods and Tools for Office Systems (Pisa, Italy, Oct. 22 - 24, 1986), North-Holland, Amsterdam, 1987, pp. 197-208

[3] Spenke, M.; Beilken, Chr.: A spreadsheet interface for logic programming, in: Proc. Conf. on Human Factors in Computing Systems (CHI '89) (Austin TX, Apr. 30 - May 5 1989), ACM, New York NY, 1989

[4] Winograd, T.; Flores, F.: Understanding Computers and Cognition: A New Foundation for Design. Ablex, Norwood NJ, 1986

[5] Karbe, B. H.; Ramsperger, N. G.: Influence of exception handling on the support of cooperative office work, in: Gibbs, S.; Verrijn-Stuart A. A. (eds.): Multi-User Interfaces and Applications, Proc. IFIP WG 8.4 Conf. on Multi-User Interfaces and Applications (Heraklion, Crete, Greece, Sept. 24 - 26, 1990), North-Holland, Amsterdam, 1990, pp. 355-370

Thomas Kreifelts, Elke Hinrichs, Karl-Heinz Klein, Peter Seuffert, Gerd Woetzel
Gesellschaft für Mathematik und Datenverarbeitung (GMD)
Institut für Angewandte Informationstechnik
Postfach 1240, W-5205 Sankt Augustin 1

Auswirkungen computermediierter Kommunikation auf Gruppenentscheidungen

Bernd Freisleben, Bruno Rüttinger, Andreas Sourisseaux & Simone Schramme
Technische Hochschule Darmstadt

Zusammenfassung

In dieser Arbeit wird im Rahmen eines interdisziplinären Forschungsprojektes zwischen Informatikern und Organisationspsychologen untersucht, wie sich das Problemlöse- und Entscheidungsverhalten einer Gruppe in einer persönlichen Sitzung von dem in einer Computerkonferenz unterscheidet. Die Grundlage der Untersuchung bildet ein an der TH Darmstadt im Zeitraum Mai 1990 bis November 1990 durchgeführtes Experiment, an dem mehrere Gruppen von Versuchspersonen teilnahmen und zwei Entscheidungsfälle unter verschiedenen Medienbedingungen gemeinsam zu lösen hatten.

1 Einführung

Entscheidungen, die in Organisationen getroffen werden, sind in der Mehrzahl Gruppenentscheidungen. Dies ist nicht nur durch normative Überlegungen, etwa aus der Organisationsentwicklung [1] begründet, sondern vor allem auch durch sachliche Erwägungen. So wird angenommen, daß in Gruppen mehr Ideen produziert werden [2], bessere Bewertungskriterien herausgearbeitet werden [3] und daß Gruppenentscheidungen ein höheres Maß an Akzeptanz aufweisen als Individualentscheidungen [4].

Der Computer als Medium der Gruppenarbeit scheint diese Vorteile noch zu verstärken. Untersuchungen zu den sozialen Effekten von computermediierter Kommunikation (vor allem zu E-Mail und BBS-Systemen) zeigen im Vergleich zur herkömmlichen Face-to-Face-Kommunikation beispielsweise eine ausgeglichenere Partizipationsrate [5], höhere Beitragsfrequenz von sozial schwächeren Gruppenmitgliedern [6] und höheren Einfluß von peripheren Teammitgliedern [7]. Dies wird im allgemeinen durch den depersonalisierenden Effekt von computermediierter Kommunikation begründet [8], d.h. durch das Wegfallen von sozialer Kontextinformation (z.B. Status, Geschlecht, Hierarchie der Kommunikationspartner).

Es liegen erste Untersuchungen vor, die Computerkonferenzen mit Face-to-Face-Konferenzen verleichen [9, 10]. Der Schwerpunkt des Vergleichs liegt jedoch in aller Regel auf dem *Produkt* der Entscheidungsfindung, d.h. der Entscheidung selbst und deren Qualität [11]. Weniger Aufmerksamkeit wurde bislang auf die vergleichende Untersuchung des *Prozesses* der Entscheidungsfindung gelegt. Aber gerade dieser Aspekt erscheint uns relevant vor dem Hintergrund des viel diskutierten Einflusses von Kommunikationstechnologie auf die Kultur von Organisationen [12]. Sollte die Kommunikation über Computer von anderen Regeln gesteuert sein als die herkömmliche Kommunikation in Face-to-Face-Gruppen, so würde dies bei vermehrter Nutzung computermediierter Kommunikation in Unternehmen auch eine Veränderung der Organisationskultur zur Folge haben.

Im Rahmen einer Untersuchungsreihe der interdisziplinären Projektgruppe *"Computermediierte Kommunikation, Entscheidung & Problemlösung in Organisationen"* an der Technischen Hochschule Darmstadt wurde die Fragestellung untersucht, ob sich Face-to-Face-Entscheidungsgruppen von Computerkonferenz-Entscheidungsgruppen hinsichtlich des qualitativen Ablaufs des Entscheidungsprozesses, der Qualität, der Effizienz und der Akzeptanz der Entscheidung unterscheiden [13, 14]. In diesem Beitrag sollen die Ergebnisse zum qualitativen Ablauf des Entscheidungsprozesses vorgestellt werden.

2 Systemgestaltung

Für die Experimente am Rechner wurde eigens ein einfaches Groupware-System entwickelt, da für die experimentellen Untersuchungen mehrere durch das Ethernet des Fachbereiches Informatik der TH Darmstadt miteinander vernetzte UNIX-Workstations unterschiedlichen Typs zur Verfügung standen und die rudimentären UNIX-Kommunikationsdienste (talk, mail, news) die Anforderungen nicht oder nur in beschränktem Umfang erfüllen konnten. Das dabei zugrunde liegende Entwurfsprinzip war das Client/Server-Paradigma der verteilten Programmierung, realisiert durch Systemprozesse, die über die in UNIX üblichen Kommunikationsprimitive (Sockets, TCP/IP) Nachrichten miteinander austauschen. Als Benutzeroberfläche kam das auf allen Rechnern verfügbare X-Windows Softwarepaket zum Einsatz, so daß für das Erstellen, Bearbeiten, Senden und Empfangen von Nachrichten von der Fenstertechnik Gebrauch gemacht wurde.

Um die Experimente quantitativ auswerten zu können, wurden alle Aktionen der Teilnehmer automatisch protokolliert, wobei unter einer Aktion nicht nur das Senden/Empfangen von Nachrichten verstanden wird, sondern auch die Auswahl einer Nachricht zum Bearbeiten oder die Erstellung neuer Nachrichten und der Abbruch einer solchen Erstellung. Bei jeder Aktion wird der auslösende Teilnehmer mit Uhrzeit und Art der Aktion sowie gegebenenfalls der Inhalt einer Nachricht notiert. Zusätzlich kann für jedes Experiment eingestellt werden, ob eine Nachricht immer an alle Teilnehmer einer Computerkonferenz gehen muß oder ob die Teilnehmer die gewünschten Empfänger auswählen können.

3 Versuchsplan

Der Versuchsplan ist ein Meßwiederholungsdesign, in dem insgesamt 12 Gruppen mit jeweils fünf Teilnehmern zwei Entscheidungsfälle in einer Face-to-Face-Sitzung bzw. einer Computerkonferenz zu lösen hatten. Dabei wurden jeweils 6 Gruppen gebildet, bei denen sowohl die Reihenfolge der Entscheidungsfälle als auch des Kommunikationsmediums vertauscht wurde.

Die beiden Entscheidungsfälle entstammen aus so entfernten Lebensbereichen, daß Teilnehmer verschiedener Studien- und Berufsgruppen eine ähnliche Ausgangsposition haben. Im ersten Fall geht es um einen Schiffbruch, im zweiten Fall um einen Expeditionsunfall in der Antarktis. In beiden Fällen kann die verunglückte Gruppe von mehreren geretteten Gegenständen nur eine bestimmte Anzahl mitnehmen. Ihr Überleben hängt davon ab, daß die richtigen Gegenstände ausgewählt werden. In den Entscheidungssitzungen müssen deswegen die vorgegebenen Gegenstände nach ihrer Wichtigkeit in eine Reihenfolge gebracht werden. Beide Fälle sind in ihrer Komplexität wichtigen Alltagsentscheidungen ähnlich und haben eine von Experten angefertigte eindeutige Richtiglösung, so daß die Qualität der Lösungen quantifiziert werden kann.

Die am Experiment beteiligten Versuchspersonen waren Studenten der TH Darmstadt, die freiwillig an der Untersuchung teilnahmen. Da bei den Entscheidungsfällen teilweise auch technisches Wissen wichtig war, wurden die Gruppen so zusammengesetzt, daß alle Teilnehmer entweder nur aus dem ingenieurwissenschaftlichen oder nur aus dem sozialwissenschaftlichen Bereich kamen. Die Studierenden waren sich vor der Untersuchung nicht näher bekannt.

Nach einer kurzen Einweisung bearbeiteten die Versuchspersonen den Entscheidungsfall zunächst allein und stellten eine individuelle Rangreihe der Gegenstände auf. Diese Individuallösungen wurden nicht ausgetauscht.

Anschließend wurde in einer Gruppensitzung eine gemeinsame Lösung erarbeitet und beschlossen. Dabei wurde kein offizieller Moderator oder Gruppenleiter bestimmt. Die Face-to-Face-Gruppen wurden mit Wissen und Einverständnis der Teilnehmer mit Video aufgenommen und anschließend nach den 12 Kategorien der Interaktions-Prozeß-Analyse von BALES [15] klassifiziert. Nach dem gleichen Klassifikationsschema wurden die ausgedruckten Beiträge der Computerkonferenzen bewertet.

Die Interaktionsprozeßanalyse (IPA) ist eine bewährte Methode zur Kategorisierung des Verhaltens von Entscheidungsgruppen. Sie erlaubt es, jede Äußerung eines Teilnehmers in einer Entscheidungssitzung einer der 12 folgenden Kommunikationskategorien zuzuordnen:

Kategorie 1: *Seems Friendly* (z.B. Solidarität mit anderen Teammitgliedern bekunden, Hilfestellung geben, andere belohnen etc.).

Kategorie 2: *Dramatizes* (z.B. Witze machen, lustig sein, Zufriedenheit zeigen).

Kategorie 3: *Agrees* (z.B. Zeigen von Akzeptanz, Verständnis, Übereinstimmung etc.).

Kategorie 4: *Gives Suggestion* (z.B. einen neuen Punkt in die Diskussion werfen, Verfahrensvorschläge zur Diskussion machen, die Diskussion strukturieren etc.).

Kategorie 5: *Gives Opinion* (z.B. eine Meinung abgeben, einen Wunsch formulieren, bewerten).

Kategorie 6: *Gives Information* (z.B. das Abgeben von neutralen und überprüfbaren Fakten).

Kategorie 7: *Asks for Information* (z.B. das Erfragen von neutralen und überprüfbaren Fakten).

Kategorie 8: *Asks for Opinion* (z.B. die Meinung eines anderen Teammitglieds einholen, das Interesse erfragen etc.).

Kategorie 9: *Asks for Suggestion* (z.B. Srukturierungsvorschläge erfragen, um eine Zusammenfassung bitten).

Kategorie 10: *Disagrees* (z.B. Ablehnung des Standpunktes eines Diskussionsteilnehmers, Zweifel anmelden etc.).

Kategorie 11: *Shows Tension* (z.B. Ängstlichkeit zeigen, stottern etc.).

Kategorie 12: *Seems Unfriendly* (z.B. Befehle, unfreundliche Aufforderungen, sich über andere lustig machen etc.).

Die IPA ist ein behavioristisches Modell in dem Sinne, daß es sich auf relativ einfache und für Gruppendiskussionen typische Verhaltensweisen beschränkt. Nach einer Diskussion wird jede gezeigte Verhaltenseinheit einer der zwölf Kategorien zugeordnet. Weiterhin sind auf einem höheren Niveau Aussagen zum Gruppenklima (positiv: Kategorie 1-3, negativ: Kategorie 10-12) und zur Aufgabenorientierung (Antwortbereich: Kategorie 4-6, Fragenbereich: Kategorie 7-9) möglich.

4 Ergebnisse

Abbildung 1 auf der nächsten Seite zeigt die Interaktionsprofile für die Face-to-Face-Entscheidungsgruppen und Computerkonferenz-Entscheidungsgruppen im Vergleich. Dargestellt sind die durchnittlichen prozentualen Anteile der Äußerungen, die sich der jeweiligen IPA-Kategorie zuordnen lassen.

Zunächst fällt auf, daß sich die beiden Profilverläufe in ihren Maxima deutlich unterscheiden. In Face-to-Face-Gruppen fallen die meisten Beiträge der Gruppenmitglieder in die Kategorie *Gives Opinion*. Es werden also hauptsächlich Meinungen geäußert, es wird bewertet und analysiert, Wünsche werden formuliert.

Ein anderes Ergebnis zeigt sich für die Computerkonferenzen. Hier fallen die Äußerungen der Mitglieder hauptsächlich in die Kategorien *Gives Suggestion* und *Gives Information*. Die Diskussionen hier sind also einerseits gekennzeichnet durch eine höhere Faktenorientierung (die Äußerungen haben überprüfbaren Charakter), andererseits durch eine stärkere Strukturierung (Verfahrensvorschläge).

Auffällig ist weiterhin der große Unterschied bei der Kategorie *Seems Unfriendly*. Dieser ist allerdings direkt auf das Medium zurückzuführen. In diese Kategorie werden hauptsächlich non- und paraverbale Äußerungen der Teilnehmer kategorisiert, welche vom Computer "geschluckt" werden.

Die Beschreibung der Ergebnisse auf einem höheren Niveau macht Unterschiede zwischen Face-to-Face-Entscheidungsgruppen und Computerkonferenz-Entscheidungsgruppen sowohl im sozial-emotionalen Gruppenklima als auch der Aufgabenorientierung deutlich:

Das Gruppenklima ist in Computerkonferenzen besser als in Face-to-Face-Gruppen, d.h. es treten vermehrt gruppenpositive Aktivitäten (Kategorie 1-3) und weniger gruppennnegative Verhaltenseinheiten (Kategorie 10-12) auf.

Differenzierter ist das Bild bei der Aufgabenorientierung. Im Fragebereich (Kategorien 7-9) zeigen sich kaum Unterschiede zwischen beiden Medienbedingungen. Eine qualitative Differenz zeigt sich innerhalb des Antwortbereiches: Face-to-Face-Gruppen sind wesentlich stärker geprägt durch Äußerungen der Kategorie *Gives Opinion*, Computerkonferenzen wesentlich stärker geprägt durch die Kategorien *Gives Suggestion* und *Gives Information* (s.o.).

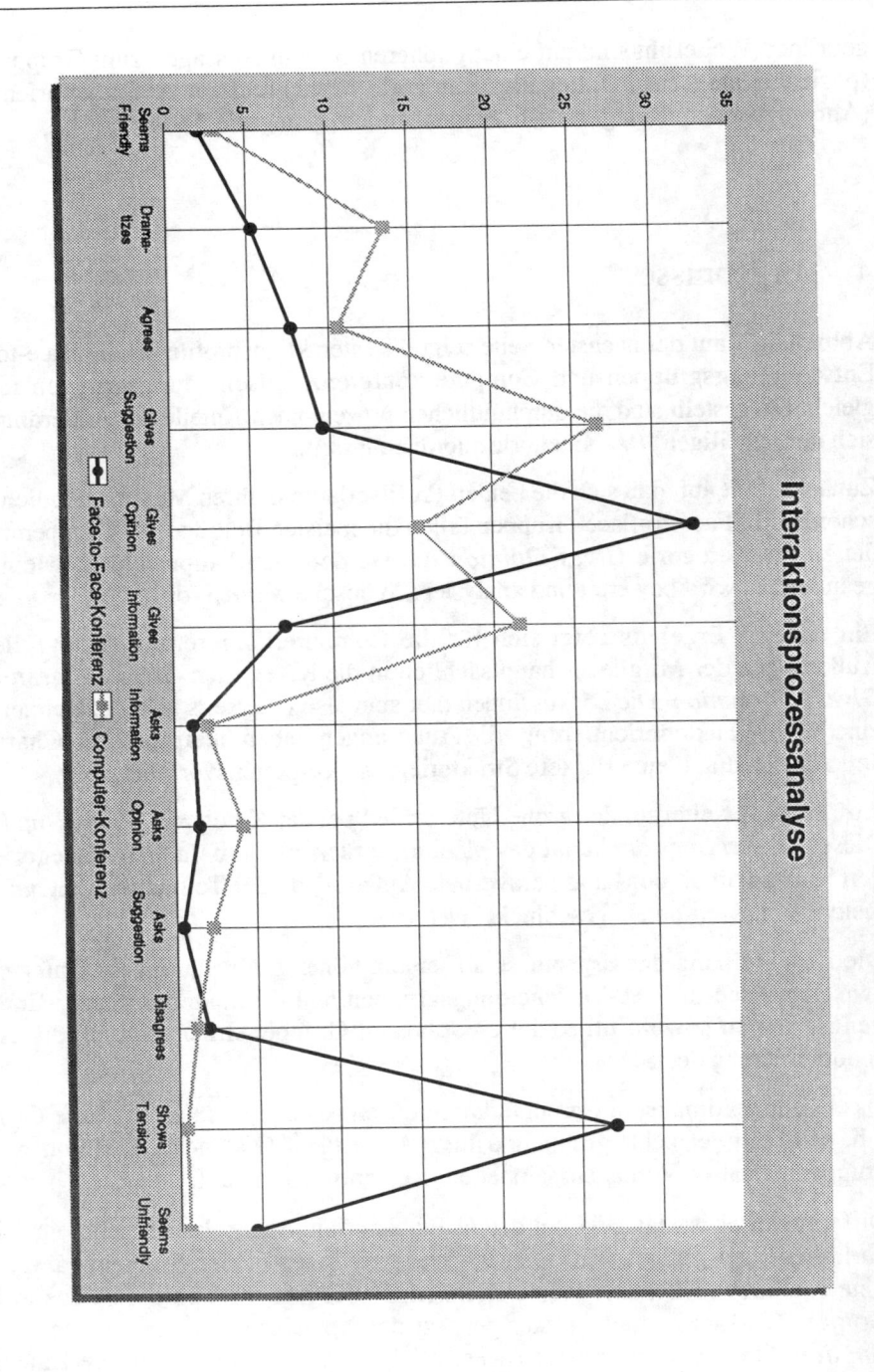

Abb. 1: IPA-Profile für die Face-to-Face- und Computer-Konferenz-Gruppen

5 Diskussion

Computerkonferenzen werden tendenziell freundlicher und, unter dem Aspekt der Aufgabenorientierung, sachlicher und strukturierter geführt.

Unterschiede im Gruppenklima (mehr positive als negative Gefühlsäußerungen bei Computerkonferenzen) sind u.E. hauptsächlich darauf zurückzuführen, daß unfreundliche Bemerkungen in der anonymen Situation einer Computerkonferenz keinen instrumentellen Charakter besitzen. Der Teamkollege kann bei Computerkonferenzen ohne sozialen Druck mit verstärkter Reaktanz reagieren.

Im Aufgabenbereich zeichnen sich Computerkonferenzen dadurch aus, daß weniger Meinungen und Wünsche ausgedrückt werden und vielmehr Fakten und Strukturierungsvorschläge geäußert werden. Die Aufmerksamkeit der Computerkonferenz-Teilnehmer ist viel stärker an der Sache (d.h. dem Text auf dem Monitor) und nicht auf die Personen gerichtet, welche die Beiträge liefern. Deswegen stehen persönliche Annahmen und Wünsche ("ich glaube...", "es wäre schön, wenn...") im Hintergrund. Prestige und Status-Denken wird unwichtig, da es über das Netzwerk sowieso nicht realisiert werden kann. Beiträge der Kategorie *Gives Opinion* haben es in der Computerkonferenz zusätzlich schwer, da in diesem Medium viele gleichzeitig "reden" können, was in einer Face-to-Face-Konferenz die guten Sitten verbieten. In einer solchen Situation scheinen sich die Beiträge durchzusetzen, die klare, überprüfbare Fakten beinhalten.

Das Anwachsen der Strukturierungsvorschläge bei Computerkonferenzen ist u.E. hauptsächlich darauf zurückzuführen, daß bei diesem Medium das nonverbale Feedback fehlt und die Gruppendiskussion von daher explizit gesteuert werden muß, mithin ein erhöhter Bedarf an Metakommunikation besteht.

Unsere Ergebnisse zeigen, daß sich der Entscheidungsprozeß in Computerkonferenzen von dem in herkömmlichen Face-to-Face-Konferenzen qualitativ unterscheidet. Es existieren andere Regeln, anhand derer die Kommunikation reguliert wird. Es wäre allerdings verfrüht, von diesen Unterschieden auf eine Veränderung der Organisationskultur zu schließen. Zum einen stammen die vorgestellten Ergebnisse aus Laborexperimenten mit studentischen Versuchspersonen, zum anderen ist die Organisationskultur ein subjektives Konstrukt. Hier gilt es zu klären, ob die Diskussionsteilnehmer die Computerkonferenzen auch subjektiv freundlicher, strukturierter und faktenorientierter wahrnehmen.

6 Literatur

[1] French, W.L.; Bell, C.H.: Organisationsentwicklung. Bern 1977

[2] Schlicksupp, H.: Kreative Ideenfindung in der Unternehmung - Methoden und Modelle. Berlin 1976

[3] Bergemann, N.; Daumenlang, K.; Sourisseaux, A.: Interaktion in Lerngruppen. Saarbrücken 1984

[4] Rosenstiel, L.v.; Molt, W.; Rüttinger, B.: Organisationspsycholgie. Stuttgart 1977

[5] Vallee, J.: Computer Message Systems. New York 1984

[6] Hiltz, S.R.; Turoff, M.: The Network Nation: Human Communication via Computer. Reading 1978

[7] Kiesler, S.: Improvement Versus Equity Effects of New Technology. Vortrag anläßlich des 2. Internationalen Symposium der SEL-Stiftungsprofessur für Interdisziplinäre Studien. Darmstadt 1991

[8] Sproull, L.; Kiesler, S.: Reducing Social Context Cues: The Case of Electronic Mail, in: Management Science 32 (1986), pp. 1492-1512

[9] Chess, D.M.; Cowlishaw, M.F.: A Large Scale Computer Conferencing System, in: IBM Systems Journal 26 (1987), pp. 138-153

[10] Caswell, S.A.: E-Mail. Agincourt 1988

[11] Archer, N.P.: A Comparison of Computer Conferences with Face-to-Face-Meetings for Small Group Business Decisions, in: Behaviour & Information Technology 9 (1990) no. 4, pp. 307-317

[12] Wagner, I.: Zwischen Vereinheitlichung und Eigensinn - Widersprüche elektronisch vermittelter Kommunikation, in: e & i 107 (1990) no. 5, pp. 241-245.

[13] Freisleben, B.; Rüttinger, B.; Sourisseaux, A.; Schramme, S.: Experimentelle Analyse kooperativer Entscheidungsprozesse in Computerkonferenzen, 21. Jahrestagung der Gesellschaft für Informatik, Darmstadt, Oktober 1991

[14] Freisleben, B.; Aschemann, G.; Schramme, S.: The Effect of Computer Conferences on Joint Decision Making, 4th International Conference on Human Computer Interaktion, Stuttgart, September 1991

[15] Bales, R.F.: Personality and Interpersonal Behavior. New York 1970

Bernd Freisleben
Technische Hochschule Darmstadt, Fachbereich 20
Alexanderstr. 10, 6100 Darmstadt

Bruno Rüttinger, Andreas Sourisseaux, Simone Schramme
Technische Hochschule Darmstadt, Fachbereich 3
Hochschulstr. 1, 6100 Darmstadt

Kooperatives Arbeiten am multifunktionalen Bewegtbild-Arbeitsplatz mfBApl [1]

Roman M. Jansen-Winkeln
HQ Interaktive Mediensysteme

Jürgen Allgayer, Markus Bolz, Gerd Herzog, Clemens Huwig
Universität des Saarlandes

Zusammenfassung

mfBApl ist ein multifunktionaler Bewegtbild-Arbeitsplatz, welcher Daten-, Audio- und Videokommunikation in der vielen BenutzerInnen vertrauten Umgebung ihres Personalcomputers ermöglicht. Dazu wurde ein IBM-kompatibler PC mit spezieller Hardware wie Videoüberlagerungskarten, ISDN-Interfaces und entsprechender Audio- und Videoperipherie (Kameras, Bildplatten, ...) so erweitert, daß diese Komponenten auch unter der graphischen Benutzeroberfläche MS-Windows 3.0 zur Verfügung stehen.

Anhand der gemeinsamen Bearbeitung eines komplexen Multimediadokuments werden bisher implementierte Teilsysteme wie 'Telekonferenz' und 'Joint Editing' vorgestellt. Der Implementation von mfBApl liegt eine mehrprozeßfähige Client-Server-Architektur zugrunde, in welcher ein sogenannter Kommunikationsserver-Prozeß mit Zugriff zu verschiedenen Datenübertragungsmöglichkeiten den Multimedia- und Groupware-Klienten die benötigten Datenverbindungen zur Verfügung stellt.

Einleitung

Eines der zentralen Anwendungsgebiete für den breiten Einsatz von Computersystemen stellt die rechnergestützte Präsentation und Verarbeitung von Information dar. Grundlegend neue Möglichkeiten ergeben sich hierbei durch den Einsatz von Multimedia-Techniken, d.h. die Integration von analoger, unkodierter Information (Video und Audio) in die gängigen computernahen Repräsentationsformen Daten, Text und Graphik.

---

[1] Der Begriff mfBApl ist der Technischen Richtlinie FTZ 24TR22 der Deutschen Bundespost Telekom (EKOM) entnommen. Das Anwendungskonzept wurde in Form des Produktes IBIKOS (c) durch die IAT AG, Baden, Schweiz, realisiert.

Die Studie [4] macht deutlich, daß auch gerade im Bereich von Multimedia-Informationssystemen verteilte Anwendungen eine herausragende Rolle spielen. Insbesondere die Bewegtbildübertragung stellt dabei jedoch extreme Anforderungen an die Transportleistung des Kommunikationsnetzes. An ersten Laborlösungen für den Einsatz von Multimedia in Hochleistungsnetzen wird bereits von mehreren Gruppen gearbeitet. Im Rahmen des Großprojektes BERKOM wird als eine wichtige Anwendung die verteilte Bearbeitung von Multimediadokumenten behandelt (vgl. [10]). Innerhalb des KIK-Projektes wird - als eine mögliche Applikation für kooperatives Arbeiten - interaktives Lernen untersucht (vgl. [7]). In [1] wird ein experimentelles Telekonferenzsystem vorgestellt. Ein vergleichbares Projekt, bei dem es jedoch insbesondere auch um die Entwicklung geeigneter Netzprotokolle geht, ist in [9] beschrieben.

Ziel unserer Arbeit ist es, Dienste wie Bewegtbildkommunikation und gemeinsame Bearbeitung von Multimediadokumenten in einem kommerziellen System verfügbar zu machen. Möglich wird dies durch zwei Faktoren:

(1) die zunehmende Leistungsfähigkeit heutiger Hardware und Multimedia-Peripherie bei sinkenden Preisen,

(2) den stetig steigenden Einsatz von Hochgeschwindigkeitsnetzen, sowohl lokal (Ethernet, FDDI) als auch in der Telekommunikation (ISDN-B). Anwendungen, die bislang dem technisch-wissenschaftlichen Bereich vorbehalten waren, lassen sich damit erstmals auch in Büroumgebungen realisieren. Gerade bei Büroarbeitsplätzen zeigt sich eine Tendenz hin zu dezentralen Lösungen bei gleichzeitiger Integration durch Vernetzung. Der vorliegende Beitrag beschreibt Konzeption und Realisierung des multifunktionalen Bewegtbild-Arbeitsplatzes (mfBApl), eines verteilt einsetzbaren Systems für den Zugriff (Präsentation und Verarbeitung) auf multimediale Information.

Der multifunktionale Bewegtbild-Arbeitsplatz

Den Ausgangspunkt für die Konzeption des mfBApl bildet die Zielsetzung, verteilte Multimedia-Anwendungen in eine übliche, d.h. dem potentiellen Anwender bereits vertraute Büroumgebung einzubinden. Aus der Sicht des Benutzers stellen sich somit folgende Anforderungen:

- Verwendung eines Arbeitsplatzrechners als Basissystem
- bürogemäße Benutzerschnittstelle (Maus, Menü- und Mehrfenstertechnik)

Kooperatives Arbeiten am multifunktionalen Bewegtbild-Arbeitsplatz 261

- volle Integration in das Bürosystem
- Verfügbarkeit marktüblicher Zusatzhardware.

Die geforderte Multifunktionalität des mfBApl verlangt außerdem einen modularen, erweiterbaren Aufbau des Systems. Für den Entwickler ergibt sich daraus die Forderung nach:

- Mehrprozeßfähigkeit
- Möglichkeiten zur Interprozeßkommunikation
- flexible Arbeitsumgebung für die schnelle Prototypentwicklung.

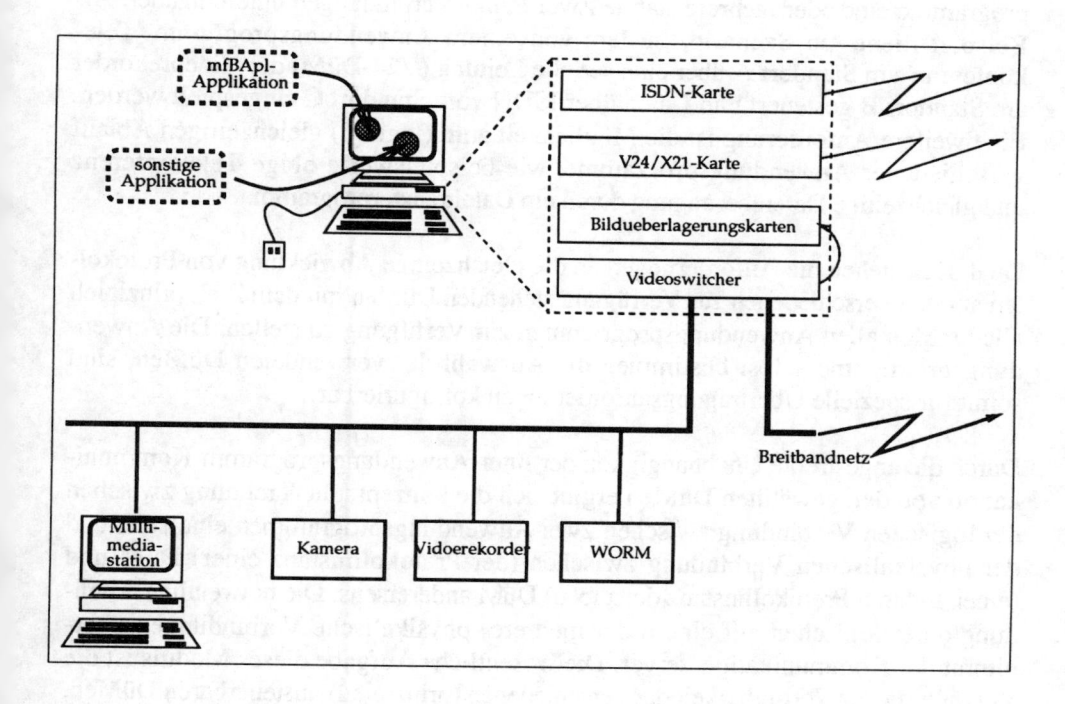

Abb. 1: Konfiguration des mfBApl

Abbildung 1 zeigt die Konfiguration des multifunktionalen Bewegtbild-Arbeitsplatzes. Als Plattform wird ein üblicher PC mit hochauflösendem Farbmonitor verwendet. Das System verfügt über zusätzliche Einschubkarten zur Bewegtbilddarstellung (Videoüberlagerungskarten), Datenkommunikation (ISDN, X.21) und zur Auswahl und Steuerung der Audio- und Videoquellen (Video-Switcher). Die verwendbare

Videoperipherie umfaßt neben Kameras, Bildplatten, Videorecordern und einmal beschreibbaren optischen Platten (WORM) auch ein PC-basiertes Multimedia-Präsentationssystem. Die verschiedenen mfBApl-Applikationen laufen unter der graphischen Benutzeroberfläche MS-Windows. Auf sonstige Anwendungen kann jederzeit zugegriffen werden.

Computerunterstützte Gruppenarbeit an diesem Arbeitsplatz wird i.a. unterschiedliche Anwendungsbereiche (z.B. gemeinsame Dokumentbearbeitung, Telekonferenz, Dokumentaustausch) umfassen. Dies legt eine Sicht nahe, in der eine Menge von Anwendungsprogrammen über eine Menge von Datenübertragungsmöglichkeiten (DüMen) miteinander kommunizieren. Dafür benötigen die Anwendungsprogramme eine oder mehrere stabile Zwei-Punkt-Verbindungen untereinander. Als Beispiel diene ein Szenario, in dem von einem Anwendungsprogramm 'Telekonferenz' am Standort A über eine serielle Leitung (V24-DüM) der Videorekorder am Standort B gesteuert und Daten über ISDN vom Standort C eingespielt werden. Eine weitere Anforderung ist die Möglichkeit zum (logisch) gleichzeitigen Ablauf verschiedener Anwendungsprogramme, wie beispielsweise obige Telekonferenz und gleichzeitige Dateiübertragung durch ein Dateitransferprogramm.

Dual dazu stehen die Anforderungen an die gleichzeitige Abwicklung von Protokollen auf den verschiedenen zur Verfügung stehenden DüMen mit dem Ziel, prinzipiell alle DüMen allen Anwendungsprogrammen zur Verfügung zu stellen. Die Anwendungsprogramme selbst bestimmen die Auswahl der verwendeten DüMen, sind somit für spezielle Übertragungsanforderungen konfigurierbar.

Durch die angestrebte Unabhängigkeit der Inter-Anwendungsprogramm-Kommunikation von den gewählten DüMen ergibt sich die konzeptuelle Trennung zwischen der logischen Verbindung zwischen zwei Anwendungsprogrammen einerseits und der physikalischen Verbindung zwischen (der Protokollinstanz einer) DüM und (einer anderen Protokollinstanz derselben) DüM andererseits. Die notwendige Abbildung einer logischen auf eine (oder mehrere) physikalische Verbindungen übernimmt der Kommunikationsserver. Die wesentliche Aufgabe dieses Moduls ist die Verwaltung der Verfügbarkeit der verschiedenen (prinzipiell) ansteuerbaren DüMen, der tatsächlich aufgebauten Anwendungsprogramm/DüM-Paare, des Status der verschiedenen physikalischen Verbindungen und der Koordination der Sende- und Empfangsanforderungen verschiedener Anwendungsprogramme auf jeweils die gleiche DüM.

Der Kommunikationsserver realisiert diese Abstraktionsstufe mittels zweier Funktionsbibliotheken zum Auf- und Abbau von logischen Verbindungen zwischen Anwendungsprogrammen einerseits und zur Datenübertragung auf diesen Verbindungen andererseits.

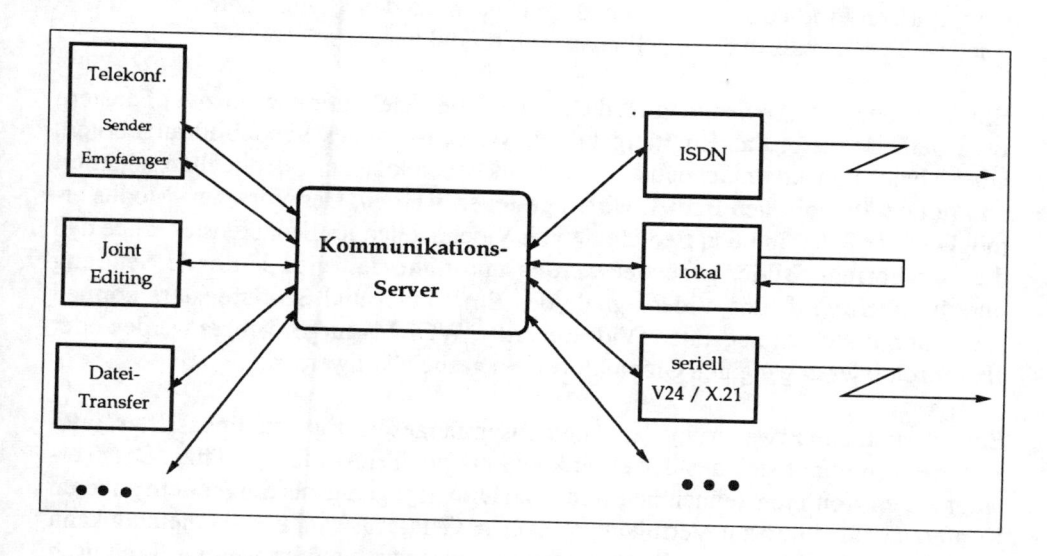

Abb. 2: Der Kommunikationserver als Mittler zwischen anwendungsspezifischen Klienten und den benötigten Datenverbindungen

Das Konzept 'Kommunikationsserver' macht das Gesamtsystem mfBApl leicht erweiterbar. Neu zu definierende Anwendungsprogramme nutzen die Bibliothek zum Verbindungsauf- und -abbau als Schnittstelle zum Kommunikationsserver. Die Hinzunahme weiterer DüMen erfolgt durch Implementation der Datenübertragungsfunktionen. Durch den Anschluß der DüM an den Kommunikationsserver wird diese gleichzeitig allen Anwendungsprogrammen zur Verfügung gestellt.

Eine kooperative Multimedia-Anwendung

Die vielfältigen Möglichkeiten von mfBApl sollen anhand der Bearbeitung eines Multimediadokumentes bestehend aus Video-, Text- und Graphikmaterial gemischt mit Hilfe eines multimedialen Präsentationssystems, welches auf einem eigenen PC abläuft, demonstriert werden. Dieses Dokument wird von zwei räumlich getrennten Akteuren gemeinsam betrachtet, diskutiert, und Text- oder Graphikteile werden gemeinsam bearbeitet. Eine denkbare Anwendung dieses Szenarios ist ein Versandhaus-Katalog als multimediales Dokument. Die Akteure der Telekonferenz sind das Versandhaus und die Werbeagentur, welche den Katalog erstellt. Relevante Textdaten umfassen Produktinformation und Preislisten; zu den Graphikdaten zählen beispielsweise schematische Darstellungen von Produkten.

Ein Standbein der Anwendung ist die PC-basierte Telekonferenz. In zwei Fenstern wird dem Benutzer das Empfangsbild sowie sein eigenes Sendebild angeboten. Über Menüs können im Sendebild die verschiedenen lokalen Videoquellen selektiert und mit gerätetypischen Bedienfeldern gesteuert werden. Der Vorschau-Modus ermöglicht die Selektion und Bedienung von Videoquellen im Sendefenster, ohne daß die zugehörigen Bilder gesendet werden und ohne daß eine laufende Sendung unterbrochen wird. Die Videosignale des Empfangs- und Sendefensters können jederzeit mit Aufnahmegeräten (Videorecorder, WORM) aufgezeichnet werden oder als Einzelbilder in gängigen Graphikformaten gespeichert werden.

Eine wesentliche Erweiterung des Funktionsumfanges heutiger studiobasierter Telekonferenzen ergibt sich aus der Datenkopplung der Telekonferenzplätze. Diese erlaubt jedem Konferenzteilnehmer, seine lokalen Videogeräte als Server dem anderen Konferenzteilnehmer zur Verfügung zu stellen. Geräteauswahl und -bedienung kann dann gleichzeitig von beiden Konferenzteilnehmern durchgeführt werden. Technisch ist dies durch einen eigenen Menüpunkt sowie das Einblenden von Bedienfeldern im Empfangsfenster des Klienten realisiert.

Im oben beschriebenen Szenario kann die Werbeagentur ihrem Kunden das erstellte Videomaterial des Multimediadokuments per Telekonferenz präsentieren. Beide gemeinsam können dann das Dokument detailliert analysieren (Vor-/Rücklauf, Einzelbilder, Slow-Motion) und diskutieren.

Der Begriff 'Videoquelle' wurde sehr weit gefaßt und läßt jedes Gerät, welches Videosignale produziert und - optional - steuerbar ist, zu. So wurde zur Realisierung des beschriebenen Szenarios ein Multimedia-Präsentationssystem, das auf einem eigenen PC installiert ist, so in die Telekonferenz integriert, daß dessen Monitorsignal als Videosignal eingespeist und gesendet werden kann und über ein eigenes Bedienfeld steuerbar ist. Damit ist es im vorgegebenen Szenario möglich, die gesamte Präsentation der Werbeagentur, bestehend aus der Überlagerung von Bild- und Textdaten mit Video- und Audiosequenzen, abzurufen.

Zur Bearbeitung der Bild- und Textdaten experimentieren wir derzeit mit verschiedenen Ansätzen. In Diskussionen wünschten sich zukünftige Anwender als wichtige Funktionalität, daß sie ihre vertrauten Programme (Word, Paintbrush, ...) weiter benutzen können, die Eingabe jedoch von allen Teilnehmern gleichzeitig möglich ist. Das entspricht dem, was Fernbedienungsprogramme unter DOS heute anbieten. Dieses Konzept hat den Vorteil geringer Einarbeitungszeit, aber sehr viele Schwächen, sowohl was die technische Realisierung angeht (die Übertragung immenser Datenmengen ist schon bei einfachen Graphikanwendungen nötig), als auch bei der konzeptuellen Ausgestaltung (keine Synchronisation, fehlende Betriebsmittelverwaltung, ...).

Die für mfBApl implementierte 'Joint Editing'-Variante erweitert dieses Fernbedienungskonzept für die graphische Benutzeroberfläche MS-Windows. Anstelle des gemeinsam genutzten Bildschirms unter DOS lassen sich jetzt einzelne Windows-Anwendungen gezielt zur gemeinsamen Nutzung auswählen. Eingaben erfolgen als Transaktionen, während derer ein Benutzer das alleinige Recht der Eingabe hat. Die zu übertragende Datenflut wurde dadurch reduziert, daß die Applikation unter gleichen Ausgangsbedingungen bei den Konferenzteilnehmern gestartet wird und nur die Eingaben (Tastatur und Maus) übertragen und auf beiden Systemen ausgeführt werden.

Implementation

mfBApl ist implementiert auf IBM-PCs (oder Kompatiblen) mit 80386 Prozessor und mindestens 2 Megabyte Hauptspeicher. Der PC ist mit einem hochauflösenden Graphikmonitor ausgestattet und einer VGA-Graphikkarte bestückt. An Hardwareerweiterungen sind in der Systemkonfiguration zwei Videoüberlagerungskarten (FAST's 'Screen Machine' oder Microvitec's 'David') und ein Videoswitcher[2] eingebaut, der das softwaremäßige Ansteuern von mehreren Video- und Audioendgeräten sowie Steuerleitungen erlaubt. Zum Datentransfer in öffentlichen Telekommunikationsnetzen wurde das System mit einer ISDN-Karte, zusätzlichen seriellen Schnittstellen und einem X.21 Adapter ausgerüstet, welche jeweils Übertragungsraten von 64 Kbit/s bieten. Der Anschluß an das Breitbandnetz geschieht über die TAE der Deutschen Bundespost Telekom ins Vorläufer Breitband-Netz (VBN) mit Übertragungskapazitäten von 140 MBit/s oder über CODECs in internationalen 2 MBit/s-Netzen.

Als Benutzerschnittstelle mit Multitasking-Fähigkeiten wird Microsoft Windows 3.0 [6] verwendet. Zur Interprozeßkommunikation dient das von Windows bereitgestellte DDE-Protokoll (Dynamic Data Exchange). Bei der Implementation der Datenübertragungsmöglichkeiten wurden soweit vorhanden standardisierte Programmierschnittstellen genutzt (z.B. Common ISDN API [3]), wodurch eine gewisse Hardware-Unabhängigkeit erzielt wird. Zur Zeit stehen als Kommunikationsmöglichkeiten ISDN, V24/X.21 sowie eine lokale Schleife (loopback) zur Auswahl.

---

[2] Dieses System wurde speziell für den Einsatz in PCs von der IAT AG, Baden, Schweiz, entwickelt.

Zur Realisierung der Benutzeroberfläche diente die interaktive, objektorientierte Entwicklungsumgebung Actor [5], was eine schnelle Entwicklung des Systems begünstigte. Systemnahe Programme wurden in C erstellt. In der momentanen Ausbaustufe stehen als Anwendungsprogramme die Telekonferenz, das Joint Editing und der Dateitransfer zur Verfügung. Damit ließen sich alle beschriebenen Anwendungsszenarien dieser Arbeit realisieren, was u.a. auf der CeBiT 91 demonstriert wurde.

Ausblick

Die vorgestellte Systemarchitektur erweist sich als tragbare Plattform zur Realisierung eines gruppenarbeitsfähigen Arbeitsplatzes. Das Konzept des Kommunikationsservers macht das Gesamtsystem mfBApl leicht erweiterbar. Für die nächste Zukunft ist die Implementation von Datenübertragungsmöglichkeiten in lokalen Netzwerken (z.B. TCP/IP-Netzen) projektiert. Darüber hinaus wird das derzeit auf einem eigenen PC unter DOS implementierte Multimedia-Präsentationssystem und -Autorensystem als weitere Anwendung in mfBApl integriert.

Parallel dazu werden vor allem konzeptuelle Probleme bei der kooperativen Dokumentenerstellung und -bearbeitung untersucht werden. Als interessantes Teilproblem stellt sich z.B. die Frage, wie mit den verschiedenen, untereinander nicht einsehbaren Zeigeinstrumenten der Dialogpartner auf dem gemeinsamen visuellen Kontext referiert und manipuliert werden kann. Bisherige Vorarbeiten auf diesem Gebiet ([2,8]) untersuchen ausschließlich Situationen, in denen sowohl der visuelle Kontext als auch die benutzten Zeigeinstrumente kopräsent sind und belegen, daß zur Zeit verwendete Zeigeinstrumente die Ausdrucksstärke natürlichen Zeigens nicht erreichen.

Danksagung

Tatkräftig an der Realisierung des mfBApl haben T. Brandt, R. von Teutul und T. Huber mitgearbeitet. Besonderer Dank gilt den Mitarbeitern der HQ, Weil am Rhein, für ihre Unterstützung und Betreuung. Wertvolle Hinweise zu diesem Papier stammen von A. Lux und A. Scheller-Houy.

Literatur

[1] E. J. Addeo, A. D. Gelman, and A. B. Dayao. Personal Multi-Media Multi-Point Communication Services for Broadband Networks. In: Proc. of IEEE GLOBECOM'88, pp. 53-57, 1988.

[2] J. Allgayer. Eine Graphikkomponente zur Integration von Zeigehandlungen in natürlichsprachlichen KI-Systeme. In: Proceedings der 16. GI-Jahrestagung, pp. 284-298, Berlin: Springer, 1986.

[3] AVM, Berlin. Common ISDN API, 1990.

[4] M. Calogero. Zukünftiger Einsatz von Multimedia-Technologien in verteilter Umgebung. Diplomarbeit, Fachbereich Elektrotechnik, Fernuniversität Hagen, 1990.

[5] M. Frantz. Objectoriented Programming Featuring Actor. Glenview, Illinois: Scott, Foresman and Co., 1990.

[6] Microsoft Corporation, Redmond, Washington. Windows SDK, Microsoft Windows, Software Development Kit, 1990.

[7] A. Scheller, J. Schweitzer, und W. Reinhard. MALIBU: Multimediales Aktives Lernen in Breitbandiger Umgebung. Interner Bericht, KIK-Projekt, Siemens AG, DFKI, Saarbrücken, 1990.

[8] D. Schmauks. Multimediale Deixis unter besonderer Berücksichtigung natürlicher und simulierter taktiler Zeigegesten. Dissertation, Philosophische Fakultät, Universität des Saarlandes, Saarbrücken, 1991.

[9] E.M. Schooler and S.L. Casner. A Packet-Switched Multimedia Conferencing System. SIGOIS bulletin 10 (1) pp. 12-22, 1989.

[10] G. Schürmann, U. Holzmann, und T. Magedanz. Verteilte Bearbeitung von Multi-Media-Dokumenten in einer Breitbandumgebung. In: P. J. Kühn (Hrsg.), Kommunikation in verteilten Systemen, pp. 14-29, Berlin: Springer, 1989.

Roman M. Jansen-Winkeln
HQ Interaktive Mediensysteme
Technologiezentrum, Schusterinsel 7
D-7858 Weil am Rhein
roman@cs.uni-sb.de

Jürgen Allgayer, Markus Bolz, Gerd Herzog, Clemens Huwig
Fachbereich Informatik, Universität des Saarlandes
Im Stadtwald 15
D-6600 Saarbrücken 11
{allgayer, paulchen, herzog, huwig}@cs.uni-sb.de

MALIBU: Interaktives kooperatives Arbeiten in verteilter Multimedia-Umgebung

Andreas Lux, DFKI Saarbrücken
Jean Schweitzer, Siemens AG, DFKI

Zusammenfassung

Kooperatives Arbeiten in einem geographisch getrennten Team beginnt sich durchzusetzen. Das Netz nationaler und internationaler Geschäftsbeziehungen wird immer dichter. Weltweite Kontakte werden immer enger. Wichtige, kurzfristig zu treffende Entscheidungen, verlangen dann eine intensive Zusammenarbeit über große Entfernungen hinweg.

Praktikable und effektive Kooperation in einer weltweit verteilten Umgebung bedingt eine leistungsfähige integrierte Lösung, d.h. ein Arbeitsplatzsystem mit einer Benutzeroberfläche für alle Medien. Anders gesagt, abgelehnt wird eine Anordnung von verschiedenen aneinandergekoppelten Einzelgeräten, von denen jedes seine eigene Benutzeroberfläche besitzt. Die Vorstellung des Demonstrators MALIBU zeigt im besonderen Maße die Hard-/Software-Integration, wodurch eine kompakte netzwerkfähige Multimedia-Workstation entsteht.

1 Einleitung

In den letzten fünf Jahren ist unter der Bezeichnung "computer supported cooperative work" (CSCW) ein wichtiges neues interdisziplinäres Gebiet herangewachsen. Primäres Ziel ist es, Computertechnologie so einzusetzen, daß die Zusammenarbeit in Arbeitsgruppen effektiver als bisher gestaltet werden kann. Diese Zielvorstellung ist einleuchtend und insofern auch nicht ganz neu. Bereits vor 30 Jahren wurden Systeme konzipiert, die dem Menschen bei seinen intellektuellen Aktivitäten helfen sollten; durch sogenannte "kooperative Tools" sollten die natürlichen Fähigkeiten des Menschen erweitert werden (s. [1], [2]).

Trotzdem hat sich computerunterstütztes kooperatives Arbeiten, insbesondere in einem geographisch getrennten Team, bisher nicht auf breiter Basis durchgesetzt. Ein Grund hierfür ist sicherlich, daß bestimmte Technologien noch nicht ausreichend entwickelt waren, um vernetztes Arbeiten benutzergerecht zu gestalten.

Bringt man moderne Kommunikationstechnologien (Breitband, Multimedia) mit Methoden des verteilten Problemlösens aus der Künstlichen Intelligenz (KI) zusammen und untermauert dies mit Kooperationsmodellen aus dem Bereich CSCW, so erhält kooperatives Arbeiten eine neue Dimension.

Vor diesem Hintergrund wurde das Projekt KIK (Künstliche Intelligenz & Kommunikationstechnologie) initialisiert. KIK, ein Kooperationsprojekt zwischen der Zentralabteilung Forschung und Entwicklung (ZFE) der Siemens AG und dem Deutschen Forschungszentrum für Künstliche Intelligenz (DFKI), hat die Integration von KI- und Kommunikationstechnologie zum Ziel. Insbesondere wird durch die Ausnutzung von Synergieeffekten ein Kooperationsunterstützungssystem mit neuen Leistungsmerkmalen geschaffen. Kern der Entwicklungsarbeiten von KIK ist MEKKA, eine Mehr-Agenten Entwicklungsumgebung für die Konstruktion Kooperativer Anwendungen. Dabei beinhaltet MEKKA sowohl die Modellierung distribuierter kooperativer Problemlösungsprozesse als auch deren Realisierung auf einer physikalisch distribuierten, multimedialen Infrastruktur (s. [3], [4]).

2 MALIBU - eine Beispiel-Applikation

Ein Anwendungsszenario, das derzeit genauer untersucht wird, ist der Bereich Schulung; speziell die innerbetriebliche Weiterbildung und Produktschulung über größere Entfernungen hinweg. Ausgangspunkt ist die Vorstellung, daß "Distant Learning" sich als neue Lernform durchsetzen wird, wenn ausreichend Interaktionsmöglichkeiten zwischen den Beteiligten untereinander und zu den Lehr-/Lernmaterialien gegeben sind und der Lernprozeß in kooperativer Form durchgeführt wird. Ein solches Szenario bildet einen ausreichend komplexen Hintergrund, um Systemanforderungen abzuleiten, die auch für andere kooperative Arbeitsabläufe repräsentativ sind. Die Untersuchungen werden unter dem Arbeitstitel MALIBU (Multimediales aktives Lernen in breitbandiger Umgebung) durchgeführt. Einen ersten erreichten Meilenstein stellt die Entwicklung eines Demonstrators dar, in dem die wesentlichen Funktionalitäten eines verteilten, kooperativen Systems realisiert sind (vgl. Abbildung 1).

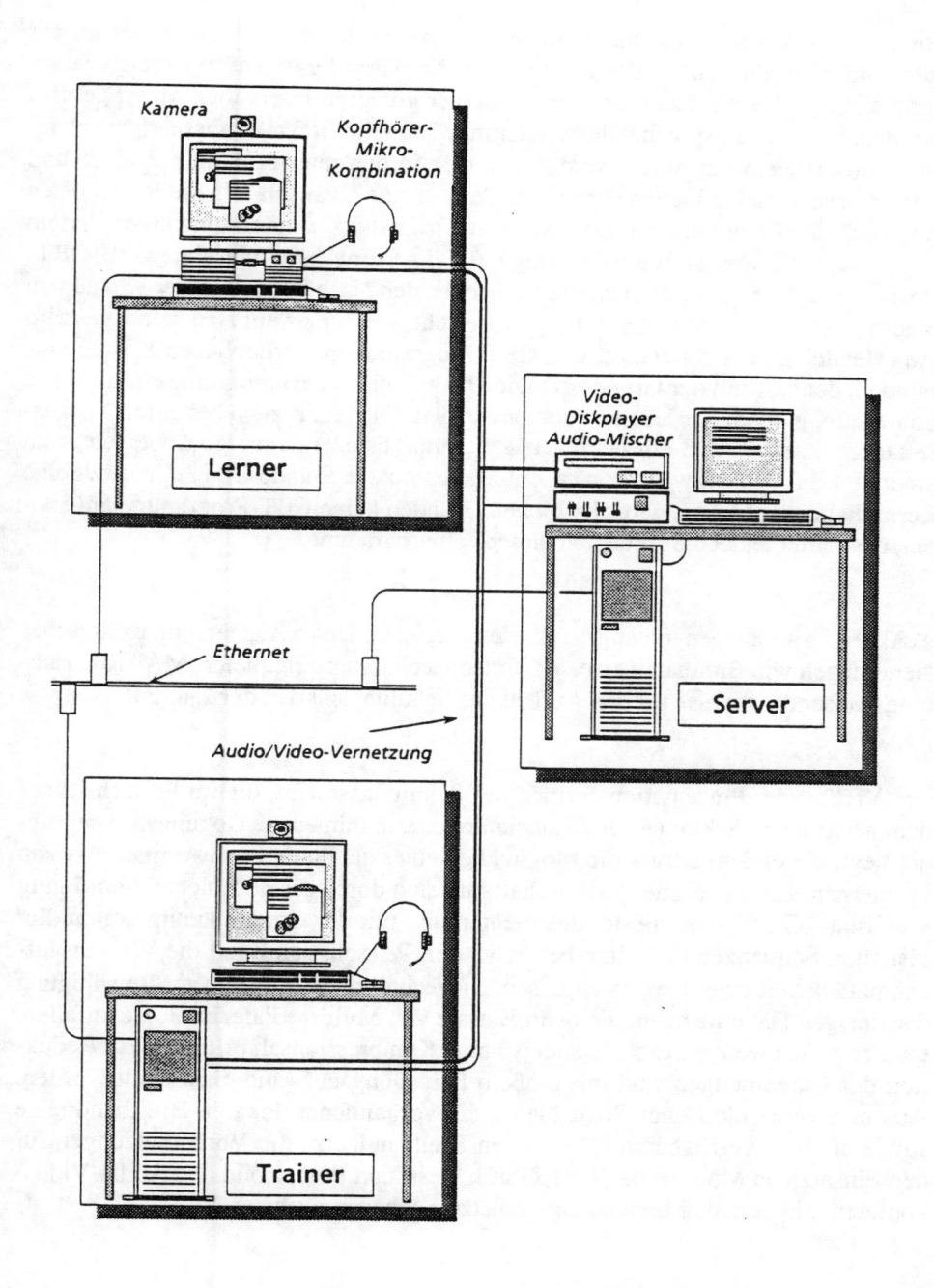

Abb. 1: MALIBU-Demonstrator

Bedingt durch die wachsende Komplexität von Produkten und die immer kürzer werdenden Produktinnovationszyklen sind die Anforderungen im Bereich Schulung stark gestiegen. Kurse müssen in immer kürzeren Intervallen durchgeführt werden, d.h. das entsprechende Wissen muß schnell, direkt, umfassend, anschaulich und effizient vermittelt werden. Da sich in den meisten Fällen Trainer und Lerner an unterschiedlichen Orten befinden, steigen zwangsläufig die Reisekosten und auch der Zeitverbrauch. Das Problem wird häufig dadurch umgangen, indem sogenannte Computer Based Training (CBT) Software eingesetzt wird. CBT-Programme haben aus der Sicht des Lernenden den Nachteil, daß weder Kontakt zu einem Trainer noch zu anderen Lernern besteht; er ist ganz auf sich selbst gestellt. Aus Herstellersicht betrachtet, sind CBT-Programme mit erheblichen Kosten verbunden, denn es gilt der Grundsatz: Die Qualität eines Lernprogramms muß umso höher sein, je mehr das Lernen autonom erfolgt. Dies führt auch bei guten Voraussetzungen, sei es, daß ein hochwertiges Autorensystem verfügbar ist, leicht zu einem Produktionsaufwand von ca. ein Mannmonat je Stunde CBT. Für kurzlebige Lerninhalte werden aus wirtschaftlichen Gründen keine CBT-Programme angeboten, und damit leidet die Aktualität dieser Lernprogramme.

MALIBU tritt den genannten Mißständen entgegen. Unter Ausnutzung technischer Neuerungen wie Breitbandnetze, Multimediatechnologie etc. liefert MALIBU richtungsweisende Impulse für den Aufbau des Schulungsplatzes der Zukunft.

Die Vielfalt der Präsentationsformen des Schulungsstoffes, die im Fortschritt auf dem Multimedia-Sektor (Audio/Videokonferenz, multimediale Dokumente) begründet liegt, bietet dem Lerner die Möglichkeit einer qualitativ hochwertigen Art von Fernlernen. Ein gegebener Sachverhalt läßt sich durch die geschickte Anordnung von Text-, Grafik- und Festbildelementen und mit der Unterstützung von audio/visuellen Sequenzen erheblich besser an den Wissensstand und die Wissensaufnahmefähigkeit eines Lerners anpassen. Die technischen Probleme zur Bewältigung der riesigen Datenmengen, die beim Einsatz von Multimediatechnologie anfallen, können gelöst werden. Erste leistungsfähige Kompressionsalgorithmen zur Reduktion der Datenmengen sind mit großem Forschungsaufwand entwickelt worden. Aus netzwerktechnischer Sicht bieten die vorhandenen lokalen Breitbandnetze sowie die bald verfügbaren öffentlichen Breitbandnetze die Voraussetzungen für den Einsatz von Multimedia (Text, Grafik, Fest- und Bewegtbild und Audio/Videokonferenz) in verteilter breitbandig-vernetzter Arbeitsumgebung.

Im Vergleich zum konventionellen computerunterstützten Unterricht bedeutet aktives Fernlernen in einer verteilten breitbandig-vernetzten Arbeitsumgebung:

- eine schnellere Verbreitung von (aktuellerem) Wissen,

- eine flexiblere Organisation des Kursbetriebes durch Dezentralisierung; Verlagerung der Schulung in die Nähe des regulären Arbeitsplatzes des Lerners; er kann seine gewohnte Arbeitsumgebung benutzen, das Entfernungsproblem wird zu einem vernachlässigbaren Faktor,

- eine bessere Anpassung eines gegebenen Sachverhaltes an die Wissensaufnahmefähigkeit des Lerners durch geschickte Anordnung von Text-, Grafik- und Festbildelementen und mit Unterstützung von audio/visuellen Sequenzen,

- individuelle Unterweisung/Betreuung durch den Trainer, d.h. eine face-to-face-Kommunikation per Audio/Videokonferenz mit gleichzeitiger kooperativer Bearbeitung von Multimedia-Dokumenten (MMD),

- eine höhere Effizienz durch Kooperation mit anderen Lernern, ebenfalls unter den vorgenannten Bedingungen.

Beim aktiven Fernlernen können zwei Arten der Kooperation unterschieden werden:

1. Kooperation zwischen Trainer und Lerner

2. Kooperation innerhalb einer Gruppe von Lernern.

Die Kooperation zwischen dem Trainer und den einzelnen Lernern stellt sich bilateral dar. Auf der einen Seite können die Lerner nach der Präsentation eines Lernstoffes Rück- bzw. Verständnisfragen an den Trainer richten. Auf der anderen Seite kann der Trainer während bzw. nach der Vorstellung des Lernstoffes Fragen oder Aufgaben als Lernzielkontrolle an die Lerner stellen und deren Verhalten beobachten.

Außerdem besteht die Möglichkeit der Kooperation zwischen mehreren Lernern, so daß eine gestellte Aufgabe gemeinsam bearbeitet werden kann. Die Lerner sind dabei in der Lage, sich gegenseitig zu helfen und somit komplexere Aufgaben zu lösen. Auch in diesem Fall tritt der Trainer hauptsächlich in beratender Funktion in Erscheinung und kann als Mitglied des kollegial partnerschaftlich arbeitenden Teams gesehen werden.

Neben diesen sogenannten menschlichen Agenten (Trainer, Lerner) spielen bei dieser neuen Form des aktiven Fernlernens auch maschinelle Agenten eine Rolle. Die maschinellen Agenten wie z.B. ein technisches Dokumentationssystem, ein Bildplattenspieler einschließlich Steuerrechner oder ein Konferenzkoordinator unterstützen die menschlichen Agenten bei der Bearbeitung ihres Lernstoffes.

3 Der MALIBU-Demonstrator

Auf der Basis von vernetzten UNIX-Workstations - Siemens WX 200 - zeigt MALIBU folgende Highlights zur Unterstützung kooperativen Arbeitens:
- Eine in das Arbeitsplatzsystem integrierte *Audio/Videokonferenz* zur Kommunikation zwischen den Teampartnern.
- Das Einblenden von *Video-Sequenzen per Remote Control* von einem entfernten Server.
- *Joint Editing* zum kooperativen Editieren eines gemeinsamen Dokumentes, d.h. mehrere Teampartner können gleichzeitig von verschiedenen Arbeitsplätzen aus das gemeinsame Dokument bearbeiten.

Das Spektrum der Einsatzfälle einer solchen vernetzten Konfiguration reicht von der einfachen Teamarbeit einer gemeinsamen Dokumenterstellung über das hier gewählte Anwendungsszenario aus dem Bereich Schulung bis hin zu komplexen Aufgaben eines kooperativen Projektmanagements. Das gewählte Szenario bildet einen ausreichend komplexen Hintergrund, um Systemanforderungen abzuleiten, die auch für andere kooperative Arbeitsabläufe repräsentativ sind.

Entscheidend für die Akzeptanz eines kooperativen Arbeitsplatzsystems ist dessen Präsentation zum Benutzer hin. In MALIBU wird im besonderen Maße die Hard-Software-Integration beachtet, so daß dabei eine kompakte Multimedia-Workstation entsteht. Praktikable und effektive Kooperation in einer verteilten Umgebung bedingt eine leistungsfähige integrierte Lösung, d.h. ein System mit einer Benutzeroberfläche für alle Medien. Anders gesagt, abgelehnt wird eine Anordnung von verschiedenen aneinandergekoppelten Einzelgeräten, wie Rechner mit Bildschirm, separater Video-Monitor, Telefon, Infrarot-Fernbedienung eines Peripheriegerätes usw., von denen jedes seine eigene Benutzeroberfläche besitzt, für die man meist beide Hände benötigt.

Ohne zu tief in die Gestaltung von Benutzeroberflächen einzusteigen, trotzdem jedoch Freiraum für derartige Vorhaben zu lassen, wurde als Grundlage das Windowsystem X11 und der darauf aufbauende Quasi-Standard OSF Motif gewählt (s. [5], [6]). Zur Darstellung von Video-Bewegtbildern wurden in den beiden Arbeitsplatzstationen zusätzlich hochauflösende Frame Grabber-/Grafikkarten installiert. Mit diesen Karten ist die Möglichkeit gegeben, analoge Videobilder digital abzuspeichern und zu bearbeiten (z.B. Einbindung in Textfiles). Als kooperatives Tool wurde ein unter UNIX ablauffähiger Joint Editor eingebunden.

Als Beispiel ist die HW/SW-Umgebung des Lerner-Arbeitsplatzes in Abbildung 2 gezeigt.

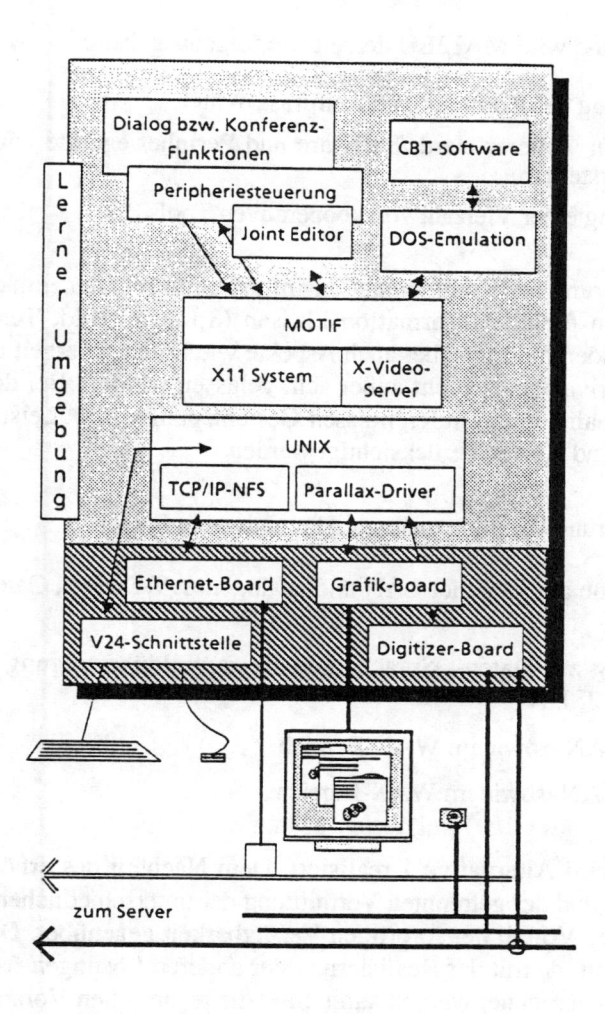

Abb. 2: Lerner-Arbeitsplatz: HW/SW-Umgebung

4 Ausblick

Da wirkliche Teamarbeit aus der Sicht von KIK erst bei mehr als zwei Partnern anfängt, ist eine Ausweitung der Interaktionsbeziehungen von 1:1 auf n:m notwendig, d.h. jeder Teilnehmer kann mit mehreren Partnern kommunizieren und kooperieren.

Aus diesem Grund wird MALIBU derzeit wie folgt ausgebaut:

- Erweiterung der Kommunikationsinfrastruktur
- Integration weiterer Hard-/Software und Peripheriegeräte von unterschiedlichen Herstellern
- Einbindung einer Vielzahl von kooperativen Tools.

Bei der Erweiterung der Kommunikationsinfrastruktur müssen zum einen Vermittlungsfunktionen für alle Informationsklassen (Sprache, Bild, Text) geschaffen werden, zum anderen dürfen aber auch Aspekte wie Datensicherheit und Schutz der persönlichen Privatsphäre nicht außer acht gelassen werden. Bei der Konzeption der weiteren Realisierungsstufen müssen Gesichtspunkte wie Leistungsfähigkeit, Verfügbarkeit und Kosten berücksichtigt werden.

Für die Erweiterung kommen mehrere Alternativen in Frage:

1. Kombination aus Ethernet-LAN und analogem AV-Switch, Gateways zu VBN bzw. ISDN
2. FDDI-Ring zur Daten-, Sprach- und Bewegtbildübertragung, Gateways zu VBN bzw. ISDN
3. VBN im LAN- sowie im WAN-Bereich
4. ATM im LAN- sowie im WAN-Bereich.

In MALIBU wird Alternative 1 realisiert. Dem Nachteil des erhöhten Verkabelungsaufwands und der getrennten Vermittlung der unterschiedlichen Informationsklassen steht der Vorteil der sofortigen Verfügbarkeit gegenüber. Dies fällt besonders ins Gewicht, da mit der Realisierung der anderen Lösungen frühestens in ein bis zwei Jahren gerechnet werden kann. Sind die technischen Voraussetzungen für den Einsatz der Alternativen 2, 3 oder 4 gegeben, nämlich Verfügbarkeit der Netze, entsprechender Netzwerkadapter und leistungsfähiger Kompressionsalgorithmen, so kann die bis dahin geleistete Arbeit auf dem Sektor der multimedialen Vermittlungs- und Datenübertragungsdienste, des verteilten Ressourcenmanagements und der höheren Koordinations- und Sicherungsfunktionen weitestgehend übernommen werden.

Parallel zur Erweiterung der Infrastruktur müssen die übergreifende Kooperationsstruktur zwischen den Teampartnern vervollständigt und weitere kooperative Tools eingebunden werden. Die Entwicklungsarbeiten in KIK, insbesondere von MEKKA, sind hierauf ausgerichtet.

Danksagung

Für wertvolle Kommentare bei der Erstellung dieses Papiers und für die tatkräftige Unterstützung bei der Realisierung des Demonstrators möchten wir uns bei allen KIK-Mitarbeitern, insbesondere bei A. Scheller-Houy, C. Dietel und W. Reinhard, bedanken.

Literatur

[1] I. Greif (ed.); Computer-Supported Cooperative Work: A Book of Readings; Morgan Kaufman Publishers; 1988.

[2] BYTE; Groupware; S. 242-282; McGraw-Hill Publication; December 1988.

[3] C. Dietel et al.; KIK-Projektbeschreibung, Version 2.0; September 1990.

[4] DFKI; Wissenschaftlich-Technischer Jahresbericht 1989; Document D-90-01; Januar 1990.

[5] N. Mansfield; The X Window System: A User's Guide; Addison-Wesley Europe; 1990.

[6] D.A. Young; The X Window System: Programming and Applications with Xt; OSF/MOTIF Edition; Prentice Hall; 1990.

A. Lux
DFKI Saarbrücken
Stuhlsatzenhausweg 3
D-6600 Saarbrücken 11
e-mail:lux@dfki.uni-sb.de

Dr. J. Schweitzer
Siemens AG / DFKI
Stuhlsatzenhausweg 3
D-6600 Saarbrücken 11
e-mail:schweitzer@dfki.uni-sb.de

Wissensbasierte Unterstützung von Gruppenarbeit oder: Die Emanzipation der maschinellen Agenten

Dirk Mahling
Thilo Horstmann (DFKI-KL)
Astrid Scheller-Houy (DFKI-SB)
Andreas Lux (DFKI-KL)
Donald Steiner (Siemens AG)
Hans Haugeneder (Siemens AG)

Zusammenfassung

Die fortschreitende Entwicklung in den Gebieten Verteilte Künstliche Intelligenz und computergestützte Gruppenarbeit beinhaltet hohe synergetische Potentiale für die Modellierung und Entwicklung komplexer Mensch-Maschine Kooperationsszenarien. In diesem Artikel stellen wir ein theoretisches Rahmenwerk für die Modellierung kooperativer Arbeit dar, an der sowohl Menschen wie auch intelligente Systeme teilnehmen können. Die Sichtweise von CSCW (Computer Supported Cooperative Work) und VKI (Verteilter Künstlicher Intelligenz) wird dadurch zur Mensch-Maschine-Gruppe Kooperation (engl. Human-Computer Cooperative Work).

Auf der Grundlage dieses Rahmenwerkes wird eine Systementwurfssprache angedacht. Das Kooperationsmodell besteht zu einem Teil in der Beschreibung abstrakter Handlungsträger, die sowohl Menschen oder auch intelligente Systeme sein können. Es besteht ferner aus der Modellierung von Kooperations- und Koordinierungshandlungen die von den Handlungsträgern ausgeführt werden können. Handlungsträger bewegen sich dabei in einer Kooperationswelt, führen dort ihre Handlungen aus und interagieren. Durch die Einführung mehrerer solcher Welten nebeneinander kann eine Person oder Maschine in mehreren, verschiedenen Kooperationsszenarien eingebunden sein.

1 Einleitung

Durch die rapide Entwicklung in Computer-Supported Cooperative Work (CSCW), sozio-kognitiver Technik und Verteilter Künstlicher Intelligenz (VKI) ergibt sich ein synergetisches Potential, welches den Entwurf von innovativen Kooperationsszenarien und Systemen zulässt. Das KIK-Projekt (*Künstliche Intelligenz und Kommunikation*), ein gemeinsames Forschungsunternehmen des DFKI und der Siemens AG, versucht CSCW und VKI zu verbinden und so deren Vorteile in der

Gestaltung integrierter Lösungen für Kooperationsprobleme auszuschöpfen. Hauptanliegen dieses Artikels ist die Findung einer gemeinsamen kooperationstheoretischen Basis für diese Gebiete sowie die Entwicklung sich daraus ergebender Systeme.

CSCW und VKI beschäftigen sich beide mit den Problemen der Koordinierung von Handlungen mehrerer Beteiligter an einem bestimmten Problem. Während in CSCW die sozialen und kommunikativen Aspekte der Gruppenmitglieder im Vordergrund stehen, konzentrierte sich die VKI auf die abstrakten Informationsvoraussetzungen kooperativer Prozesse. VKI hat zu einer Vielzahl von Ansätzen geführt, wie maschinelle Handlungsträger in komplexen Problembereichen kooperieren können, die nicht von einem System allein bearbeitet werden können. *Kooperationsstrategien* wie z.B. die stark hierarchischen *Herr-und-Knecht Beziehungen* (engl. Master-Slave Relationships) oder die weniger autoritären *Vertragsnetze* (engl. contract nets) wurden auf ihre informationstheoretischen Inhalte analysiert und deren Eignung für Anwendungen in unterschiedlichen Kooperationssituationen untersucht.

Die Integration der spezifisch menschlichen Anforderungen und Möglichkeiten in der kooperativen Gruppenarbeit mit den generischen Strategien und Unterstützungspotentialen der VKI stellt den Mittelpunkt der hier präsentierten Forschungsarbeit dar. Insbesondere die Anwendung von abstrakten Kooperationsstrategien und speziell dafür konstruierten Unterstützungsmechanismen aus der VKI stellen Herausforderungen an intelligente CSCW-Systeme dar. Die zeitlich-räumliche Verteilung der kooperierenden Handlungsträger, gleich ob Mensch oder intelligente Maschine sowie deren unterschiedliche Kompetenz, müssen in der Planung des gesamten Kooperationsszenarios berücksichtigt werden. Die Betrachtung von Menschen und intelligenten Systemen als Partner in der Kommunikation, der Kooperation, der Problemlösung sowie der Ausführung erweitert das bisherige CSCW-Paradigma hin zur kooperativen Mensch-Maschine Arbeit (HCCWW, engl. Human-Computer Cooperative Work).

HCCW entsteht also aus der Integration von maschinellen Handlungsträgern und deren formaler Theorie aus der VKI und den Ansätzen zur Unterstützung menschlicher Kooperation in der CSCW. Unser Ziel ist es, eine Integration der beiden Felder zu erreichen, die sowohl der Kommunikation, wie auch der verteilten Problemlösung dienen kann. Diese Vorgehensweise erlaubt uns, Fähigkeiten und Unterstützungspotential bereitzustellen, welches die Kooperation wissensbasierter Maschinen, intelligenter Schnittstellen und aller Personen ermöglicht. Dies wird durch einen mehrstufigen Prozeß angestrebt.

Dieser mehrstufige Prozeß beginnt mit der Entwicklung eines Entwurfparadigmas welches die sozialen, kognitiven und funktionalen Komponenten abbildet [4]. Dieser Abbildungsprozeß beinhaltet die traditionelle Aufgaben- und Zielanalyse, ethnographische Methoden sowie weitere verhaltenswissenschaftliche und analytische Techniken. Nachdem die funktionalen, sozialen und kognitiven Komponenten des Realitätsbereiches abgebildet sind, kann die Modellierung beginnen. Bereits existierende Modelle und Theorien werden zu diesem Zweck in vorhandenen Wissenskörpern indiziert, um später Komponenten aus der Abbildungsphase integrieren, erklären oder vorhersagen zu können. Komponenten, die nicht derartig abgedeckt werden können, bilden möglicherweise den Ansatz zu weiterer theoretischer Forschung. Diese Schritte führen letztlich zu einem Modell, das die Komponenten aus dem Abbildungsprozeß und vorhandenes Wissen synthetisiert. Ein solches erweitertes und maßgeschneidertes Modell bildet die Basis für die weitere praktische Forschung in unserem HCCW-Ansatz.

Im zweiten Schritt können Implikationen auf der Basis des Modelles gezogen werden. Diese Implikationen geben Hinweise über Entwurf oder Modifikation der Kooperationsstruktur zwischen Handlungsträgern. Rapid Prototyping in Verbindung mit Benutzerzentriertem Entwurf und unter Einschluß von Endbenutzern wird verwandt, um eine erste Version des Systems zur Lösung der Anwendungs- und Kooperationsprobleme zu bauen. Diese Systemlösungen werden iterativ verbessert, bis operationalisierbare Benutzbarkeitsziele erreicht werden [8].

Im dritten Schritt wird die Spezifikation und der Entwurf einer Klasse von Kooperationssystemen angestrebt. Um die logischen Aspekte der Verteiltheit und der Kooperation in solchen Systemen zu unterstützen, wird in der KIK-Gruppe ein Rahmenwerk für mehrere Handlungsträger (MEKKA - engl. Multi Agent Environment for Constructing Cooperative Applications) entworfen.

Das MEKKA-Rahmenwerk soll durch folgende Eigenschaften charakterisiert werden [2]:

- *Verteiltheit*
  Kollaboration zwischen Gruppenmitgliedern findet asynchron und verteilt statt.

- *Heterogenität*
  Die Gruppe kann aus den unterschiedlichsten Mitgliedern bestehen, wie z.B. einfachen Sensoren, intelligenten Schnittstellen bis hin zu Personen, wobei alle diese Mitglieder drastisch verschiedene Funktionen und Fertigkeiten besitzen und auch einbringen.

- *Dynamik*
  Die kooperativen Rollen der Gruppenmitglieder sind nicht vollkommen festgeschrieben oder vorherbestimmt; sie können während des Kooperationsprozesses adaptiert werden.

– *Redundanz*
Die Kompetenz der Handlungsträger kann überlappend, manchmal sogar entgegengesetzt sein, was zu erhöhten Anforderungen an die Modellierung des Gesamtprozesses führt.

– *Stabilität*
Die Arbeit in der Gruppe sollte durch den Verlust von Kommunikationslinien oder Gruppenmitgliedern nicht vollkommen blockiert werden. Eine gewisse Effektivitätseinbuße ist hinzunehmen.

Kooperation und Koordinierung sind fundamentale Bestandteile von vielen Handlungen, die wir tagtäglich ausführen. In dieser Arbeit definieren wir *kooperative Arbeit* als eine Aktivität, die zwei oder mehr Handlungsträger voraussetzt. Handlungsträger können dabei Menschen oder Maschinen sein. Jeder der Handlungsträger kann dabei Funktionen ausführen, die Einfluß auf den Zustand der Umgebung haben. Die Handlungsträger haben von diesem Zustand der Umgebung, kurz *Welt* genannt, eine kognitive Repräsentation. Eine kooperative Aktivität hat ein *Ziel*, welches aus einer Definition des gewünschten Zustandes der Welt besteht. Einige der Handlungsträger kennen das Gesamtziel der Gruppe möglicherweise nicht, sind aber bereit, Unterziele zu akzeptieren und an deren Erfüllung zu arbeiten. Es kann sogar sein, daß das Gesamtziel zu Beginn der Arbeit nur vage definiert ist und erst im Laufe der Aktivitäten der Gruppenmitglieder klarer herausgearbeitet werden kann.

Zielgerichtetes, kooperatives Arbeiten ist daher die Interaktion von Menschen und Maschinen, die zu einer Gruppe gehören und an der Erfüllung gemeinsamer sowie eigener Ziele arbeiten. Die Komplexität der Ziele in typischen Anwendungen wird durch Problemlöse- und Planungstechniken der KI gelöst [7]. Wegen dieser Komplexität und des begrenzten Wissens von Einzelpersonen in Organisationen ist Kooperation unabdingbar. Diese Interaktionen passieren nicht nur der Handlungsausführung halber, wie es normalerweise in Multiagentenplanung angenommen wird [6], sondern auch wegen der Planungsinitialisierung und der Konfliktresolution. Beispiele für zielbasierte Kooperation sind Projektmanagement, kollaborative Autorensysteme, die Entwicklung großer Wissensbasen [3] und Büroarbeit.

Koordination ist der Kontrollaspekt kooperativer Arbeit. Sie beschäftigt sich mit der Zuweisung, Zeitplanung und Überwachung kooperativer Handlungen, um ein Ziel effektiv zu erreichen, vorausgesetzt, daß begrenzte Ressourcen, Fertigkeiten und Zeit vorhanden sind.

In der folgenden Abhandlung wird das gesamte System von Handlungen und Handlungsträgern mit Spielern und Spielregeln in einem kooperativen Spiel gleichgesetzt. Die Elaboration der kooperativen Systemstruktur geschieht analog der Spielbeschreibung. Kapitel 2 führt das Spielbrett oder Spielfeld für das kooperative Spiel ein. Kapitel 3 präsentiert mit unserem Handlungsträgermodell die Mitspieler. Spielregeln und Strategien werden in Analogie zu den Kommunikations- und Kooperationsstrategien in den Kapiteln 4 und 5 vorgestellt. In Kapitel 6 kommen wir zum Spielbrett zurück und erweitern es um die Möglichkeit der Teilnahme an mehreren Kooperationssituationen.

2 Kooperationskontext

Das Spielfeld der Kooperation soll unser erster Betrachtungsgegenstand sein. Die technische Bezeichnung für dies Spielfeld soll *Kooperationswelt* oder kurz *K-Welt* lauten. Die K-Welt bietet den Spielern (hier: Handlungsträgern) einen gemeinsamen Referenzrahmen und Bezug, genau wie ein Spielbrett dies mit seinen Markierungen und Spielsteinen tut. Handlungsträger agieren als Spieler in den von der K-Welt gesetzten Grenzen. Die K-Welt enthält außerdem die Verbindungslinien zwischen den Handlungsträgern. Kooperationsstrukturen und Verbindungen zwischen den Handlungsträgern in einer K-Welt unterliegen einem konstanten Wandel, hervorgerufen durch die Dynamik des Realitätsbereiches. Im Sinne einer realitätsnahen Modellierung muß dieser Wandel mit berücksichtigt werden. Zusätzlich wird dadurch die Struktur der Gesamtaufgabe, der korrespondierenden Unteraufgaben sowie die Freiheitsgrade der Kooperationsstruktur reflektiert. Der Freiheitsgrad weist auf die relative Autonomie eines Handlungsträgers hin. Dies ist vor allem für Personen, die menschlichen Handlungsträger, in einer K-Welt von hoher subjektiver Wichtigkeit oder dort, wo wegen der auszuführenden Aufgaben auf keine vorgegebene Struktur zurückgegriffen werden kann.

Das Spiel in der K-Welt besteht aus den kooperativen Handlungen. Während jedoch die meisten bekannten Spiele Wettkampfcharakter besitzen, ist die Kooperation eine Mischung aus Zusammenarbeit und freundlichem Wettstreit. Wir betrachten kooperative Handlungen als initiiert, um das abstrakte Ziel eines oder mehrerer Handlungsträger zu erreichen. Im Falle eines Ballspieles kann das Ziel darin bestehen, mit möglichst hoher Tordifferenz zu gewinnen. Dies Ziel wird von der gesamten Mannschaft getragen. Es kann in Unterziele für die Abwehr (keine Gegentreffer zulassen) und den Angriff (viele Tore erzielen) zergliedert werden. Die jeweiligen Mannschaftsteile werden unterschiedliche Strategien wählen, um diese Unterziele zu erreichen. Innerhalb dieser Unterziele können weitere Unterziele definiert werden und letztendlich einzelnen Spielern übertragen werden. Von daher sind mit jeder K-Welt die Aufgabendekompositionen der Handlungsträger verbunden.

Die K-Welt erlaubt die konzeptuelle Sicht der gesamten Aufgabenhierarchie und die Zuweisung von Aufgabenteilen an bestimmte Gruppenmitglieder. Im obigen Ballspielbeispiel bestände die gesamte Aufgabenhierarchie aus dem Gesamtziel *Das Spiel gewinnen* mit der Strategie, es mit möglichst hoher Tordifferenz zu tun, den Unterzielen *Keine Gegentreffer zulassen* für die Abwehr und *mindestens einen Treffer erzielen* für den Angriff. In der Abwehr könnte der rechte Flügel als weiteres Unterziel die Deckung einer besonders gefährlichen Angriffsspitze subsumieren.

Wie unser kleines Beispiel zeigt, entwickelt sich die Aufgabenstruktur während der Lebensdauer der K-Welt. Sie wird durch die Handlungsträger selbst fortentwickelt. Unterziele können während der Aufgabenplanung und Ausführung immer weiter untergliedert werden. Ereignisse in der K-Welt, die durch andere Handlungsträger oder äußere Ereignisse hervorgerufen werden, können zur Neuorientierung eines Handlungsträgers und einer damit verbundenen Umplanung führen. Ferner kann es zu einer Neuplanung der Aufgabenteile anderer Handlungsträger führen.

In der folgenden Beschreibung der Kooperation versuchen wir, diese Aspekte etwas enger zu formalisieren und konzentrieren uns dabei vor allem auf die drei wichtigsten Bestandteile der K-Welt: die individuellen Handlungsträger, die Kommunikation zwischen ihnen und ihre Koordination.

3 Handlungsträgermodell

Im folgenden wird der Begriff des Agenten identisch mit dem oben eingeführten Begriff des Handlungsträgers benutzt.

Das folgende beschreibt einige der diversen Mechanismen, die, möglicherweise in Verbindung mit geeigneter Software, Agenten eines distributierten Systems modellieren können: Sensoren, Drucker, Datenbanken, Text Publishing Systeme, Expertensysteme, Computerprozesse, Menschen. Zu beachten ist, daß im allgemeinen diese Systeme nicht unter dem Begriff Agent subsumiert werden können, wenn man sie für sich allein betrachtet. Vielmehr wird zusätzliche Funktionalität verlangt, die es den Agenten erlaubt, Botschaften wechselseitig auszutauschen, zu interpretieren und somit eine Schnittstelle zu unterliegenden Mechanismen bildet. Damit werden also weit mehr als nur die unterliegenden Mechanismen an sich benötigt. Daraus sehen wir, daß die Formalisierung des Begriffes 'Agent' die Repräsentation folgender zweier Hauptmerkmale unterstützen muß:

- *Ausführung von zugewiesenen Tasks bringt die Gruppe näher zum Top-Level Goal.*
 Dies bezieht sich auf die individuelle Funktionalität eines Agenten zur Bearbeitung von Subtasks in der Anwendungsdomäne; der Grad der individuellen Fähigkeiten verschiedener Agenten kann dabei stark variieren (von, sagen wir, Drucken von Dokumenten bis hin zu komplexen Deduktionen in Wis-

sensbasen). Der Formalismus muß goal- oder taskorientierte Beschreibungen grundlegender Fähigkeiten eines Agenten liefern, so z. B. die Subtasks der Anwendungsdomäne, in die der Agent einbezogen ist. An dieser Stelle ist unerheblich, wie die grundlegenden Fähigkeiten des Agenten zustande kommen, sei es z. B. durch existierende Software oder durch wissensbasierte Systeme. Die Tasks für die oben aufgeführten Agenten könnten sein: Sensoren: Erfassen der Umgebung, Drucker: Drucken von Dokumenten, Datenbanken: Speichern und Abfragen von Informationen, TPS: Unterstützen in der Erstellung von Dokumenten, Expertensysteme: Ausführen von Deduktionen, Beantworten von Queries, Computerprozesse: Ablaufen lassen einer Vielfalt von Programmen, Menschen: Kreativ denken, Projekte leiten, Häuser bauen usw.

– *Teilnahme am Kooperationsprozeß*
Dies bezieht sich auf die Fähigkeit eines Agenten zur Ausführung von Kooperationsaufgaben. Zentraler Punkt aus einer Kooperationssichtweise heraus ist der zusätzliche Aufwand, den ein Agent aufbringen muß, um Subtasks in der Anwendungsdomäne abarbeiten zu können [5]. Dieses zusätzliche Verhalten basiert auf Wissen, welches explizit das zugrunde liegende Kooperationsmodell repräsentiert. Für die einfachen der oben aufgeführten Agenten beinhaltet dies z. B. Meldungen, daß ein Task erfolgreich bearbeitet wurde oder welches die Ursache für ein Scheitern war, Meldungen über Einsatzbereitschaft des Agenten usw. Für die komplizierteren Agenten erfordert eine Kooperation Interaktionen zwischen informationsanfordernden Agenten, Versenden von Informationen usw.

Weiterhin muß ein Agent mindestens die folgenden zwei Kriterien erfüllen, um effektiv kooperieren zu können:

– Ein Agent muß in der Lage sein, mit anderen Agenten in dem System zu kommunizieren (d.h. zu senden und zu empfangen zu bzw. von anderen Agenten).

– Ein Agent muß in der Lage sein, geeignet auf empfangene Botschaften zu reagieren (d.h. in Abhängigkeit des Inhalts der Botschaft bestimmte Tasks ausführen zu können).

Dies macht die Aufteilung eines Agenten in drei Teile sinnvoll [1]: In die funktionale Task-Solving Komponente *Körper*, die oberste Kooperationsebene *Kopf*, die Kommunikationsfunktionalität *Mund* mit den physikalischen Verbindungen zwischen Agenten über Kommunikationskanäle.

Körper

Der Körper des Agenten beinhaltet seine interne Problemlösungsexpertise und Basisfunktionalität: Der Teil, den der Agent unabhängig von Kooperation für sich allein ausführen kann. Der Körper kann Hardware (z.B. Sensor oder Roboter),

Software (z.B. Finanzberatungssystem) oder ein Mensch sein. Er kann aus schon existierender Hard- oder Software bestehen. Er kann unabhängig von Multi-Agenten Systemen sein und in unterschiedlichen Systemen arbeiten. Von einem Agenten wird erwartet, den allgemeinen Regeln, die in der Multi-Agenten Umgebung gelten, zu folgen. Wiederverwertung und Vervielfältigung von Körpern der maschinellen Agenten ist im allgemeinen möglich.

Für unsere obigen Agenten sind die jeweiligen Körper die Sensoren, Drucker, Datenbanken und Expertensysteme.

Kopf

Der Körper eines Agenten ist der Teil, der es ihm erlaubt, im Kooperationsprozeß teilzunehmen. Für Maschinenagenten ist er im allgemeinen ein aus verschiedenen Komponenten bestehendes Softwaresystem, und für Mensch-Agenten läßt er sich zusammengesetzt vorstellen aus passenden Schnittstellen zum Gesamtsystem und Wissen des Menschen selbst.

Um auf eine goalorientierte Weise am globalen Problemlösungsprozeß teilzunehmen, muß der Kopf des Agenten Wissen haben über:

- seine eigenen Fähigkeiten und Möglichkeiten,
- Fähigkeiten und Möglichkeiten anderer Agenten,
- Kommunikationsmöglichkeiten zwischen Agenten,
- den aktuellen Task.

Der Kopf kann also als ein Mittler zwischen der Funktionalität eines Agenten und des globalen Problemlösungskontextes betrachtet werden.
Weiterhin, damit ein Agent aktiv mit anderen kooperieren kann, muß er um die relevanten Kooperationsaspekte wissen:

- seine eigene(n) Kooperationsrolle(n),
- Kooperationsrollen der mit ihm kooperierenden Agenten (nicht notwendigerweise alle Agenten der K-Welt),
- global verfügbare Kooperationsstrategien, aus denen er auswählen kann, um neue Kooperationsstrukturen zu schaffen,
- augenblickliche Kooperationsstrukturen, in die er eingebunden ist.

Das Wissen eines Agenten kann während einer Initialisierungsphase berechnet (z.B. bei einer Datenbank) oder durch Transfer zwischen Agenten während Problemlösungsprozessen dynamisch erworben werden.

Wissen eines Agenten kann damit in zwei Teile gegliedert werden. Zum einen in den, der ihm auf einer Meta-Ebene erlaubt, sein eigenes Verhalten zu beschreiben und zum anderen in den, der zum Problemlösen oder zur Taskausführung benötigt wird [4].

Der Agent sollte Meta-Wissen auszudrücken in der Lage sein, d. h. Wissen über Wissen von anderen. Meta-Wissen von Möglichkeiten, Zustand und Verhalten anderer Agenten wird mit *epistemisches Wissen* bezeichnet. *Autoepistemisches Wissen* umfaßt Wissen eines Agenten über seine eigenen Möglichkeiten. Diese zwei Arten von Wissen ermöglichen Interaktionen zwischen Agenten: Treffen Nachrichten bei einem Agenten ein, benutzt der Agent sein autoepistemisches Wissen um für ihn interessante Informationen herauszufiltern, während beim Nachrichtenverschicken sein epistemisches Wissen ihm die Wahl der geeigneten Adressen gestattet. Epistemisches Wissen beinhaltet zudem Glauben über Interessen (Goals, Pläne) und Fähigkeiten anderer Agenten.

Die mit dem Agentenverhalten, welches seine Vorgehensweise and Handlungsregeln definiert, zusammenhängenden Probleme, können zu den folgenden Gruppen zusammengefaßt werden:

– Planen

Ein Agent muß in der Lage sein zu entscheiden, wann ein Problem gelöst oder ein Task ausgeführt werden soll, und wann andere Agenten einzubeziehen sind.

– Kooperation

Ein Agent muß entscheiden können, wann seine Arbeit zu unterbrechen ist, um Informationen anderer Agenten zu empfangen, und wann andere Tasks zu akzeptieren sind. Dies kann durch eine agenteneigene Evaluierungsfunktion geschehen, die die durch die vom Sender bewertete Wichtigkeit der Nachricht sowie sein eigenes Wissen berücksichtigt.

Das Verhalten des Agenten hängt vom Grad seiner Unabhängigkeit ab. Unser Modell bietet Mechanismen zur Berherrschung aller Grade von Unabhängigkeit, beginnend mit Nicht-Autonomie (wie bei einer Prozedur) bis hin zu völlig autonomen Agenten. Ein (halb-)automomer Agent agiert in Abhängigkeit der organisatorischen Struktur der Gruppe, der Entwicklung des globalen Systems, des Eintreffens von lokalen Informationen. Vollständig autonome Agenten arbeiten gemeinschaftlich. In diesem Fall kann das Verhalten implizit gegeben sein. Es kann erweitert werden durch die Einführung einer Intelligenzerweiterung, welche Opportunismus betrachtet und unvorhergesehene Ereignisse behandeln kann.

Das gruppendynamische Verhalten eines Agenten hängt von der Organisationsstruktur ab, die ihn mit anderen Agenten verbindet. Diese Struktur definiert Überwachungs- und Informationsverbindungen (Tasks, Ergebnisse usw.) zwischen den Agenten und muß deshalb die Struktur des Problems berücksichtigen. Eine geeignete Organisationsstrategie unterstützt den Problemlösungsprozeß durch Beeinflußung des lokalen Verhaltens eines einzelnen Agenten.

Die Definition und Verwirklichung kooperativen Verhaltens ist eng mit dem gesamten System gekoppelt. Wir arbeiten es im folgenden weiter aus.

– Die Rolle des Agenten während Kooperation

Falls verschiedene Gruppen von Agenten unterschieden werden können, muß die Struktur jeder einzelnen Gruppe bekannt sein. Z. B. können verschiedene, an einem Subtask arbeitende Agenten, vorteilhaft von anderen Agenten des Systems als einzelner Agent betrachtet werden. Wenn ein außerhalb einer solchen Gruppe stehender Agent bezüglich des Gruppentasks relevante Informationen besitzt, ist es ausreichend, entsprechende Nachrichten nur an einen Agenten zu senden. Wie auch immer, diese Agenten müssen, unter anderen Gegebenheiten, möglicherweise unterschieden werden.

– Das Perzeptionsmodell des Agenten bezüglich Möglichkeiten, Fähigkeiten und Verfügbarkeit anderer Agenten.

Dieses Perzeptionsmodell beinhaltet statische ebenso wie dynamische Informationen (z. B. Verfügbarkeit oder Limitierungen in den Ressourcen).

Obwohl anwendungsunabhängige Kooperationsfunktionalität wünschenswert ist, richten sich die Erfordernisse auch nach der konkreten Anwendung. Wir ermöglichen das Anpassen dieser Eigenschaften an den Sinn und Zweck der individuellen Anwendung.

Von weiterem Interesse ist die Schnittstelle zwischen Kopf und Körper eines Agenten. Besteht der Körper aus einem anspruchsvollen System, ist die Schnittstelle entprechend der umfangreichen Eigenschaften des Körpers selbst kompliziert aufgebaut, bei einfacheren Körpern genügen simple Mechanismen.

Mund

Um mit anderen Agenten zu kommunizieren, muß ein Agent Zugriff zu geeigneten Telekommunikationskanälen, Netzwerkinformationen und Adressen der verschiedenen anderen Agenten haben. Die diese Funktionalität realisierenden Mechanismen befinden sich im *Mund* eines Agenten. Im wesentlichen verarbeitet der Mund Nachrichten vom Kopf, berechnet Adressen der Adressaten und sendet die Nachrichten.

Weiterhin empfängt er Nachrichten der anderen Agenten und leitet sie zum Kopf zur Weiterverarbeitung weiter. Der Mund bildet demnach die Schnittstelle zwischen Kooperationswelt und Agent. Oberflächlich betrachtet scheinen die Anforderungen an den Mund gering, wie wir jedoch in Abschnitt 4 sehen werden, sind sie sehr komplex und fundamental.

4 Kommunikationsgerüst

Die verbreitetste Form der Kommunikation zwischen Handlungsträgern ist die des Nachrichtenaustausches. Diese Nachrichten erscheinen oft als Standard e-mail Nachrichten. Eine Nachricht sollte aber mehr als nur Sender, Empfänger und Subjekt umfassen. Weitere Charakteristika einer Nachricht können sein: Priorität (dringend, normal, niedrig), Nachrichtentyp (Frage, Instruktion), erwarteter Antworttyp (keine, Empfangsbestätigung, Antwort auf eine Frage, ...). Außerdem können Nachrichten eindeutig durch ihre Kooperationswelt (K-Welt) und ihre Entwicklung identifiziert werden.

Wie schon erwähnt geschieht die Nachrichtenübertragung zwischen Handlungsträgern mittels Agentenkommunikatoren. Es gibt eine Vielzahl unterschiedlicher Kommunikationsformen, die Handlungsträger für diesen Zweck benutzen können:

- Elektronische Post
- Telefon (zwischen menschlichen und maschinellen Handlungsträgern mit den Fähigkeiten der Sprachsynthese und -erkennung)
- Videokonferenz (zwischen menschlichen Handlungsträgern mit grafischer Schnittstelle)
- Telnet
- Ethernet
- Breitbandnetze.

Die Kommunikationsformen unterscheiden sich in ihren Leistungen und Anforderungen, deshalb sind sie auch nicht für jede Situation gleich gut geeignet. Außerdem können Handlungsträger über eine Vielzahl von Adressen des gleichen Kommunikationsverbindungstyps erreicht werden. Es ist nun die Aufgabe des Kommunikators die Handlungsträger gemäß ihrer Bedürfnisse mit dem geeignetsten Kommunikationstyp zu versorgen.

Dies wird durch die Spezifizierung einer funktionalen Schnittstelle vervollständigt. Dadurch wird die Implementation eines Kommunikators auf verschiedenen Maschinen gestattet, und Verbesserungen im Bereich der Telekommunikation können ohne eine Veränderung des Kopfes eingebunden werden. Der Kopf ist mittels einer high-level Sprache in der Lage, um eine Verbindung zu einem bestimmten Handlungsträger zu bitten. Der Kommunikator benutzt dann sein eigenes Wissen und seine Erfahrungen, um die Verbindung aufzubauen.

Ein solcher Kommunikator kann als Expertensystem realisiert werden, das das Wissen des Kopfes über kommunikationsrelevante Kooperationsaspekte und Informationen eines Netzwerkmanagements miteinander in Beziehung setzt und auswertet. Der Kommunikator ist zudem verpflichtet, sich über die aktuellen Kommunikationsmöglichkeiten, über Aktualisierungen im Netzwerk usw. zu informieren. Er muß Kenntnisse über die Schnelligkeit und die Kosten der Kommunikationsmethoden haben. So ist es möglich, schnelle und kostengünstige Methoden für das Verschicken von Nachrichten auszuwählen. Hat das Verschicken einer bestimmten Nachricht eine hohe Priorität, so kann evtl. der Kostenfaktor vernachläßigt werden (eine Eigenschaft der vom Kopf gesendeten Nachricht).

Wir sind der Meinung, daß der Kommunikator nicht unbedingt zu jedem Zeitpunkt über alle Informationen möglicher Kanäle und Adressen der Handlungsträger verfügen muß. Er muß nur in der Lage sein, sich diese Informationen bei Bedarf zu besorgen und die geeignete Verbindung aufzubauen. Der Kommunikator kann z.B. Informationen von anderen Handlungsträgern erhalten. Es ist natürlich wünschenswert, daß oft benutzte Informationen wie z.B. die Adressen anderer Handlungsträger, mit denen der Handlungsträger direkt in Kooperation steht, bei dem Kommunikator selbst verbleiben, um so das Netz zu entlasten.

5 Kooperationsmethodologien

Es sollte ein grundlegender Teil der Forschung zur Unterstützung kooperativer Arbeit sein, ein Verständnis zu entwickeln, wie Handlungsträger ihre Aktivitäten koordinieren und kooperative Ziele erreichen.

Es gibt einen Mangel an Theorien individueller Aktivitäten in kooperativen Umgebungen. Diese Umgebungen sind durch die gemeinsame Nutzung von Zielen, Aktivitäten, Informationen und Ressourcen gekennzeichnet. Kommunikation ist das Schlüsselwort, das diese gemeinsame Nutzung ermöglicht. Aber Kooperation bedeutet mehr als Kommunikation, es schließt die Semantik des Informationsaustausches mit ein. Der Austausch von Wissen zwischen den Handlungsträgern muß unterstützt werden. Aufgaben werden ebenfalls von einem Handlungsträger zum anderen übertragen oder von einem Handlungsträger an viele verteilt (broadcasting). Dieses Aufgabenübertragungsprotokoll für die Kooperation ist stark abhängig von einer vordefinierten Aufgabenstruktur, die gültig für das gesamte Mehr-Agenten System ist.

Um Kooperation in einer Art zu charakterisieren, die den Entwurf von HCCW Systemen unterstützt, identifizieren wir eine Taxonomie von Aktivitäten, die wir *generische Aktivitäten* nennen und die unabhängig von dem Bereich der Kooperation sind. Generische Aktivitäten sind auf verschiedene Art und Weisen miteinander verbunden. Sie können aus anderen generischen Aktivitäten bestehen. Zusätzlich sind diese Aktivitäten zeitlich und kausal verbunden. Zum Beispiel: Nach der Auswahl eines Handlungsträgers für die Rollenzuweisung wird der Handlungsträger aufgefordert, diese Rolle auszuführen. Danach erfolgt die Generierung einer Erwartung bzgl. einer Erwiderung, veranlaßt durch eine Aufforderung. Wir beschreiben kurz einige generische Aktivitäten und ihre Beziehung zueinander. Zu Beginn unserer Taxonomie gibt es vier Arten von Aktivitäten: *Initialisierung, Planung, Ausführung* und *Überwachung* und *Evaluierung*.

Initialisierung hat das Festlegen eines Zieles für einen oder eine Gruppen von Handlungsträgern zur Folge. Dies bewirkt eine beträchtliche Menge an Kommunikation und gemeinsam genutzten Annahmen wie das Beispiel der Diskussion einer Gruppe von Handlungsträgern über das Akzeptieren eine neuen Projektes zeigt.

Planung umfaßt die Untersuchung alternativer Wege zur Erreichung eines Ziels, das Setzen von Präferenzen zwischen diesen Alternativen, Einführung von Verpflichtungen hinsichtlich geplanter Aktivitäten, Zuweisung von Ressourcen zu den Aktivitäten usw. Es ist klar, daß Planung notwendig ist nicht nur zur Handhabung der komplexen Umgebung, sondern auch zur Koordination der Aktivitäten der Handlungsträger.

Ausführung ist die Leistung der Aktivitäten innerhalb des Plans, während Überwachung der Ausführung die Entdeckung von Diskrepanzen zwischen den Effekten einer Aktion und den Erwartungen eines Handlungsträgers umfaßt.

In kooperativen Umgebungen werden generische Aktivitäten entweder an andere Handlungsträger delegiert oder durch Verhandlung durchgeführt. Zum Beispiel wählt ein Handlungsträger einen anderen Handlungsträger mittels eines Angebotsmechanismus für eine Rolle aus. In dem generischen Aktivitätsrahmen ist dies die Untersuchung von Alternativen für das Auswählen eines Handlungsträgers und von Verhandlungen, die in Präferenzen für die Rollenzuweisung resultieren.

Evaluierung, entweder explizit oder implizit, ist das Problemlösen, das allen Aktivitäten der Handlungsträger zugrunde liegt. Evaluierung der Ergebnisse eines Handlungsträgers zeigt die möglichen Probleme mit aktuellen Plänen auf, und sie kann neue Ziele für einen Handlungsträger oder eine Gruppe von Handlungsträgern initialisieren.

Generische Aktivitätsstrukturen liefern eine Menge an Protokollen ähnlich Sprache/ Aktion Strukturen [9], jedoch integrieren sie das Problemlösen und die Kommunikation ins kooperative Arbeiten. Solche Protokolle wurden in der verteilten KI für die Koordination von Aufgabenzuweisungen [7] benutzt. Diese Arbeit untersucht deren Eignung für die Unterstützung ziel-basierter menschlicher Kooperation.

MEKKA wird eine Vielfalt an möglichen Kooperationsstrategien wie master-slave, blackboard, contract nets, demokratische Leitung und andere zur Verfügung stellen. Auf diese Strategien können die Handlungsträger während der Planungsaktivitäten zugreifen. Jedem Handlungsträger sind diese Strategien bekannt und er weiß, für welche Anwendung welche Strategie besonders geeignet ist. Unser Formalismus gestattet den Kopf mit neuen Strategien zu versorgen. Während der Planungsphase ist der Handlungsträger in der Lage, die aktuelle Aufgabe zu analysieren und eine geeignete Kooperationsstrategie anderen relevanten Handlungsträgern vorzuschlagen.

6 Teilnahme der Handlungsträger in verschiedenen Aufgabenbereichen

Bis jetzt haben wir Handlungsträger nur als Akteure innnerhalb genau einer kooperativen Aktivität, der K-Welt, betrachtet. Der Handlungsträger war zu jedem Zeitpunkt in dieser K-Welt anwesend. Aber wie ein Schachspieler möglicherweise in der Lage ist, mehrere Spiele gleichzeitig zu spielen, wobei jedes Spiel eine K-Welt für sich darstellt, so kann ein Handlungsträger auch in mehr als einer K-Welt involviert sein. Viele Handlungsträger haben Körper, die nur sequentiell arbeiten können; sie benötigen deshalb einen Mechanismus, der es ihnen erlaubt, ohne große Anstrengungen von einer K-Welt in eine andere zu wechseln. Diese Tatsache bedingt eventuell völlig verschiedene Schnittstellen zu den anderen Handlungsträgern und völlig verschiedene Köpfe.

Deshalb ist es sinnvoll, zwischen dem mehr globalen Wissen (autoepistemisches Wissen, Kooperationsstrategien), das der Kopf eines Handlungsträgers hat, und dem Wissen, das nur innerhalb einer speziellen K-Welt relevant ist (epistemisches Wissen über die Handlungsträger in der K-Welt, momentane Kooperationsstruktur), zu unterscheiden. Das globale Wissen ist Wissen, das der Handlungsträger die ganze Zeit über besitzt und das relativ statisch ist. Das andere Wissen variiert von K-Welt zu K-Welt.

Um den Wechsel zwischen den einzelnen Kontexten zu ermöglichen, haben wir das Konzept des *lambda-Agenten* definiert. Ein lambda-Agent ist ein Handlungsträger, dessen Körper auf den Körper eines anderen, permanent physikalisch vorhandenen Handlungsträgers verweist. Der lambda-Agent existiert nur solange wie die K-Welt. Der Kopf des lambda-Agenten ist die Erweiterung des Kopfes des physikalisch vorhandenen Handlungsträgers um das K-Welt-relevante Wissen. So hat jeder Handlungsträger einen lambda-Agenten, der mit der K-Welt verknüpft ist, in der sich der Handlungsträger befindet.

Der Kopf des lambda-Agenten beinhaltet die Annahmen und Pläne des physikalischen Handlungsträgers im speziellen Kooperationskontext. Während die tatsächlichen Handlungsträger ihr permanentes Wissen behalten, existieren lambda-Agenten nur für den einzigen Zweck, in einer K-Welt zu kooperieren. Dabei speichern sie die dynamische Information, die in Bezug zu dieser kooperativen Aktivität steht. Genauso wie ein Spieler an einer Vielzahl von Brettspielen teilnehmen kann und dabei Spielfiguren auf dem jeweiligen Brett zieht, so können Handlungsträger in mehreren K-Welten involviert sein. Ein lambda-Agent repräsentiert den tatsächlichen Handlungsträger in der jeweiligen K-Welt.

Lambda-Agenten sind besonders nützlich für Menschen, die notwendigerweise in vielen K-Welten teilnehmen müssen (glücklicherweise nicht alle zur gleichen Zeit!). Der Kopf des lambda-Agenten muß eine genau durchdachte Schnittstelle besitzen, in der die gegenwärtige K-Welt, die Rollen der anderen Handlungsträger usw. beschrieben sind. Dies ist vielleicht die grundlegendste Verbindung zu CSCW.

7 Schlußbemerkungen und Ausblick

Wir haben eine abstrakte Modellierungsmethode für Kooperation auf der Basis zielgerichteter Handlungen entwickelt, die eine Verbindung von CSCW und VKI erlaubt. Diese Methode umfaßt die Handlungsträger, ihre Umgebung, die Handlungen selbst und deren Koordination. Auf dieser Grundlage haben wir ferner begonnen, ein Rahmenwerk zu implementieren, das HCCW Lösungen für eine Vielzahl von Anwendungsbereichen erlaubt. Im Rahmen des ESPRIT-Projektes IMAGINE wird an der weiteren Verwirklichung dieser Umgebung in Form einer kooperationszentrierten Programmiersprache namens MAIL gearbeitet. Vorgesehene Scenarien für die Erprobung dieser HCCW-Realisierungen sind die Unterstützung von Fluglotsen und Luftverkehr sowie das Netzwerkmanagement.

Literatur

[1] Consortium of the IMAGINE Project. IMAGINE: Integrated Multi-Agent Interactive Environment. Tech. Report ESPRIT, 1989.

[2] Decker, K.S., Durfee, E.H., and Lesser, V.R. Evaluating Research in Cooperative Distributed Problem Solving. In *Distributed Artificial Intelligence, Volume II*. Pitman/Morgan Kaufmann, Gasser, L. and Huhns, M.N., pp. 487–519, London, 1989.

[3] Haugeneder, H. and Steiner, D. Towards a Distributed Multi-Person Lexical Environment. In *Lexikon und Lexikographie*, 1990.

[4] Mahling, D.E. *A Visual Language for Knowledge Acquisition, Display and Animation by Domain Experts and Novices*, Ph.D. dissertation, University of Massachusetts, February 1990.

[5] Malone, T.W., Grant, K.R., Lay, K.Y., Rao, R., and Rosenblitt, D. Semi-structured messages are suprisingly useful for computer-supported coordination. *Transactions of Office Information Systems 5*, 2 (1987).

[6] Rosenschein, J.S. and Breese, J.S. Communication-Free Interactions Among Rational Agents: A Probabilistic Approach. In *Distributed Artificial Intelligence, Volume II*. Pitman/Morgan Kaufmann, Gasser, L. and Huhns, M.N., pp. 99–118, London, 1989.

[7] Sathi, A. and Fox, M.S. Constraint-Directed Negotiation of Resource Reallocations. In *Distributed Artificial Intelligence, Volume II*. Pitman/Morgan Kaufmann, Gasser, L. and Huhns, M.N., pp. 163–194, London, 1989.

[8] Whiteside, J., Benett, J., and Holtblatt, K. Usability engineering: Our experience and evolution. In *Handbook of human-computer interaction*. North-Holland Press, Helander, M., 1987.

[9] Winograd, T. and Flores, F. *Understanding Computers and Cognition*, Ablex 1986.

Alle Autoren sind unter folgender Adresse zu erreichen:

Deutsches Forschungszentrum für Künstliche Intelligenz
Projekt KIK
Postfach 2080
W-6750 Kaiserslautern

Computergestützte, arbeitnehmerorientierte Arbeitszeitgestaltung - Möglichkeiten, Anforderungen, Grenzen

Johannes Gärtner
Gewerkschaft der Privatangestellten

Thomas Grechenig
Technische Universität Wien

Zusammenfassung

Im Gegensatz zu den in den Betriebswissenschaften verbreiteten, weitgehend arbeitgeberorientierten Logistikprogrammen konzentrieren wir uns besonders auf Anforderungen und Interessen der Arbeitnehmern. Es werden wesentliche Kategorien von Einflußfaktoren auf die Zeitinteressen von Arbeitnehmern, die Anforderungen der Arbeitgeber, gesetzliche Bestimmungen und gesundheitliche Empfehlungen dargestellt sowie die Möglichkeit, diese zu formalisieren, diskutiert. Ein Prototyp eines arbeitnehmerorientierten, computergestützten Arbeitszeitplanungssystems (CANOZ) und dessen Optimierungsstrategie werden vorgestellt. Die beim Einsatz des Prototyps im Arbeitsalltag aufgetretenen Probleme und gewonnenen Erfahrungen werden dargelegt. Letztere führten zu einem veränderten Design des CANOZ-Systems, sowie zu einer iterativen Vorgehensweise bei der Optimierung und der Formulierung der Interessen der Arbeitnehmer. Darüber hinaus werden verschiedene Überlegungen über eine geeignete Optimierungsfunktion angestellt. Die Anwendbarkeit von Algorithmen wie Simplex-Algorithmus, Branch&Bound Suche und Genetischer Algorithmus wird in Hinblick auf deren Eignung diskutiert, den außerordentlich großen Suchraum bei der Berechnung eines optimalen Arbeitszeitplanes effizient zu durchwandern.

1 Einleitung

Flexible Arbeitszeitmodelle sind im Wirtschaftsalltag weit verbreitet. Die Ziele dieser Modelle basieren zumeist auf betriebswirtschaftlichen Anforderungen der Unternehmensleitung. Bis zu einem gewissen Grad beinhalten diese bereits Elemente von Arbeitszeit-Selbstbestimmung der Arbeitnehmer. Allerdings handelt es sich dabei in der Regel um Nebeneffekte. Flexible Arbeitszeitmodelle sind in vielen Fällen nicht oder nur teilweise den Interessen der Arbeiter oder Angestellten dienlich [MESC 87]. Trotz gewisser Flexibilisierungsentwicklungen arbeitet nach wie vor ein großer Teil der Arbeitnehmer in festen, unflexiblen Arbeitszeitstrukturen.

Manche Autoren bevorzugen es, alle jene Arbeitszeitregelungen, die nicht der Normalarbeitszeit (Arbeitszeit von Montag bis Freitag tagsüber; Arbeitsbeginn, -ende, Tages- und Wochenarbeitsdauer sind festgesetzt) entsprechen, als flexibel zu bezeichnen [BULL 89]. Wir ziehen es vor, alle jene Arbeitszeitmodelle als "starr" (unflexibel, fest) zu bezeichnen, die irgendeine Form der Pflicht zur Anwesenheit während bestimmter Zeiten beinhalten. In diesem Sinne ist auch das in der Praxis häufig anzutreffende Modell der sogenannten Gleitzeit mit einem präsenzpflichtigen Kernzeitbereich als Modell mit (teilweise) starrer Arbeitszeit anzusehen.

In Hinblick auf eine arbeitnehmerorientierte Flexibilisierung stößt die bisherige Strategie, einzelnen Mitarbeitern (bzw.-gruppen) individuell selbstbestimmte Flexibilisierung zuzugestehen, an ihre Grenzen. Dafür sind unter anderem folgende Umstände verantwortlich:

- Im Dienstleistungsbereich und in vielen Produktionsbereichen ist der Zeitpunkt der Arbeitsleistung weder für Arbeitnehmer noch für Arbeitgeber beliebig wählbar (z.B. wenn Konsumption und Produktion zusammenfallen).
- Die Tendenz zu erweiterten Betriebszeiten in Produktion und Dienstleistung (Handel, Banken, Versicherungen, u.ä.) führt zur Abnahme der Übereinstimmung zwischen individueller Arbeitszeit und Betriebs- bzw. Geschäftszeit. Arbeitszeitplanung wird damit prinzipiell erforderlich.
- Die von den Gewerkschaften z.T. bereits umgesetzte weitere Reduktion der wöchentlichen Arbeitszeit (derzeit 35 Stundenwoche) fördert diese Entwicklung.
- Der Umfang und die weitere Zunahme von Gruppenarbeit [KERN 86], [HAUG 87]. Damit wird Zeitplanung und Abstimmung individueller Arbeitszeiten zum integralen Bestandteil der Arbeitsorganisation.

Wir stellen im folgenden eine Mischform aus (möglichst umfangreichen) Elementen individueller, kurzfristiger Flexibilität und mittelfristiger Koordination der individuellen Arbeitszeiten als geeigneten Weg vor, der ein Maximum an Selbstbestimmung sicherstellen soll und gleichzeitig rein unternehmensbestimmte Flexibilisierung vermeidet. Wir werden darlegen, daß die Koordination individueller Arbeitszeiten eine durchaus komplexe Aufgabenstellung darstellt, die teilweise erst durch die Anwendung von Computerprogrammen durchführbar wird.

Programme können die Arbeitszeitplanung in Arbeitnehmergruppen unterstützen. Aber sie können nicht - das wollen wir von vornherein unterstreichen - zur "Knopfdruckoptimierung" im naiven Sinne (d.h.: Spezifizierung der Randbedingungen und der Optimierungskriterien --> Formalisierung der Spezifikation --> numerische Optimierung) herangezogen werden, weil die Bewertung von Arbeitszeitmodellen eine grundsätzlich politische Frage und laufendem Wandel unterworfen ist. Rahmenbedingungen der Optimierung (Gesetze, Unternehmensziele, prinzipielle Arbeitsorganisation) müssen weiterhin politisch (bezüglich der Arbeitsorganisation z.B. zwischen Geschäftsführung, Betriebsrat und Gewerkschaft) diskutiert werden.

Planungsprogramme können jedoch dazu verwendet werden, die aufwendige Erarbeitung von Vorschlägen für Arbeitszeitpläne durchzuführen.

In den wenigen, derzeit verfügbaren computergestützten Zeitplanungsprogrammen ([KNAU 86], [OTT 85], [LEPA 86], [SUGI 89], [GLOV 86]) konzentrieren sich die Optimierungsstrategien auf arbeitswissenschaftliche Kriterien in der Schichtarbeit oder auf das klassische Stundenplanproblem. Wir wollen verstärkt:

- die Formulierung der Interessen und Anforderungen der Arbeitnehmer bezüglich der Struktur der eigenen Arbeitszeit unterstützen,

- die interaktive Koordinierung der Arbeitszeit und Optimierung der Arbeitszeitpläne in Partizipation mit den Arbeitnehmern durchführen,

- die Auswirkung der Rahmenbedingungen auf mögliche Arbeitszeitpläne transparent machen.

Im vorliegenden Artikel stellen wir einen Prototyp eines Programmes vor, das Vorschläge für konkrete Arbeitszeitpläne errechnet (CANOZ). Wir versuchen eine Klassifizierung der verschiedenen Arten von Anforderungen und Bedingungen, denen die Arbeitszeitplanung unterliegt und beschäftigen uns mit der Frage der Formalisierung individueller und politischer Anforderungen sowie der Auswirkung etwaiger Vereinfachungen aufgrund dieser Formalisierung bei der konkreten Optimierung. Letzteres ist Teil einer Auseinandersetzung mit den prinzipiellen Grenzen der automatischen Arbeitszeitplanung in der Praxis. Schließlich diskutieren wir, wie CANOZ-Systeme im Alltag eingesetzt werden können, um die Anforderungen einzelner Mitglieder eines Teams zu koordinieren.

Unser Vorgehensmodell basiert auf der Annahme, daß nur sehr wenige *kurzfristige* Änderungen der Geschäftsleitungsanforderungen bezüglich der Anzahl der Arbeitnehmer und der Zeitpunkte, zu denen diese zur Verfügung stehen müssen, erfolgen. Wir halten diese Annahme in vielen Anwendungsbereichen für zulässig.

Wir denken sogar, daß Betriebsräte und Gewerkschaften dafür Sorge tragen sollten, daß betriebliche Arbeitszeitanforderungen prinzipiell kurzfristig möglichst konstant bleiben. Nur so ist ein gewisses Maß an Zeitautonomie für Arbeitnehmer realisierbar. (Sollte es in einem Betrieb zahlreiche, nicht vorhersehbare, kurzfristige Änderungen der Unternehmensanforderungen geben, ist eine mittelfristige Optimierung der Arbeitszeit nach Arbeitnehmerinteressen nur dann möglich, wenn die Unternehmensleitung hohe Personalreserven in Kauf nimmt.)

CANOZ befaßt sich im Rahmen der bisherigen Arbeiten ausschließlich mit dem Scheduling von wöchentlicher Arbeitszeit (Anfang, Dauer, Pausen). Die interne etwa produktionsbestimmte Struktur der Arbeitszeit (Dauer einzelner Aufgaben, Stress, Selbstbestimmung innerhalb eines einzelnen Arbeitsprozesses) wird nicht explizit modelliert. Implizit werden sie berücksichtigt durch:

- die Unternehmerwünsche bezüglich der Anzahl der Arbeitnehmer pro Zeiteinheit (z.B. zwischen 15:00 und 17:00 werden sechs Arbeiter benötigt),
- die Zeitbewertung durch die Arbeitnehmer und deren Anforderungen (siehe auch 4.2).

Die Entscheidung, eine Bewertung der Arbeitszeiten vorzunehmen anstatt explizite Regeln zu definieren, vereinfacht die Optimierung und spiegelt die Tatsache wider, daß es praktisch unmöglich ist, alle Anforderungen, Einflüsse und Bedingungen explizit aufzulisten, da - sofern man nur genau genug untersucht - fast alles Auswirkungen bezüglich der Arbeitszeitanforderungen haben kann.

2 Klassifizierung der Anforderungen an die Arbeitszeit

Im folgenden Abschnitt stellen wir die grundlegenden Anforderungskategorien vor, die die Arbeitsplanung beeinflussen. Weiter unten (Abschnitt 4) wird dargelegt, wie diese in unserem Modell abgebildet werden und wie sie bei der Ermittlung von Scheduling-Vorschlägen einbezogen werden. Grundsätzlich kann man nach Herkunft der Anforderungen unterscheiden zwischen Bedingungen, die abgeleitet werden a) von den Wünschen des einzelnen Arbeitnehmers, b) von den Arbeitgeberinteressen, c) von diversen gesetzlichen Bestimmungen und d) allgemeinen Gesundheits- und Schutzgedanken, die (noch) nicht durch gesetzliche Bestimmung oder nicht durch individuelle Vorstellungen von Arbeitnehmern eingebracht werden.

2.1 Anforderungen der Arbeitnehmer

Eine vollkommen umfassende Beachtung der Individualität und der daraus resultierenden Wünsche eines einzelnen Menschen in ihrer Unbewußtheit und Widersprüchlichkeit können wohl nur auf der Ebene der Individualpsychologie und der Psychotherapie geleistet werden. Im Sinne angemessener Verallgemeinerbarkeit können im vorliegenden Kontext Ergebnisse der Arbeitswissenschaften einbezogen werden, wie z.B.:

[KUND 86] betont etwa, daß Arbeitszeit nicht in zu kleine Zeitabschnitte zerteilt werden darf. Erholungszeit in längeren Einheiten ist vorzuziehen.

[SEIF 87] schlägt vier verschiedene Kriterien zur Beurteilung und Bewertung von Arbeitszeiten aus der Sicht des Arbeitnehmers vor: 1) Dauer, 2) Zeitpunkt, 3) Voraussehbarkeit der freien Zeit, 4) Grad der Selbstbestimmung der Arbeitszeit.

Die individuelle Bewertung bestimmter Arbeitszeiten hängt auch von Zeitstrukturen und Bedingungen ab, die wesentlich durch das persönliche und kulturelle Umfeld bestimmt werden (z.B. durch die eigene Lebensgemeinschaft, durch "kulturelle" Zeitstrukturen wie traditionelle Mittagszeiten, Öffnungszeiten von Geschäften und Kindergärten, durch die generellen Arbeitszeiten, durch die Verfügbarkeit von Transportmöglichkeiten zwischen Arbeitsplatz und Wohnung, durch persönliche Gewohnheiten und natürlich durch die Zeitstruktur der Mitarbeiter).

Einige dieser Anforderungen können explizit formuliert und formalisiert werden. So etwa der Wunsch eines Arbeitnehmers, sein Kind immer um 9 Uhr in den Kindergarten zu bringen, oder die Tatsache, daß der öffentliche Verkehr erst um 5 Uhr morgens beginnt. Andere Randbedingungen können wohl kaum in ein Rechenmodell aufgenommen werden, z.B. welche Folgen die Lebensbedingungen und -gewohnheiten eines Partners eines Arbeitnehmers auf dessen Arbeitszeitpräferenzen haben.

Im allgemeinen ist es nicht trivial, diese persönlichen Wünsche und Präferenzen in formaler Form festzuhalten. Zusätzlich müssen die gewählten Anforderungen in einfacher Weise modifiziert werden können (dies gilt insbesondere für einen iterativen Optimierungsprozeß, in dem Gruppenmitglieder die Effekte ihrer eigenen Anforderungen im resultierenden Arbeitszeitplan erkennen, siehe 4.4. und 6).

2.2 Anforderungen und Blickwinkel der Arbeitgeber

Flexiblere Arbeitszeit scheint aufs erste mit höheren Kosten für den Unternehmer verbunden zu sein. Dazu zählen insbesonders in vielen Fällen erhöhte Personalkosten bei einer Erweiterung der Betriebszeiten. [HALL 88] gibt drei weitere wichtige, potentiell nachteilige Auswirkungen an:

- Erhöhung der Kosten der innerbetrieblichen Infrastruktur, wie etwa Telefon- oder Portierdienste;
- Erhöhung der Kosten für Koordination und Administration;
- Erhöhung der Aufwände für betriebswirtschaftliche Planung und Supervision des Arbeitsprozesses.

Die wesentlichen für den Arbeitgeber unmittelbar einsichtigen Vorteile sind [MESC 87]:
- längere Öffnungs- bzw. Betriebszeiten (z.B. in Handelsgeschäften);
- geringere Gerätekosten wegen besserer Auslastung (z.B. CAD-Arbeitsplatz);
- im Falle kapazitätsorientierter Flexibilisierung: geringere Überstundenkosten;
- bis zu einem gewissen Maß höhere Arbeitszufriedenheit der Mitarbeiter.

In der Regel versucht natürlich die Geschäftsleitung, Flexibilitätsräume hinsichtlich der Arbeitszeiten offenzuhalten. Dies gilt insbesondere für Bereiche, in denen eine mittelfristige Vorhersehbarkeit der stundenbezogenen Personalanforderungen (z.B. mittwochs 6 Personen von 17-18 Uhr) nicht gegeben ist.

Die Betriebswissenschaften haben inzwischen eine Reihe von Methoden und Techniken entwickelt, die Anforderungen der Arbeitgeber an die Arbeitszeit zu erfassen, explizit zu machen und zu formalisieren (z.B. Produktionsplanung und -steuerung). Im allgemeinen basieren diese Anforderungen auf mittel- und langfristigen Produktionszielen, auf der gegebenen Qualifikationsstruktur der Mitarbeiter und darauf, wie die Substitution eines Arbeitnehmers - etwa bei Erkrankung - geregelt wird.

2.3 Schutz- und Gesundheitsanforderungen an Arbeitszeitregelungen

Regelungen, die aus dem Gedanken des gesundheitlichen Schutzes von Arbeitnehmern abgeleitet werden, sind in verschiedenen Berufsgruppen und Industriezweigen oft sehr unterschiedlich. Manche sind sehr präzise in Schutzgesetzen definiert, andere sind wiederum mehr oder weniger intuitiv. Nichtsdestotrotz sind sie beachtenswert (in der Regel dauert es ja Jahre, bis medizinische Erkenntnisse den Status gesetzlicher Schutzmaßnahmen erlangen). Beispielhaft einige grundlegende Forderungen: ausreichende Erholungszeit; Pausen nach einer längeren Phase der Arbeit; soweit realisierbar, keine Arbeitszeiten in der Nacht oder an Wochenenden.

Einige der zitierten Anforderungen - etwa die Gesundheitsgefährdung durch Nachtarbeit - können klar formalisiert werden. Dazu wurden verschiedentlich bereits Vorschläge veröffentlicht. [KUND 86] schlägt etwa eine System zur Bewertung der Lage von Schichtarbeitszeiten vor, eine modifizierte Bewertung nimmt [KNEV 87] vor. In beiden Modellen bleibt aber die Bewertung kleinerer Zeiteinheiten, die insbesondere für die individuelle Planung eine gewichtige Rolle spielen, offen.

Insgesamt gibt es zwei wesentliche Problembereiche, deren nachteilige Auswirkungen auf den einzelnen Arbeitnehmer mit CANOZ gemildert werden sollen:

Computergestützte, arbeitnehmerorientierte Arbeitszeitgestaltung 301

- Fremdbestimmung der Arbeitszeit
- Desynchronisierung zwischen individualpsychologischer Zeitstruktur und Arbeitszeitstruktur [KERN 86].

2.4 Gesetzliche Bestimmungen zur Arbeitszeitregelung

Die meisten gesetzlichen Bestimmungen umfassen Regelungen im Bereich des Verbots von Arbeit zu bestimmten Zeiten, Regelungen zur Beschränkung der Länge einer Arbeitseinheit (z.B. maximal zehn Stunden Arbeitszeit an einem Tag) oder etwa Regelungen über Pausen und Erholungsphasen (z.B. daß nach sechs Stunden

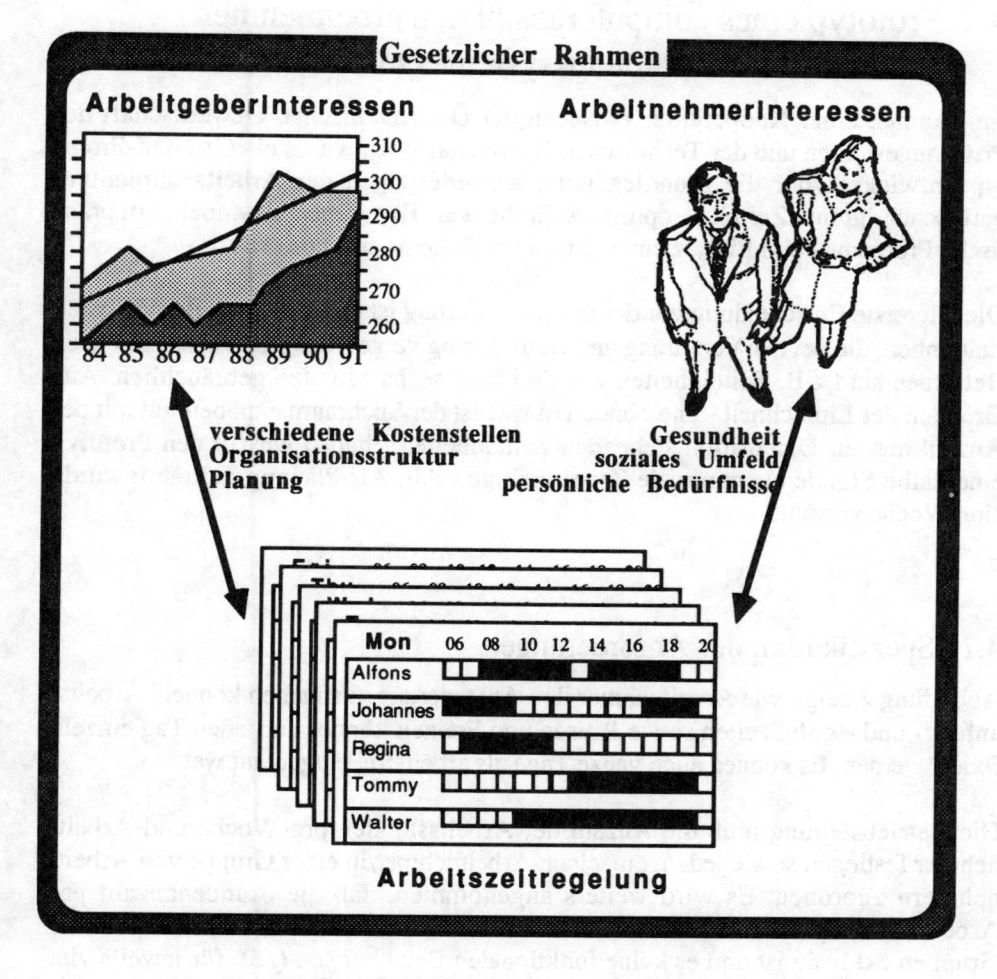

Abb. 1 : Einflüsse und Anforderungen an die Regelung von Arbeitszeit

Arbeit zumindest eine Pause von 30 Minuten vorzusehen ist.). Wie schon oben erwähnt besteht hier ein enger Zusammenhang zu den Gesundheitsregelungen. Einige Gesetze betreffen nur bestimmte Personengruppen (z.B. Mutterschutzgesetz).

Zusätzlich existieren gesetzliche oder kollektivvertragliche Bestimmungen, die eine betriebsspezifische Regelung bestimmter Arbeitszeitaspekte durch Betriebsrat und Unternehmensleitung in Form einer Betriebsvereinbarung notwendig machen.

3 Prototyp eines computergestützten arbeitnehmerorientierten Zeitplanungssystemes (Version 1)

Im Rahmen einer Kooperation zwischen der Österreichischen Gewerkschaft der Privatangestellten und der Technischen Universität Wien wurde ein CANOZ-Prototyp entwickelt, der die grundlegenden Anforderungen der Arbeitszeitplanung berücksichtigt und Zeitpläne optimiert. Er dient als Experimental-Modell, um praktische Probleme beim Einsatz eines derartigen Systems zu studieren.

Die allererste Entscheidung vor der Implementierung ist die der Länge der kleinsten Zeiteinheit, die bei der Verteilung und Optimierung vergeben werden kann. In vielen Betrieben sind z.B. Zeiteinheiten von drei oder sechs Minuten gebräuchlich. Aus Gründen der Einfachheit - unter anderem wächst der Suchraum exponentiell mit der Anzahl der zur Disposition stehenden Zeiteinheiten - haben wir für den Prototyp eine halbe Stunde als minimale Zeiteinheit gewählt. Als Planungszeitraum wurde eine Woche gewählt.

3.1 Spezifikation der Anforderungen

Abbildung 2 zeigt, wie Arbeitnehmer ihre Anforderungen angeben können. Arbeitsanfang- und -schlußzeiten sowie Pausen und Freizeit können für jeden Tag einzeln fixiert werden. Es können auch ganze Tage als arbeitsfrei eingeplant werden.

Die Betriebsleitung muß die Anzahl der Arbeitsstunden pro Woche und Arbeitnehmer festlegen sowie jede/n einzelnen Arbeitnehmer/in einer Gruppe von Arbeitnehmern zuordnen. Es wird weiters angenommen, daß die Stundenanzahl pro Arbeitnehmer pro Woche konstant ist, daß die Zuordnung der Arbeitnehmer zu Gruppen exklusiv ist und es keine funktionalen Beziehungen (z.B. für jeweils vier CAD-Entwickler muß ein Operator anwesend sein) zwischen den Gruppen gibt.

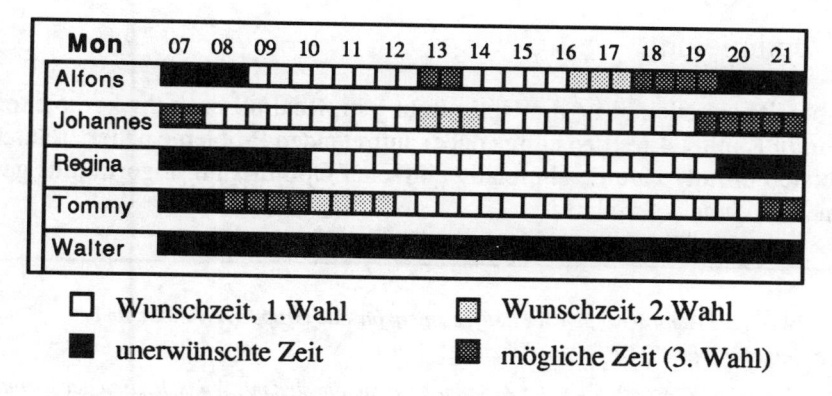

Computergestützte, arbeitnehmerorientierte Arbeitszeitgestaltung 303

Abb. 2: Definition der Anforderungen der Arbeitnehmer

- ☐ Wunschzeit, 1. Wahl
- ■ unerwünschte Zeit
- ▒ Wunschzeit, 2. Wahl
- ▓ mögliche Zeit (3. Wahl)

Für jede Gruppe kann nun vom Betrieb spezifiziert werden, zu welchen Zeitpunkten wieviel Arbeitnehmer anwesend sein müssen (z.B. 6 Arbeitnehmer der Gruppe 1 müssen montags zwischen 8.00 und 10.00 Uhr anwesend sein).

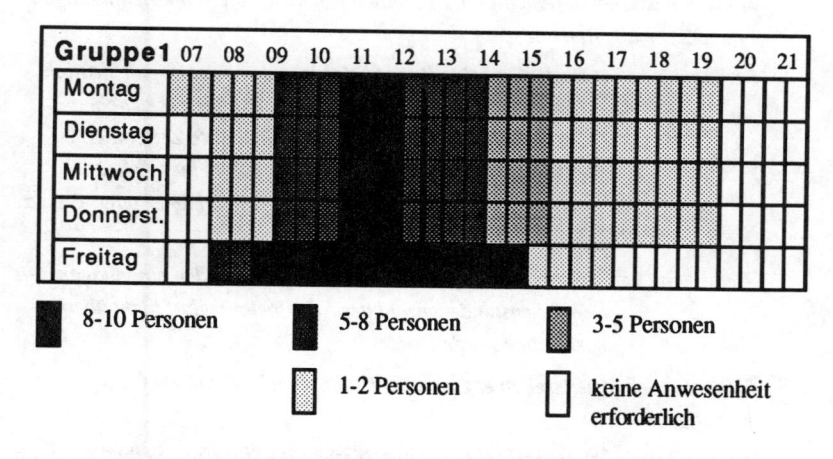

Abb. 3: Definition einer Anwesenheitstabelle des Arbeitgebers

Es wurden grundsätzliche Vorschriften des österreichischen Arbeitsrechtes und verschiedene Gesundheitsrichtlinien berücksichtigt (z.B. die maximale Arbeitsstundenanzahl pro Tag, einige Pausenregelungen). In der ersten Version wurden gruppenspezifische Anforderungen (etwa für Frauen und Kinder) nicht berücksichtigt. Nicht konventionelle Arbeitszeiten (z.B. nach 18 Uhr) wurden negativ bewertet.

3.2 Optimierung

Wie bereits angedeutet ist die Optimierung im Realfall ein sehr komplexes Verfahren. In Kapitel 4 werden einige dabei auftretenden Probleme näher erläutert. Für den ersten Prototyp wurde ein relativ einfacher Optimierungsalgorithmus gewählt, der in Abbildung 4 skizziert ist.

---

o   *Wenn die Anforderungen des Betriebs nicht für alle Gruppen erfüllbar sind -> "unerfüllbar" STOP.*

o   *Teile die Wunschstunden der Arbeitnehmer zu, die sich mit Wunschzeiten der Firma decken.*

o   *Verteile die Arbeitsstunden der Arbeitnehmer, so daß die betrieblichen Anforderungen erfüllt werden, nach folgender Strategie:*

   o   *Für jede Zeiteinheit, an der ein Arbeitnehmer nicht arbeiten will, aber eingeplant wird, bekommt er/sie einen "Nachteilspunkt".*

   o   *Jene Arbeitnehmer mit den bis zu diesem Zeitpunkt wenigsten Nachteilspunkten müssen während dieser Zeiteinheit arbeiten, sofern die Bedingungen 1) und 2) erfüllt sind:*

   Bedingung 1:   Es dürfen keine Pausen eingeplant werden, wenn sie nicht vom Arbeitnehmer selbst eingeplant oder gesetzlich vorgeschrieben sind. (D.h. eine zugeteilte Zeiteinheit ist entweder eine Anfangszeiteinheit, folgt einer Arbeitszeiteinheit oder folgt einer durch Arbeitnehmer oder Gesetz festgelegten Pause.)

   Bedingung 2:   Gesetze und gesundheitliche Regeln werden eingehalten. Die Wochenstundenanzahl der Arbeitnehmer darf nicht überschritten werden.

o   *"Ungesunde" Arbeitszeiten ergeben zusätzliche Nachteilspunkte für die Betroffenen.*

o   *Die übrigen Zeiteinheiten der Arbeitnehmer bleiben im Sinne der Selbstbestimmtheit unverplant.*

Abb. 4: Ein einfacher Algorithmus zur Arbeitszeitplanung

Das Optimierungsziel ist die Minimierung der Summe der "Nachteilspunkte" aller Arbeitnehmer bei möglichst gleicher Verteilung der Nachteilspunkte zwischen den Arbeitnehmern. Nachteilspunkte werden dann verteilt, wenn ein Arbeitnehmer zu Zeiten arbeiten soll, die nicht seine erste Wahl sind.

Der verwendete Algorithmus liefert - sofern es überhaupt den Anforderungen entsprechende Lösungen gibt - einen optimierten Arbeitszeitplan. Dieser Zeitplan ist in der Regel aber noch nicht optimal. Es kann sogar sein, daß korrekte Lösungen nicht gefunden werden.

4 Feedback von Praktikern und Redesign (Version 2)

Das in Abbildung 4 skizzierte Optimierungsverfahren wurde Arbeitnehmern vorgestellt und im Detail diskutiert. Den Schwerpunkt der Fallbeispiele bildeten Arbeitszeitverteilungen in Betrieben mit Gleitzeit/Kernzeit, bzw. Problemstellungen, die bei der Zeitplanung der Mitarbeiter bei längeren Geschäftsöffnungszeiten auftreten. Es konnten dabei nützliche Erfahrungen gemacht werden in Hinblick darauf, welche Modifikationen für die praktische Verwendbarkeit berücksichtigt werden müssen. Einige Anforderungen an die weitere Entwicklung werden im folgenden vorgestellt.

4.1 Unmittelbares Feedback und demokratische Diskussion

Die Festlegung der individuellen Anforderungen und ihre Abstimmung innerhalb der Gruppen ist ein Prozeß, bei dem es einer Person im allgemeinen nicht möglich ist, alle relevanten Faktoren in einem einzigen Spezifikationsdurchgang festzulegen. Nicht zuletzt weil die Auswirkungen der eigenen Anforderungen auf das koordinierte und optimierte Scheduling-Resultat für die Arbeitnehmer nicht vorhersehbar sind, müssen Modifikationen der Anforderungen interaktiv durchführbar sein.

Der am besten geeignete Ansatz ist die direkte Konfrontation der Arbeitnehmer mit den Effekten ihrer koordinierten Wünsche, gefolgt von einer Gruppendiskussion zur Auflösungen etwaiger Kollisionen. In diesem Sinne wird CANOZ zu einem Werkzeug, das den iterativen Koordinierungs- und Optimierungsprozeß in der Gruppe eher unterstützt denn selbständig vornimmt. Sollten Unvereinbarkeiten auftreten, so identifiziert sie das Scheduling-Programm und verlangt eine Änderung der Anforderungen.

In Version 1 mußten alle zu berücksichtigenden Anforderungen vor Beginn der Optimierung festgelegt werden. Diese "vollständige Optimierung" führt im konkreten Fall zu extremen Antwortzeiten (siehe auch Kapitel 5). Eine schrittweise Optimierung mit interaktiver Beseitigung von bereits identifizierten Konflikten ist somit anzustreben.

4.2 Bewertung der Zeiteinheiten

Die im dritten Abschnitt skizzierte einfache Bewertungsmethode hat vier verschiedene Arbeitzeitbewertungen (1, 2. und 3. Wahl, unerwünscht) sowie beabsichtigte und vorgeschriebene Pausen unterschieden. Diese Bewertung ist in der Praxis nicht ausreichend genau.

Bewertungsfunktionen drücken gewissermaßen den "Wert" einer Arbeitszeiteinheit aus. Diese Bewertung ist jedoch kontextabhängig und nicht nur von der absoluten Lage abhängig. Zumindest müßten neben der Lage einer Arbeitszeiteinheit auch Beginn, Ende, Pausen des Arbeitszeitblocks, in den diese Einheit eingebettet ist, berücksichtigt werden.

Eine Bewertungsfunktion, die dieser Kontextabhängigkeit gerecht wird, ist häufig nichtlinear und nicht kontinuierlich. Wenn z.B. Busabfahrtszeiten berücksichtigt werden müssen (etwa jeweils nur zur vollen Stunde), ist die korrespondierende Bewertungsfunktion der Zeiteinheiten gegen Ende der täglichen Arbeitszeit nichtlinear und nimmt in Abhängigkeit von der Zeit, die der Arbeitnehmer warten muß, periodisch schlechte Werte an. Derartige Funktionen werfen aber erhebliche (auch theoretische) Probleme für die Optimierung auf (siehe Kapitel 5).

Kann das Problem mit der Verfügbarkeit des öffentlichen Verkehrs noch für größere Arbeitnehmergruppen relativ einheitlich behandelt werden, so ist das "Pausenproblem" nur noch durch individuelle Bewertung handhabbar. Dazu zählt etwa die Wirkung einer Verlängerung oder einer Lageänderung der Mittagspause.

Für die Gesamtbewertung eines Arbeitszeitplanes bieten sich zwei Möglichkeiten an. Eine ist die Berechnung eines gewichteten Mittelwertes von Bewertungen einzelner Arbeitszeiteinheiten, eine andere Möglichkeit stellt die Gesamtbewertung eines (größeren Teilbereiches eines) Arbeitszeitplanes durch die betroffenen Arbeitnehmer dar.

4.3 Umfang und Flexibilität betrieblicher Anforderungen

Die betrieblichen Anforderungen stellen zentrale Rahmenbedingungen für jeden Optimierungsprozeß dar. In der Regel sollten sie nicht einseitig von der Geschäftsführung festgelegt werden, sondern zumindest mit dem Betriebsrat und Betroffenen beraten werden. Der Betriebsrat kann, unterstützt durch die kritische Diskussion der betrieblichen Vorgaben mit der Belegschaft, versuchen, allzu starre Arbeitszeitvorschriften gering zu halten. Eine offene Informationspolitik der Geschäftsführung in

Fragen ihrer strategischen Ziele und Anforderungen ist hier offenbar für beide Seiten förderlich.

Aber auch bei geringen betrieblichen Vorschriften können kurzfristige Schwankungen, die zu Überstunden und Mehrarbeit führen, nicht völlig ausgeschlossen werden. Es sollte der tatsächliche Umfang dieser Abweichungen erfaßt werden, der Arbeitszeitplan auf seine Sensibilität und Stabilität bezüglich der Auswirkungen kurzfristiger Abweichungen untersucht werden und Belastungen durch Einplanung von Personal- und Zeitreserven verringert werden.

4.4 Fairneß zwischen den Arbeitnehmern

Die Berücksichtigung individueller Wünsche in der Arbeitszeitplanung bringt natürlich das Problem einer fairen Koordinierung innerhalb der Mitarbeitergruppe mit sich. Im ersten Prototyp werden z.B. Arbeitnehmer, die exzessive Anforderungen stellen, stärker berücksichtigt als zurückhaltendere Kollegen (In Kapitel 5 wird eine mathematische Methode diskutiert, diesen unerwünschten Effekt auszuschalten). Eine einfache Möglichkeit, dieses Problem zu reduzieren, ist das Üben und die Diskussion der Bewertung. Damit kann eine einheitliche Bewertungsweise in der Gruppe erreicht werden.

Ob Anforderungen einzelner Mitarbeiter sozial nicht gerechtfertigt sind, kann nicht a priori entschieden werden. Arbeitnehmer können völlig zurecht überdurchschnittliche Anforderungen haben (z.B. Arbeitnehmer mit kleinen Kindern, Arbeitnehmer, die Weiterbildungskurse besuchen). Sie müssen diese Anforderungen allerdings innerhalb der Gruppe selbst geltend machen.

Im Zusammenhang mit der persönlichen Bewertung und etwaigen unterschiedlich hohen individuellen Anforderungen stellt sich auch das Problem des Datenschutzes. Hier kommt dem Betriebsrat eine zentrale Rolle im Abgleich der Interessen zu, außer ihm und den jeweils Betroffenen sollten keine Personen Zugang zu diesen Daten haben. Es sollte untersucht werden, ob durch geeignete Maßzahlen (z.B. Prozentsatz der unerwünschten Stunden), eine Diskussionsbasis für den Vergleich von Anforderungen geschaffen werden kann.

4.5 Größe der Basiszeiteinheiten, Planungszeitraum

Eine diskrete Zeitstruktur erscheint uns als dem Problem und den bekannten Optimierungsstrategien am besten angepaßt. Die im Prototyp verwendete Zeiteinheit von 30 Minuten verringert zwar den Suchraum enorm, ist aber für praktische Fälle zu ungenau. Wir empfehlen, die Basiszeiteinheit nicht größer als 15 Minuten zu wählen.

Auch der Planungszeitraum spielt eine wichtige Rolle. Er hängt stark von der Weitsicht und Flexibilität des Managements ab. Je kürzer er gewählt wird, desto weniger Spielräume für arbeitnehmerorientierte Planung sind gegeben, umso komplexer wird aber auch die Planung. Unseren Erfahrungen nach ist die wochenbezogene Planung eines Arbeitsmonats mit einer Übertragungsmöglichkeit von Zeitschulden und Zeitguthaben ein arbeitnehmerfreundliches und praktikables Modell für die Planung.

5 Einige theoretische Bemerkungen über Lösungsraum und Optimierungsstrategie

5.1 Optimierungsfunktion

Die folgenden Definitionen dienen der formalen Behandlung der Fragestellung Optimierungsfunktion und Optimierungsstrategie.

n		Anzahl der Arbeitnehmer
W_i		ein Arbeitnehmer ($i = 1..n$)
m		Anzahl der Zeiteinheiten pro Arbeitswoche
s_k		eine Zeiteinheit der Arbeitswoche ($k = 1..m$, z.B. Di von 8 bis 8:15)
a_{ik}		eine zweiwertige Funktion, die angibt, ob der Arbeitnehmer W_i zum Zeitpunkt s_k arbeitet ($a_{ik}=1$) oder frei hat ($a_{ik}=0$).
$g(a_{ik})$		die Bewertung der Zeiteinheit s_k durch den Arbeitnehmer W_i, wobei $g(0) \to 0$ und $g(1) \to R^+$.
P_i		Wochenplan eines Arbeiters ($i = 1..n$), ein m-Tupel a_{ik}, so daß für Arbeitnehmer i für jede Zeiteinheit k die Funktion a_{ik} definiert ist.
P		ein kompletter Wochenarbeitsplan, $P = \{P_1, P_2, P_3, ... P_n\}$

Die Bewertung des Arbeitsplanes P_i durch einen Arbeitnehmer W_i läßt sich somit etwa als Summe der Einzelbewertungen ausdrücken:

$$(1) \qquad G(P_l) = \sum_{k=1}^{m} g(a_{ik})$$

Die einfache Gesamtbewertungsfunktion der Nachteilspunkte aus Kapitel 3 kann somit wie in (2) dargestellt werden. Der optimale Zeitplan P_{opt} ergibt sich als jene Menge P mit der kleinsten Gesamtbewertungsfunktion G(P).

$$(2) \qquad G(P) = \sum_{i=1}^{n} G(P_l) = \sum_{i=1}^{n} \sum_{k=1}^{m} g(a_{ik})$$

Eine komplexere Form einer Gesamtbewertungsfunktion ist in (3) dargestellt.

$$(3) \qquad G_{x,y,z}(P) = \sum_{i=1}^{n} \frac{(\sum_{k=1}^{m} g(a_{ik})^x)^y}{(\sum_{k=1}^{m} g(a_{ik}))^z}$$

Diese Funktion erlaubt je nach Wahl der Parameter x,y,z verschiedene Minimierungen:

- $x=1 \quad y=1 \quad z=0$ — Ist äquivalent zu (1) und führt zur Minimierung der negativen Bewertungen der ganzen Gruppe, ohne eine etwaige unfaire Verteilung der Nachteile zwischen den Arbeitnehmern zu berücksichtigen.
- $x=1 \quad y \gg 1 \quad z=0$ — Nachteile werden minimiert und auf alle Arbeitnehmer ungefähr gleichmäßig verteilt.
- $x \gg 1 \quad y=1 \quad z=0$ — Es werden nur Zeiteinheiten mit niedriger Punkteanzahl berücksichtigt.
- $x \gg 1 \quad y \gg 1 \quad z=0$ — Nachteils-Punkte werden auf alle Arbeitnehmer gleich verteilt (mit möglichst niedriger Zahl der Punkte pro Zeiteinheit).
- $z \gg 0$ — Arbeitnehmer, die relativ hohe Forderungen stellen, werden in der Optimierung weniger stark berücksichtigt ("Jammereffekte" können damit abgeschwächt werden).
- $z \ll 0$ — Arbeitnehmer, die hohe Anforderungen stellen, werden in der Optimierung stärker berücksichtigt (z.B. Arbeitnehmer mit Kleinkindern zu Hause).

Es zeigt sich, daß es die eine, "objektive" Optimierungsfunktion nicht gibt. Vielmehr spiegelt jede Optimierungsfunktion implizit politische Vorstellungen über die optimale Arbeitszeit wider. Daraus folgt, daß die Optimierungsfunktion nicht durch das System starr vorgegeben sein kann, sondern von den Betroffenen diskutiert und verändert werden muß. Eine Möglichkeit stellt eine interaktive Gesamtbewertung durch die Benutzer dar, eine andere die Variation der Parameter von (2) durch die Benutzer (wobei noch beliebig viele weitere Tuning-Parameter denkbar sind).

5.2 Lösungsraum

Der Lösungsraum ist zu groß, um die Strategie des vollständigen Generierens zu verfolgen. Würde man keine Einschränkungen annehmen, wäre die Größe des Lösungsraumes:

$$(4) \quad \binom{m}{p}^n$$

wobei p die Anzahl der Zeiteinheiten darstellt, die ein Arbeitnehmer pro Woche zu arbeiten hat. Unter der Annahme, daß die Basiszeiteinheit 1/10 Stunde und die Betriebszeit 60 Stunden (m=600) ist, daß die Arbeitszeit 35 Stunden pro Woche (p=350) und die Anzahl der Arbeitnehmer 40 ist (n=40) ist, ergibt sich aus (4) die in (5) angegebene Mächtigkeit des Lösungsraumes.

$$(5) \quad \binom{600}{350}^{40} \approx 10^{7020}$$

5.3 Optimierungsalgorithmen

Simplexalgorithmus

Der Simplexalgorithmus kann nur angewendet werden, wenn die Bewertungsfunktion linear ist. Berücksichtigt man diese unangenehme Einschränkung, so wirft trotzdem die Größe des Lösungsraumes Probleme auf. Es müssen nm Variable (in unserem Beispiel: 40*600 = 24000) und nq Nebenbedingungen, wobei q die Anzahl der Einschränkungen von Arbeitnehmern, durch Gesetz etc. darstellt. Die Komplexität des Simplex wächst umgelegt auf diese Fragestellung ca. mit n^2mq (vgl. [AWIS 78]). Praktische Fragestellungen sind damit nicht lösbar.

Branch&Bound Strategie

Die Branch&Bound-Suche liefert nur dann in akzeptabler Zeit eine Lösung, wenn je nach gegebenen Daten eine entsprechende Anpassung der Suchstrategie vorgenommen wird (erforderlich ist jedoch ein allgemein anwendbares Verfahren). Dies wird anhand des folgenden Beispiels, bei dem besonders lösungsraumeinschränkende Randbedingungen angenommen werden, deutlich: Sei die Betriebszeit 10 Stunden pro Tag bei 5 Betriebstagen in der Woche. Sei weiters die Arbeitszeit 8 Stunden pro Tag (inklusive einer Stunde fest verplanter Pause, z.B. um 12 Uhr). Nimmt man weiters an, daß die Planungszeiteinheit eine Stunde ist, dann gibt es genau drei mögliche Arbeitsbeginnzeiten an einem Tag. Bei 10 Arbeitnehmern ergeben sich sodann

$3^{5*10} = 7.2 * 10^{23}$ prinzipielle mögliche Arbeitspläne für eine Woche.

Trotz drastischer Einschränkungen ist der Lösungsraum für praktische Aufgaben immer noch zu groß. Es scheint sogar unumgänglich, auf deterministische Suchverfahren, die garantiert die optimale Lösung finden, auf Kosten von heuristischen Suchmethoden oder Zufallsverfahren zu verzichten [FRÖS 91].

Genetische Algorithmen

Das Problem, einen annähernd optimalen Arbeitszeitplan zu finden, ist als Suche in einem Raum von möglichen Lösungen mit realen Beschränkungen von Zeit und Speicherplatz zu betrachten. Das geringe a priori Wissen über die Struktur des Lösungsraumes wirkt sich insofern erschwerend aus, als praktisch keine problemspezifischen Algorithmen existieren, die schnell gute Lösungen auffinden [DEJO 90]. Eine in solchen Fällen geeignete adaptive Strategie ist der von [HOLL 75] vorgeschlagene Ansatz der Genetischen Algorithmen (GA). GA integriert so unterschiedliche Techniken wie Random Search, Hill Climbing und Sampling durch Partitionierung des Suchraumes.

Eine Problemrepräsentation für GA besteht aus einer Population von sogenannten Individuen, die jeweils einen Punkt des Lösungsraumes in der Form eines Strings (genetischer Code) repräsentieren. Weiters muß definiert werden, was Fitness im fraglichen Problemraum bedeutet, und es müssen genetische Operatoren definiert werden, die eine Nachfolgegeneration der Individuen erzeugen. Üblicherweise werden die Verfahren Crossover und Zufallsmutation der Strings (entspricht Mischen und Mutieren des Codes) vorgeschlagen [SCHA 89], wobei dann "fittere" Individuen eine höhere Überlebenswahrscheinlichkeit oder Vermehrungsrate haben.

Bei der vorliegenden Fragestellung entspricht ein Individuum des GA einem zulässigen Zeitplan, d.h. einer möglichen Aufteilung von Arbeitszeiten auf die Arbeitnehmer im Rahmen der verschiedenen Anforderungen. Ein Individuum gilt als "fitter", wenn der Wert der Gesamtbewertungsfunktion (siehe 5.1) an diesem Punkt des Lösungsraumes kleiner ist (es liegt bei dieser Anwendung die Frage nach Minimierung von Nachteilen vor). Fitness wird hier somit ganz einfach durch die Bewertungsfunktion ausgedrückt. Um Crossover und Mutation zu definieren, ist eine Partitionierung des Suchraumes zu wählen, wobei sich verschiedenste Abbildungen anbieten, deren Effizienz erst im konkreten Experiment getestet werden muß. Es bietet sich etwa ein String aus *mn* Dualziffern an, wobei jeweils n Bits angeben, welche Mitarbeiter zu einem bestimmten Zeitabschnitt anwesend sind (101000...000 repräsentiert somit einen Zeitabschnitt, wo Mitarbeiter 1 und 3 anwesend sind und alle anderen nicht).

Bis jetzt haben wir GA nicht in unser System integriert. Erfolge in vergleichbar unstrukturierten Lösungsräumen (vgl. [SCHA 89]) bestärken uns aber in der Annahme, daß diese Methode auch in Zeitplanungsfragen erfolgreich anwendbar ist.

6 Zusammenfassung

In diesem Artikel haben wir ein System vorgestellt, das Arbeitnehmer bei der eigenbestimmten Arbeitszeitgestaltung unterstützen kann. Wie schon vorhin hervorgehoben, ist bei zunehmenden Freiheitsgraden die Komplexität diese Problems hoch und nicht ohne Computerunterstützung bewältigbar. Computergestützte Arbeitszeitgestaltung bedeutet allerdings nicht, daß arbeitspolitische Entscheidungen irgendeiner mathematischen Formel überantwortet werden. CANOZ soll einzig dafür verwendet werden, daß Pläne erstellt werden, die anschließend diskutiert und modifiziert werden.

Auf Grund der erwähnten prinzipiellen Schwierigkeit, Anforderungen der Arbeitnehmer zu formalisieren, schlagen wir folgende Vorgehensweise vor:

(1) Die Spezifizierung der grundlegenden Anforderungen von Arbeitnehmern, Arbeitgebern, gesetzlichen Bestimmungen und gesundheitlichen Vorschlägen.

(2) Die iterative, interaktive Optimierung durch die Arbeitnehmer. Notwendige Voraussetzung dafür ist eine Programmumgebung, die die errechneten Ergebnisse ansprechend darstellt und eine einfache "Was wäre wenn"-Simulation unterstützt.

Computergestützte, arbeitnehmerorientierte Arbeitszeitgestaltung

Die Arbeitnehmer treffen also die wesentlichen Entscheidungen selbst, das System hat die Rolle der Entscheidungsunterstützung. Obwohl noch zahlreiche Schwierigkeiten bis zum Gebrauch im Betriebsalltag überwunden werden müssen, hoffen wir mit CANOZ, einen Beitrag zur Erhöhung der Zeitautonomie der Arbeitnehmer leisten zu können.

Literatur

[ALIO 80]   Alioth, A., Entwicklung und Einführung alternativer Arbeitsformen, Verlag Hans Huber, Schriften zur Arbeitspsychologie 27, Bern Stuttgart Wien 1980

[AWIS 78]   Awis, D., Chvatal, V., Linear Programming, Freemann and Company, New York 1978

[BULL 88]   Bullinger, H.J. (Hrsg.), Flexibilisierung der Arbeitszeiten im Produktionsbetrieb, Fraunhofer-Institut für Arbeitswirtschaft und Organisation, Springer, Berlin 1989

[DEJO 90]   De Jong, K., Genetic-Algorithm-Based Learning, in [KODR 90]

[FRÖS 91]   Frösch, K.A., Deterministisches Scheduling - Eine Methodenübersicht, Christian Doppler-Labor für Expertensysteme, Technische Universität Wien, Wien 1991

[GLOV 86]   Glover, F., McMillan, C., The general employee scheduling problem: an integration of MS and AI, Computers and Operations Research, Mai 1986 v 13(5) p.563-573, ACM Guide

[HALL 88]   Haller, W., Flexible Arbeitszeit, Heyne KW 249, Berlin 1988

[HAUG 87]   Haug, F. et al., Widersprüche der Automationsarbeit, Argument Verlag, Berlin 1987

[HOLL 75]   Holland, J.H., Adaption in Natural and Artificial Systems, University of Michigan Press 1975

[ILO 79]   International Labor Organization, New Forms of work organisation II, Geneva, 1979

[ILO 82]   International Labor Organization, New Forms of work organisation I, Geneva, 1982

[KERN 86]   Kern, H., Schumann, M., Das Ende der Arbeitsteilung - Rationalisierung in der industriellen Produktion, Verlag Beck, München 1986

[KNAU 86]   Knauth, P., Möglichkeiten computergestützter Verfahren zur Schichtplanerstellung in Schichtarbeit und Gesundheit, Mitteilungen des Institutes für Gesellschaftspolitik, Heft 29, Wien 1986

[KNAU 87]   Knauth, P., Computergestüze Gestaltung diskontinuierlicher Schichtpläne nach arbeitswissenschaftlichen Kriterien, Zeitschrift für Arbeitswissenschaft 1987, H. 4, Jg. 41, pp. 221 - 226, 1987

[KNEV 87]   Knevels/Lindena, Gleitende Arbeitszeit, Schriftenreihe Personalfragen im Betrieb - 24, Heider Verlag, Bergisch Gladbach 1987

[KODR 90]   Kodratoff, Y., Michalski R., Machine Learning III, Morgan Kaufmann, Palo Alto 1990

[KUND 86]   Kundi, M., Vorschläge und Empfehlungen zur Schichtarbeit, in Schichtarbeit und Gesundheit, Mitteilungen des Institutes für Gesellschaftspolitik, Heft 29, Wien 1986

[LEPA 86]   Lepape, C., SOJA: A daily workshop scheduling system, SOJA's system and inference engine, in: Merry M., Expert systems 85, Cambridge University Press, New York 1986

[MESC 87]   Mesch, M., Schwarz, B., Stemmberger, G., Arbeitszeitgestaltung, Arbeit Recht und Gesellschaft 6, Kammer für Arbeiter und Angestellte, Wien 1987

[OTT 89]   Ott, E., Arbeitswissenschaft - Arbeitszeitflexibilisierung - Normalarbeitszeitstandard, Zeitschrift für Arbeitswissenschaft 3/89

[OTTM 85]   Ottmann, Schwarzenau, Kylian, Knauth, Klimmer, Bopp, Rutenfranz, Überlegungen zu einer ausgleichsorientierten Schichtplangestaltung bei Tätigkeiten mit unregelmäßigem Dienst. Vorschläge für computergestütze Personaldisposition, Zeitschrift für Arbeitswissenschaft 39 (11 NF). 157-161, 1985

[SCHA 89]   Schaffer, D., Proc. of the 3rd International Conference of Genetic Algorithms, Morgan Kaufmann Publishers, 1989

[SCHW 84]   Schwarzenau, Knauth, Kiesswetter, Brockmann, Rutenfranz, Algorithmen zur computergesteuerten Schichtplangestaltung nach arbeitswissenschaftlichen Kriterien, Zeitschrift für Arbeitswissenschaft 38 (10 NF), 151-155 (1984).

[SEIF 87]   Seifert, H., Variable Arbeitszeitgestaltung: Arbeitszeit nach Maß für die Betriebe oder Zeitautonomie für die Arbeitnehmer?, WSI-Mitteilungen, Heft 12, Jg. 40, 1987

[SUGI 89]   Sugihara, K., Kikuno, T., Yoshida, N., A meeting scheduler for office automation, IEEE Transactions on Software Engineering, Oct. 1989

Johannes Gärtner
Gewerkschaft der Privatangestellten
Deutschmeisterplatz 2
A-1010 Vienna

Thomas Grechenig
Technische Universität Wien
Resselgasse 3/2/188
A-1040 Vienna
EMAIL: tommy@eimoni.tuwien.ac.at

Dorffner
Konnektionismus

Von neuronalen Netzwerken zu einer »natürlichen« KI

Konnektionismus – eine für den Laien zunächst nichtssagende Wortschöpfung – wird in Diskussionen und Forschungsvorhaben zur künstlichen Intelligenz immer mehr zum Schlagwort für eine Idee, die Modelle für bisher scheinbar unzugängliche Aspekte intelligenter Handlungen verspricht. Die Basis dieser neuen Idee sind neuronale Netzwerke, eine Modellvorstellung für Informationsverarbeitung, die starke Anleihen an der Funktionsweise des menschlichen Gehirns nimmt. Verarbeitung von Stimuli und das Setzen von Handlungen wird dabei nicht mehr als die Abarbeitung eines in Schritte zerlegbaren Computerprogramms gesehen, sondern als die Zusammenarbeit von einfachen, aber massiv parallel interagierenden Einzelprozessoren. Neuronale Netzwerke versuchen nicht, das Gehirn nachzubauen, bieten aber eine faszinierende Alternative zu bisherigen Vorstellungen über die Abläufe dessen, was hinter intelligenten Handlungen im weitesten Sinn steckt – nicht zuletzt durch ihre Fähigkeiten zu lernen, gegenüber Fehlern tolerant zu sein und auf neuartige Inputs plausibel zu reagieren.

Dieses Buch führt von Grund auf in die Denkweise dieser Modellvorstellung ein. Neuronale Netzwerke werden beschrieben, im Detail beleuchtet und ihre Arbeitsweise sowie ihre Lernfähigkeit untersucht.
Im Anschluß daran wird der Versuch unternommen, eine neuartige Theorie der künstlichen Intelligenz – das sogenannte subsymbolische Paradigma – zu formulieren

Von Dipl.-Ing.
Dr. Georg Dorffner,
Universität Wien

1991. XV, 438 Seiten.
16,2 x 22,9 cm.
Kart. DM 62,–
ISBN 3-519-02455-1

(Leitfäden der angewandten Informatik)

und deren Implikationen zu durchleuchten. Viele Elemente der klassischen Auffassung von Kognition – die nicht nur durch die künstliche Intelligenz selbst manifestiert sind – werden dabei aufgegeben oder zumindest neu überdacht und durch »natürlichere« Elemente ersetzt. Aber auch die Grenzen der momentan zur Verfügung stehenden neuronalen Netzwerke im Einsatz für Modelle dieser Art werden nicht verschwiegen. Eine anwendungsorientierte Sicht, in der einige Teilaspekte praktischer Modellsysteme besprochen werden, sowie eine kritische Zusammenfassung beschließen die Darstellungen in diesem Buch.

Preisänderungen vorbehalten.

B. G. Teubner Stuttgart

Reimer
Einführung in die Wissensrepräsentation

Netzartige und schema-basierte Repräsentationsformate

Aufbauend auf den Definitionen und Erläuterungen zu den Begriffen Symbolebene (Ebene der Repräsentationsformate) und Wissensebene (Ebene auf der Wissen losgelöst von der Darstellung betrachtet wird), widmet sich das Buch in seinem Hauptteil der Symbolebene. Dort wird gezeigt, wie die Repräsentationsformate zur Repräsentation von Wissen verschiedener Art eingesetzt werden können. Dabei werden für alle Formate dieselben Wissensarten diskutiert, so daß im Vergleich ihre Stärken und Schwächen deutlich werden. Das Buch behandelt schwerpunktmäßig assoziative und schema-basierte Repräsentationsformate, also semantische Netze, Frames und Scripts. Daneben wird auch auf Logik, Produktionsregeln und analoge Repräsentationsformate eingegangen, um die thematische Vollständigkeit sicherzustellen und um den Vergleich zwischen den Repräsentationsformaten zu ermöglichen.

Von Dr. **Ulrich Reimer,**
Universität Konstanz

1991. X, 313 Seiten.
16,2 x 22,9 cm.
Kart. DM 46,–
ISBN 3-519-02241-9

(Leitfäden der angewandten Informatik)

Preisänderungen vorbehalten.

B. G. Teubner Stuttgart